"十三五"普通高等教育系列教材

高等数学

陈琳珏　赵裕亮　曹万昌　王晓华　编
孙淑兰　主审

（上册）

中国电力出版社
CHINA ELECTRIC POWER PRESS

内 容 提 要

本书为"十三五"普通高等教育系列教材。全书共五章，内容为函数与极限，导数与微分，中值定理与导数的应用，不定积分，定积分及其应用。为增加学生的学习兴趣，本书还增设了数学拾零和考研真题。书中带"＊"部分为选学内容。本书后附有基本初等函数的图形及其主要性质，三角函数公式总结，积分表，MATLAB简介，MATLAB的函数及指令索引，数学实验，习题答案与提示等内容。本书结构严谨合理，条理清晰明了，论证简明透彻，习题难易适中，便于教学和读者自学。

本书可供高等院校经济类、管理类、医学类专业学生学习高等数学课程使用，也可供理工类少学时专业的学生选用。

图书在版编目（CIP）数据

高等数学．上册/陈琳珏等编．—北京：中国电力出版社，2019.6（2023.5重印）
"十三五"普通高等教育规划教材
ISBN 978 - 7 - 5198 - 3449 - 4

Ⅰ．①高…　Ⅱ．①陈…　Ⅲ．①高等数学-高等学校-教材　Ⅳ．①O13

中国版本图书馆 CIP 数据核字（2019）第 146611 号

出版发行：中国电力出版社
地　　址：北京市东城区北京站西街 19 号（邮政编码 100005）
网　　址：http://www.cepp.sgcc.com.cn
责任编辑：张　旻（010-63412536）
责任校对：黄　蓓　王海南
装帧设计：赵姗姗
责任印制：吴　迪

印　　刷：北京天泽润科贸有限公司
版　　次：2019 年 6 月第一版
印　　次：2023 年 5 月北京第六次印刷
开　　本：787 毫米×1092 毫米　16 开本
印　　张：15.5
字　　数：376
定　　价：45.00 元

前　言

根据素质教育的具体要求，为适应教学改革后的专业及课程调整的新情况，我们参照理工类和经济类高等学校"高等数学"课程的教学基本要求编写本书。

本书是作者在多年的教学经验和实践积累基础上编写的。编者注意吸收国内外教材中好的方面，对基本概念、性质和定理从叙述、证明到推广均注意了科学性和严谨性。同时为了培养学生的创新意识、掌握运用数学工具解决实际问题的能力，本书力求基础知识清晰明了，文字通俗易懂，例题与习题难易适中，内容由浅入深，以便读者阅读。

就内容上看，本教材不但包含了传统的高等数学教材的内容，而且还增加了一些特色内容。

（1）每章均附有数学拾零，可以增加学生学习的兴趣，提高学生对数学史、数学家及数学思想的认识与了解。

（2）每章总复习题后均增加了考研真题，可以使学生提前对考研试题有个基本的了解。

（3）教材还附有数学实验，以提高学生解决实际问题的能力。

（4）由于各专业对高等数学内容的要求有所不同，所以教材中还有部分内容带了"＊"号，可供有需要的专业进行选讲。

本书是佳木斯大学组织编写的大学数学系列教材之一，第一章、第四章由陈琳珏编写；第二章及习题答案由王晓华编写；第三章及数学实验由赵裕亮编写；第五章及附录由曹万昌编写；全书由孙淑兰主审。

本书在编写过程中，得到了许多同行的宝贵意见和建议，在此一并表示感谢。

限于编者的水平与经验，书中疏漏和不妥之处在所难免，恳请使用本书的师生和广大读者批评指正。

编　者
2019 年 6 月

目　　录

第一章 函 数 与 极 限

高等数学课程的主要内容是微积分学及其应用，微积分学的研究对象是函数，研究桥梁是连续，极限是重要的研究方法之一．因此极限是微积分学的基础，也是最主要的推理方法．作为讨论微积分的准备，本章将介绍函数、极限和连续性等基本概念以及它们的一些性质．

第一节 函 数

一、集合

1. 集合

集合是数学中的一个基本概念，是数学各分支所研究的对象．一般地，我们把具有某种特定性质的对象组成的总体叫作集合，简称集．把组成某一集合的各个对象叫作这个集合的元素，简称元．例如，一间工厂里的工人构成一个集合，而每个工人都是这个集合的元素．

通常我们用大写英文字母 A,B,C 等表示集合，用小写英文字母 a,b,c 等表示集合中的元素．对象 a 是集合 M 的元素记作 $a \in M$（读作 a 属于 M）；对象 a 不是集合 M 的元素记作 $a \notin M$（读作 a 不属于 M）．

由有限个元素组成的集合称为有限集，由无穷多个元素组成的集合称为无限集．集合的表示方法通常有列举法和描述法两种．对于列举法，例如，由元素 a,b,c 组成的集合，可记作

$$M = \{a,b,c\};$$

对于描述法，设集合 A 是具有某种特性的元素 x 的全体组成的集合，则 A 可表示成

$$A = \{x \mid x \text{ 所具有的特性}\}.$$

注：本书用到的集合主要是数集，即元素都是数的集合．如无特别声明，以后提到的数都是实数．

我们将自然数集记作 $\mathbf{N}$，整数集记作 $\mathbf{Z}$，有理数集记作 $\mathbf{Q}$，实数集记作 $\mathbf{R}$．

如果集合 A 的元素都是集合 B 的元素，即"如果 $x \in A$，则必有 $x \in B$"，则称 A 是 B 的子集，记作 $A \subset B$ 或 $B \supset A$；如果 $A \subset B$ 且 $B \supset A$，则称集合 A 与 B 相等，记作 $A = B$．不含任何元素的集合称为空集，记为 Φ，规定空集为任何集合的子集．

2. 区间

区间也是数集．设 a 和 b 都是实数，且 $a < b$．我们称满足 $a < x < b$ 的实数 x 的集合为开区间，记作 (a,b)；称满足 $a \leqslant x \leqslant b$ 的实数 x 的集合为闭区间，记作 $[a,b]$；称满足 $a < x \leqslant b$ 或 $a \leqslant x < b$ 的实数 x 的集合为半开区间，分别记作 $(a,b]$ 或 $[a,b)$．以上这些区间都称为有限区间．a,b 称为区间的端点．数 $b-a$ 称为这些区间的长度．在数轴上，区间的端点用空心的圆点表示时，表示该区间不包括端点；用实心圆点表示时，表示该区间包括端点（见图 1-1）．

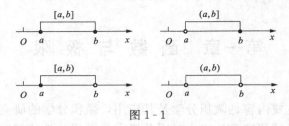

图 1-1

满足 $x \geqslant a (x > a)$ 的实数 x 的集合称为无限的半开区间（开区间），记为 $[a, +\infty) ((a, +\infty))$；满足 $x \leqslant b (x < b)$ 的实数 x 的集合也称为无限的半开区间（开区间），记为 $(-\infty, b] ((-\infty, b))$. 在数轴上它们是长度为无限的半直线（见图 1-2）.

图 1-2

全体实数的集合记作 $(-\infty, +\infty)$，它也是无限区间.

注：$-\infty$，$+\infty$ 分别读作"负无穷大"与"正无穷大"，它们都不是确定的数，只是记号.

3. 邻域

对任意的正数 δ，开区间 $(a - \delta, a + \delta)$ 称为点 a 的 δ 邻域，简称为点 a 的邻域，记作 $U(a, \delta)$，即

$$U(a, \delta) = \{x \mid |x - a| < \delta\}$$

点 a 称为邻域的中心，δ 称为邻域的半径.

数集 $U(a, \delta) - \{a\}$（即点 a 的 δ 邻域去掉中心 a）称为点 a 的去心 δ 邻域，记作 $\mathring{U}(a, \delta)$，即

$$\mathring{U}(a, \delta) = \{x \mid 0 < |x - a| < \delta\}$$

二、函数的概念

在观察某一现象的过程时，常常会遇到各种不同的量，我们所遇到的量，一般可分为两种：一种在过程中不起变化，即在过程中始终保持一定的数值，这种量我们称为常量；另一种在过程中是变化的，也就是可以取不同的数值，称为变量.

通常我们用字母 a, b, c 等表示常量，用字母 x, y, z, t 等表示变量.

在自然界中，某一现象中的各种变量之间通常并不都是独立变化的，它们之间存在着依赖关系，我们观察下面几个例子：

例如，某种商品的销售单价为 p 元，则其销售额 L 与销售量 x 之间存在这样的依赖关系：$L = px$.

又例如：圆的面积 S 和半径 r 之间存在这样的依赖关系：$S = \pi r^2$.

不考虑上面两个例子中量的实际意义，它们都给出了两个变量之间的相互依赖关系，这种关系是一种对应法则. 根据这一法则，当其中一个变量在其变化范围内任意取定一个数值时，另一个变量就有确定的值与之对应，两个变量间的这种对应关系就是函数概念的实质.

高等数学则正是研究变量的数学，现实世界里普遍存在着不断运动变化的变量，对这些变量进行研究就抽象出了函数的概念.

定义 1.1 设 x 和 y 是两个变量，D 是一个给定的数集，如果对于 D 中的每一个数 x，按照某种确定的法则 f，变量 y 都有唯一确定的值与它对应，则称对应法则 f 是定义在数集 D 上的一个函数，其中 D 称为函数的定义域.

对于每一个 $x \in D$，对应的 y 称为函数 f 在 x 处的值，简称函数值，记为 $y = f(x)$. 由于我们是通过函数值来研究函数，所以也称 $y = f(x)$ 是 x 的函数，x 称为自变量，y 称为因变量. 当 x 取遍 D 的所有数值时，对应的函数值的全体组成的数集

$$W = \{y \mid y = f(x), x \in D\}$$

称为函数的值域.

定义域和对应法则是函数概念的两个要素，这也是判别两个函数是否是相同函数的关键所在. 在实际问题中，函数的定义域需要根据问题的实际意义来确定，而对于用解析式给出的函数，其定义域是使解析式有意义的自变量的一切实数值所组成的集合. 例如函数 $y = \sqrt{x-1}$ 的定义域是区间 $[1, +\infty)$，函数 $y = \dfrac{1}{\sqrt{x^2-1}}$ 的定义域是 $(-\infty, -1) \bigcup (1, +\infty)$.

下面举几个函数的例子.

【例 1-1】 常数函数 $y = C$ 的定义域 $D = (-\infty, +\infty)$，值域 $W = \{C\}$，图形是一条平行于 x 轴的直线（见图 1-3）.

【例 1-2】 绝对值函数

$$f(x) = |x| = \begin{cases} x, & x \geqslant 0 \\ -x, & x < 0 \end{cases}$$

的定义域 $D = (-\infty, +\infty)$，值域 $W = [0, +\infty)$（见图 1-4）.

【例 1-3】 符号函数

$$f(x) = \operatorname{sgn} x = \begin{cases} 1, & x > 0 \\ 0, & x = 0 \\ -1, & x < 0 \end{cases}$$

的定义域 $D = (-\infty, +\infty)$，值域 $W = \{-1, 0, 1\}$（见图 1-5）. 对于任何实数 x，下列关系成立：$x = \operatorname{sgn} x \, |x|$. 例如 $\operatorname{sgn}(-1) \, |-1| = -1$.

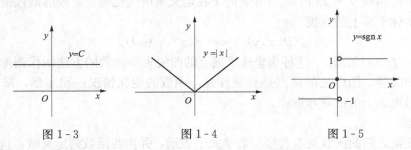

图 1-3　　　　　　图 1-4　　　　　　图 1-5

【例 1-4】 取整函数 $f(x) = [x]$，其中 x 为任一实数，$[x]$ 为 x 的整数部分，即不超过 x 的最大整数. 它的定义域 $D = (-\infty, +\infty)$，值域为整数集 Z（见图 1-6）. 在 x 的整数值处，图形发生跳跃.

【例 1-5】 函数

$$f(x) = \begin{cases} 3x-1, & |x| < 1 \\ \sin x, & |x| \geqslant 1 \end{cases}$$

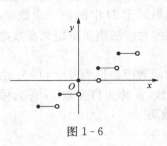

图 1-6

是一个分段函数. 它的定义域 $D=(-\infty,+\infty)$. 当 $x\in(-1,1)$ 时, 对应的函数值 $f(x)=3x-1$; 当 $x\in(-\infty,-1]\bigcup[1,+\infty)$ 时, 对应的函数值 $f(x)=\sin x$. 例如, $f\left(\dfrac{1}{2}\right)=3\cdot\dfrac{1}{2}-1=\dfrac{1}{2}$, $f(2)=\sin 2$.

［例 1-2］～［例 1-5］中的函数都是用几个式子表示的, 这种在定义域中几部分分别用不同的解析式表示的函数称为分段函数. 这也是经常出现的一种函数.

【例 1-6】 求 $y=\sqrt{4-x^2}+\ln(x^2-1)$ 的定义域.

解 $4-x^2\geqslant 0$ 且 $x^2-1>0$, 即 $-2\leqslant x\leqslant 2$ 且 $x<-1$ 或 $x>1$, 定义域为 $[-2,-1)\bigcup(1,2]$.

定义域是使函数有意义的自变量的集合. 因此, 求函数定义域需注意以下几点:

(1) 分母不等于 0;

(2) 偶次根式被开方数大于或等于 0;

(3) 对数的真数大于 0;

(4) $y=x^0$, $x\neq 0$;

(5) $y=\tan x$, $x\neq k\pi+\dfrac{\pi}{2}$, $k\in Z$ 等.

三、函数的表示方法

常用的函数的表示方法有三种: 列表法、图形法、解析法.

1. 列表法

在实际应用中, 常把所考虑的函数的自变量的一些值与它们所对应的函数值列成一个表格, 此种表示函数的方法称为列表法. 如三角函数表、对数表等. 列表法表示函数的优点是使用方便.

2. 图形法

对于给定的函数 $y=f(x)$, 当自变量 x 在定义域内变化时, 对应的函数值 y 也随之变化, 我们把坐标平面上的点集

$$\{P(x,y)\mid y=f(x), x\in D\}$$

称为函数 $y=f(x)$ 的图形. 这种用坐标平面上的曲线表示函数的方法叫作图形法. 如指数曲线、对数曲线等. 图形法的优点是直观性强, 函数的变化情况一目了然, 缺点是不够精确, 不便于做理论上的推导和运算.

3. 解析法

把两个变量之间的函数关系直接用数学式子表示, 并注明函数的定义域, 这种表示函数的方法称为解析法. 如 $f(x)=\sin x$, $f(x)=2x-1$ 等. 用解析法表示函数, 优点是便于理论分析和数值计算, 缺点是不够直观.

在研究具体问题时三种方法可以结合使用.

四、函数的几种特性

1. 函数的有界性

设函数 $f(x)$ 在区间 I 内有定义. 如果存在正数 M, 使得对于任一 $x\in I$, 都有

$$|f(x)| \leqslant M$$

则称函数 $f(x)$ 在 I 内有界. 此时正数 M 称为函数 $f(x)$ 在区间 I 上的一个界. 如果不存在这样的正数 M，则称函数 $f(x)$ 在 I 内无界.

例如，正弦函数 $f(x) = \sin x$ 在 $(-\infty, +\infty)$ 内是有界的. 因为对于任意的 x 值，都有 $|f(x)| = |\sin x| \leqslant 1$，它的图形介于两条平行直线 $y = \pm 1$ 之间. 而正切函数 $f(x) = \tan x$ 在 $\left(-\dfrac{\pi}{2}, \dfrac{\pi}{2}\right)$ 内是无界的，因为对于任意的正数 M，在区间 $\left(-\dfrac{\pi}{2}, \dfrac{\pi}{2}\right)$ 内都存在点 x，使 $|\tan x| > M$ 成立.

如果存在常数 M_1，使得对于任一 $x \in I$，都有 $f(x) \leqslant M_1$，则称函数 $f(x)$ 在区间 I 有上界，此时 M_1 称为函数 $f(x)$ 在区间 I 上的一个上界；如果存在常数 M_2，使得对于任一 $x \in I$，都有 $f(x) \geqslant M_2$，则称函数 $f(x)$ 在区间 I 有下界，此时 M_2 称为函数 $f(x)$ 在区间 I 上的一个下界.

函数的有界性还可叙述为：如果函数 $f(x)$ 在区间 I 内既有上界又有下界，则称 $f(x)$ 在区间 I 内有界.

2. 函数的单调性

设函数 $f(x)$ 在区间 I 上有定义，若对任意 $x_1, x_2 \in I$，当 $x_1 < x_2$ 时，恒有
$$f(x_1) < f(x_2)$$
则称函数 $f(x)$ 在区间 I 内是单调增加的；若对任意 $x_1, x_2 \in I$，当 $x_1 < x_2$ 时，恒有
$$f(x_1) > f(x_2)$$
则称函数 $f(x)$ 在区间 I 内是单调减少的. 单调增加和单调减少的函数统称为单调函数.

例如，函数 $f(x) = x^2$ 在区间 $(-\infty, 0]$ 内是单调减少的，在区间 $[0, +\infty)$ 内是单调增加的，但在 $(-\infty, +\infty)$ 内却不是单调函数.

3. 函数的奇偶性

如果 $f(x)$ 的定义域 D 关于原点对称（即如果 $x \in D$，则 $-x \in D$）. 如果对于任一 $x \in D$，都有
$$f(-x) = f(x)$$
成立，则称 $f(x)$ 为偶函数；如果对于任一 $x \in D$，都有
$$f(-x) = -f(x)$$
成立，则称 $f(x)$ 为奇函数.

偶函数的图形关于 y 轴对称，奇函数的图形关于原点对称.

例如，$f(x) = x^2$ 是偶函数，$f(x) = \sin x$ 是奇函数，$f(x) = 2^x$ 是非奇非偶函数.

【例 1-7】 判断下列函数的奇偶性：

(1) $f(x) = x^2 + 1$；   (2) $f(x) = \ln(x + \sqrt{1 + x^2})$；   (3) $f(x) = 3x - 2$.

解 (1) 因为 $f(-x) = (-x)^2 + 1 = x^2 + 1 = f(x)$，所以 $f(x) = x^2 + 1$ 为偶函数.

(2) 因为 $f(-x) = \ln(-x + \sqrt{1 + x^2}) = \ln\dfrac{1}{x + \sqrt{1 + x^2}} = -\ln(x + \sqrt{1 + x^2}) = -f(x)$，

所以 $f(x) = \ln(x + \sqrt{1 + x^2})$ 为奇函数.

(3) 因为 $f(-x) = 3(-x) - 2 = -3x - 2$，既不等于 $f(x)$，也不等于 $-f(x)$，所以 $f(x) = 3x - 2$ 既不是奇函数，也不是偶函数.

4. 函数的周期性

对于函数 $f(x)$，如果存在一个不为零的数 l，使得对于定义域内的任一 x 值都有

$$f(x+l) = f(x)$$

则称 $f(x)$ 为周期函数，l 叫作 $f(x)$ 的周期. 满足这个等式的最小正数 l 称为周期函数的最小正周期. 通常，周期函数的周期是指最小正周期.

例如，函数 $f(x) = \sin x, f(x) = \cos x$ 都是以 2π 为周期的周期函数.

注意，不是所有的周期函数都有最小正周期，例如，常数函数是周期函数，但它没有最小正周期.

周期函数的图形特点：在函数的定义域内，每个长度为 l 的区间上，函数的图形有相同的形状. 所以画图时可以先作出长度为一个周期的区间上的图形，再通过图形的平移而得到.

五、反函数

函数 $y = f(x)$ 表示变量 y 随着 x 的变化而变化，但在实际问题中有时却要反过来研究 x 是怎样随着 y 的变化而变化的. 例如在自由落体运动过程中，距离 s 表示为时间 t 的函数：$s = \dfrac{1}{2}gt^2$. 在时间的变化范围中任意确定一个时刻 t_0，由上述公式就可得到相应的距离 $s_0 = \dfrac{1}{2}gt_0^2$. 如果将问题反过来提，即已知下落的距离 s，求时间 t，则有 $t = \sqrt{\dfrac{2s}{g}}$（$t \geqslant 0$，g 为重力加速度）. 这里，原来的因变量 s 成为自变量，原来的自变量 t 成了函数，这样交换自变量和因变量的位置而得到的新函数 $t = \sqrt{\dfrac{2s}{g}}$，称为原有函数 $s = \dfrac{1}{2}gt^2$ 的反函数.

设 $y = f(x)$ 是定义在 D 上的一个函数，值域为 W. 如果对于 $y = f(x)$ 值域 W 中的每个 y，根据关系式 $y = f(x)$ 可以确定出 D 中唯一的 x 值与之对应，则由此确定了一个新的函数，称为 $y = f(x)$ 的反函数，记作

$$x = f^{-1}(y)$$

这个函数的定义域为 W，值域为 D，相对于 $x = f^{-1}(y)$，原来的函数 $y = f(x)$ 称为直接函数.

由于习惯上我们经常采用 x 表示自变量，用 y 表示因变量，因此通常把 $x = f^{-1}(y)$ 中的自变量 y 改写成 x，函数 x 改写成 y，这样 $y = f(x)$ 的反函数就写成了 $y = f^{-1}(x)$.

反函数是相互的，即若 $y = f^{-1}(x)$ 是 $y = f(x)$ 的反函数，则 $y = f(x)$ 也是 $y = f^{-1}(x)$ 的反函数，并且互为反函数的两个函数的图形关于直线 $y = x$ 对称. 例如，函数 $y = x^3$ 与它的反函数 $y = x^{\frac{1}{3}}$ 的图形是关于直线 $y = x$ 对称的.

什么样的函数存在反函数呢？一般地，有如下的反函数存在性的充分条件：若函数 $y = f(x)$ 在区间 I 上有定义且在该区间上单调，则它的反函数必存在.

如函数 $y = \sin x$ 的定义域为 $(-\infty, +\infty)$，值域为 $[-1, 1]$，显然在 $(-\infty, +\infty)$ 内 $y = \sin x$ 不存在反函数，但是如果我们仅在它的一个单调区间 $\left[-\dfrac{\pi}{2}, \dfrac{\pi}{2}\right]$ 上考虑，由反函数存在性的充分条件可知 $y = \sin x \left(x \in \left[-\dfrac{\pi}{2}, \dfrac{\pi}{2}\right]\right)$ 存在反函数，这个反函数被称为反正

弦函数，记作 $y = \arcsin x$ ，其定义域为 $[-1,1]$ ，值域为 $\left[-\dfrac{\pi}{2}, \dfrac{\pi}{2}\right]$.

类似我们可以得到 $y = \cos x(x \in [0,\pi])$ 的反函数：反余弦函数 $y = \arccos x$ ，定义域为 $[-1,1]$ ，值域为 $[0,\pi]$ ；$y = \tan x\left(x \in \left(-\dfrac{\pi}{2}, \dfrac{\pi}{2}\right)\right)$ 的反函数：反正切函数 $y = \arctan x$ ，定义域为 $(-\infty, +\infty)$ ，值域为 $\left(-\dfrac{\pi}{2}, \dfrac{\pi}{2}\right)$ ；$y = \cot x(x \in (0,\pi))$ 的反函数：反余切函数 $y = \operatorname{arccot} x$ ，定义域为 $(-\infty, +\infty)$ ，值域为 $(0,\pi)$. 以上四种函数统称为反三角函数.

六、复合函数和初等函数

1. 复合函数

复合函数是比较常见的一类函数，例如某工厂生产某种产品，x 表示生产的原材料的收购量，u 表示生产量，y 表示上缴利润. 若不考虑其他因素，只研究这三者的关系，显然，y 是 u 的函数，u 是 x 的函数. 所以，对于每一个 x ，经过 u 总有一个 y 与之对应，通过这种复合关系而构成的函数就是复合函数.

一般地，如果变量 y 是变量 u 的函数 $y = f(u)$ ，而 u 又是变量 x 的函数 $u = g(x)$ ，且 $g(x)$ 函数值的全部或部分使 $f(u)$ 有定义，则函数 $y = f[g(x)]$ 称为由 $u = g(x)$ 与 $y = f(u)$ 构成的复合函数，x 称为自变量，u 称为中间变量. g 与 f 构成的复合函数 $f[g(x)]$ 的条件是函数 g 在 D 上的值域 $g(D)$ 必须含在 f 的定义域内，否则不能构成复合函数.

例如 $y = f(u) = \arcsin u$ 的定义域为 $[-1,1]$ ，$u = g(x) = 2\sqrt{1-x^2}$ 在 $D = \left[-1, -\dfrac{\sqrt{3}}{2}\right] \cup \left[\dfrac{\sqrt{3}}{2}, 1\right]$ 上有定义，且 $g(D) \subset [-1,1]$ ，则 g 与 f 可构成复合函数 $y = \arcsin 2\sqrt{1-x^2}$ ，$x \in D$.

但函数 $y = \arcsin u$ 和函数 $u = 2 + x^2$ 不能构成复合函数，这是因为对任意 $x \in R$ ，$u = 2 + x^2$ 的值域均不在 $y = \arcsin u$ 的定义域 $[-1,1]$ 内.

对这种复合结构还可以加以推广，如 $y = \cos u$ ，$u = \sin v$ ，$v = e^x + 1$ ，则复合函数为 $y = \cos(\sin(e^x + 1))$ ，$x \in (-\infty, +\infty)$.

【例 1-8】 指出下列函数是由哪些函数复合而成的.

(1) $y = (\cos x)^4$ ；(2) $y = \dfrac{1}{\arctan 2x}$ ；(3) $y = e^{\sin^3 \frac{1}{x}}$

解　(1) 函数 $y = (\cos x)^4$ 是由函数 $y = u^4$ ，$u = \cos x$ 复合而成的；

(2) 函数 $y = \dfrac{1}{\arctan 2x}$ 是由函数 $y = \dfrac{1}{u}$ ，$u = \arctan v$ ，$v = 2x$ 复合而成的；

(3) 函数 $y = e^{\sin^3 \frac{1}{x}}$ 是由函数 $y = e^u$ ，$u = v^3$ ，$v = \sin w$ ，$w = \dfrac{1}{x}$ 复合而成的.

2. 初等函数

下列函数称为基本初等函数：

常数函数：$y = C(C$ 为常数$)$ ；

幂函数：$y = x^\mu(\mu$ 是常数$)$ ；

指数函数：$y = a^x(a$ 是常数，$a > 0$ ，且 $a \neq 1)$ ；

对数函数：$y = \log_a x(a$ 是常数，$a > 0$ ，且 $a \neq 1)$ ；

三角函数：正弦函数 $y = \sin x$；余弦函数 $y = \cos x$；正切函数 $y = \tan x$；余切函数 $y = \cot x$；正割函数 $y = \sec x = \dfrac{1}{\cos x}$；余割函数 $y = \csc x = \dfrac{1}{\sin x}$.

反三角函数：$y = \arcsin x, y = \arccos x, y = \arctan x, y = \operatorname{arccot} x$.

这些初等函数的图形见附录 A.

由基本初等函数经过有限次四则运算及有限次的复合步骤所构成，并用一个式子表示的函数，叫作初等函数. 否则就是非初等函数.

高等数学中所讨论的函数绝大多数都是初等函数，而分段函数大部分都是非初等函数. 如符号函数（见［例 1-3］）和取整函数（见［例 1-4］）均为非初等函数，而绝对值函数（见［例 1-2］）$y = |x| = \begin{cases} x, & x \geqslant 0 \\ -x, & x < 0 \end{cases}$ 可表示为 $y = \sqrt{x^2}$，故为初等函数.

七、极坐标系

平面直角坐标系是以一对实数来确定平面上一点的位置，这是一种简单常用的坐标系，但并不是唯一的坐标系. 在实际问题中，有时利用其他的坐标系比较方便，如炮兵射击时以大炮为基点，利用目标的方向角及大炮的距离来确定目标的位置. 下面就来叙述这种坐标系——极坐标系.

极坐标系对平面上的一点的位置也是用有序实数对来确定，但这一对实数中，一个是表示距离，而另一个则是指示方向. 一般来说，取一个定点 O，称为极点，作一水平射线 OX，称为极轴，在 OX 上规定单位长度，这样就组成了一个极坐标系. 平面上一点 P 的位置，可以由 OP 的长度及其 $\angle XOP$ 的大小决定. 具体地说，假设平面上有点 P，连接 OP，设 $OP = \rho$，$\angle XOP = \theta$. ρ 和 θ 的值确定了，则 P 点的位置就确定了. ρ 叫作 P 点的极径，θ 叫作 P 点的极角，(ρ, θ) 叫作 P 点的极坐标（规定 ρ 写在前，θ 写在后）. 由极径的意义知 $\rho \geqslant 0$，当极角的取值范围是 $[0, 2\pi)$ 时，平面上的点（除去极点）就与极坐标 (ρ, θ)（$\rho \neq 0$）建立一一对应的关系.

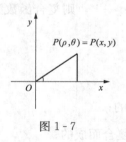

图 1-7

极坐标与直角坐标系的关系如图 1-7 所示，将极坐标的极点 O 作为直角坐标系的原点，将极坐标的极轴作为直角坐标系 x 轴的正半轴. 如果点 P 在直角坐标系下的坐标为 (x, y)，在极坐标系下的坐标为 (ρ, θ)，则有下列关系成立

$$\cos\theta = \frac{x}{\rho} \qquad \sin\theta = \frac{y}{\rho}$$

即

$$x = \rho\cos\theta \qquad y = \rho\sin\theta.$$

另外还有下式成立

$$\rho^2 = x^2 + y^2, \qquad \tan\theta = \frac{y}{x}.$$

极坐标方程的形式为 $F(\rho, \theta) = 0$. 在极坐标里，从 ρ, θ 的每一组对应的值 (ρ_1, θ_1) $(\rho_2, \theta_2)\cdots$，作为点的坐标，并且标出这些点，然后用平滑的曲线依次连接这些点，所得到的曲线就称为这个极坐标方程的曲线. 反过来，称这个方程为这条曲线的极坐标方程.

【例 1-9】 试给出曲线 $\rho = 2\cos\theta$ 在直角坐标系下的方程.

解：因为 $\cos\theta = \dfrac{x}{\rho}$，故曲线 $\rho = 2\cos\theta$ 可以写为 $\rho = 2\dfrac{x}{\rho}$，即 $\rho^2 = 2x$，又 $\rho^2 = x^2 +$

y^2，故有 $x^2 + y^2 = 2x$，即 $(x-1)^2 + y^2 = 1$．显然该方程表示的是以 $(1，0)$ 为圆心，以 1 为半径的圆周．

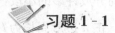 **习题 1-1**

1. 设 $f(x) = \dfrac{|x-3|}{x-1}$，求下列函数值：$f(3)$，$f(-2)$，$f(0)$．

2. 求下列函数的定义域：

(1) $y = \ln(x+1)$；   (2) $y = \dfrac{x}{1+x}$；

(3) $y = 3^{\frac{1}{x}}$；   (4) $y = \sqrt{3-x} + \arctan\dfrac{1}{x}$．

3. 下列函数是否表示同一函数？为什么？

(1) $f(x) = x$，$g(x) = \sqrt{x^2}$；

(2) $f(x) = 1$，$g(x) = \sin^2 x + \cos^2 x$；

4. 判断函数 $y = \ln x$ 在区间 $(0，+\infty)$ 内的单调性．

5. 设 $f(x)$ 为定义在 $(-\infty，+\infty)$ 内的任意函数，证明：

(1) 函数 $F_1(x) = f(x) + f(-x)$ 为偶函数；

(2) 函数 $F_2(x) = f(x) - f(-x)$ 为奇函数．

6. 指出下列函数是由哪些简单函数复合而成的．

(1) $y = (1+x)^3$；   (2) $y = \ln^2 x$；

(3) $y = 4^{(2x+1)^3}$；   (4) $y = \tan^2 3x$．

第二节 数列的极限

为了掌握变量的变化规律，往往需要从它的变化过程来判断它的变化趋势．例如有这么一个变量，它开始是 1，然后为 $\dfrac{1}{2}$，$\dfrac{1}{3}$，$\dfrac{1}{4}$，$\cdots$，$\dfrac{1}{n}$，$\cdots$如此，一直无尽地变下去，虽然无止尽，但它的变化有一个趋势，这个趋势就是在它的变化过程中越来越接近于零．我们就说，这个变量的极限为 0.

在高等数学中，有很多重要的概念和方法都和极限有关（如导数、微分、积分、级数等），并且在实际问题中极限也占有重要的地位．例如求圆的面积和圆周长（已知：$S = \pi r^2$，$l = 2\pi r$），但这两个公式从何而来？

要知道，获得这些结果并不容易．人们最初只知道求多边形的面积和求直线段的长度．然而，要定义这种从多边形到圆的过渡就要求人们在观念上，在思考方法上来一个突破．

多边形的面积之所以好求，是因为它的周界是一些直线段，我们可以把它分解为许多三角形．而圆呢？周界处处是弯曲的，困难就在这个"曲"字上面．在这里我们面临着"曲"与"直"这样一对矛盾．

在形而上学看来，曲就是曲，直就是直，非此即彼，辩证唯物主义认为，在一定条件下，曲与直的矛盾可以相互转化．恩格斯深刻提出："高等数学的主要基础之一是这样一个矛盾，在一定的条件下直线和曲线应当是一回事"．整个圆周是曲的，每一小段圆弧却可以近似看成是直的；就是说，在很小的一段上可以近似地"以直代曲"，即以弦代替圆弧．

按照这种辩证思想，我们把圆周分成许多的小段，比方说，分成 n 个等长的小段，代替圆而先考虑其内接正 n 边形．易知，正 n 边形周长为 $l_n = 2nR\sin\dfrac{\pi}{n}$．

显然，这个 l_n 不会等于 l．然而，从几何直观上可以看出，只要正 n 边形的边数不断增加，这些正多边形的周长将随着边数的增加而不断地接近于圆周长．n 越大，近似程度越高．

但是，不论 n 多么大，这样算出来的总还只是多边形的周长．无论如何它只是周长的近似值，而不是精确值．问题并没有最后解决．

为了从近似值过渡到精确值，我们自然让 n 无限地增大，记为 $n \rightarrow \infty$．直观上很明显，当 $n \rightarrow \infty$ 时，$l_n \rightarrow l$，记成 $\lim\limits_{n\to\infty} l_n = l$．

即圆周长是其内接正多边形周长的极限．这种方法是我国刘徽早在 3 世纪就提出来了，称为"割圆术"．其方法就是——无限分割，以直代曲．

除之以外，象曲边梯形面积的计算均源于"极限"思想．所以，我们有必要对极限作深入研究．

一、数列极限的定义

1. 数列的概念

数列就是"一列数"，但这"一列数"并不是任意的一列数，而是有一定的规律，有一定次序性，具体讲数列可定义如下．

按照某一法则依次排列起来的无穷多个有次序的数

$$a_1, \ a_2, \ a_3, \ \cdots, \ a_n, \ \cdots$$

数列中的每一个数称为数列的项，第 n 项 a_n 称为数列的一般项（或通项）．例如，

(1) $\dfrac{1}{2}, \ \dfrac{1}{4}, \ \dfrac{1}{8}, \ \dfrac{1}{16}, \ \cdots, \ \dfrac{1}{2^n}, \ \cdots$

(2) $-1, \ 1, \ -1, \ \cdots, \ (-1)^n, \ \cdots$

(3) $0, \ \dfrac{3}{2}, \ \dfrac{2}{3}, \ \dfrac{5}{4}, \ \cdots, \ \dfrac{n+(-1)^n}{n}, \ \cdots$

(4) $0, \ \dfrac{1}{3}, \ \dfrac{2}{4}, \ \dfrac{3}{5}, \ \cdots, \ \dfrac{n-1}{n+1}, \ \cdots$

都是数列，它们的一般项依次为

$$\dfrac{1}{2^n}, \quad (-1)^n, \quad \dfrac{n+(-1)^n}{n}, \quad \dfrac{n-1}{n+1}.$$

数列

$$a_1, \ a_2, \ a_3, \ \cdots, \ a_n, \ \cdots$$

也简记为数列 $\{a_n\}$．

对于数列 $\{a_n\}$，我们关心的是它的变化趋势．即当 n 无限增大时，数列中的项能否无限地接近于某个确定的数值．例如，数列 (1)，通项为 $\dfrac{1}{2^n}$，当 n 无限增大时，$\dfrac{1}{2^n}$ 无限趋近于 0；数列 (3)，通项 $\dfrac{n+(-1)^n}{n} = 1 + \dfrac{(-1)^n}{n}$，当 n 无限增大时，$\dfrac{(-1)^n}{n}$ 无限地趋近于 0，

故数列（3）无限趋近于1. 数列（4），通项 $\dfrac{n-1}{n+1}=1-\dfrac{2}{n+1}$，当 n 无限增大时，$\dfrac{2}{n+1}$ 无限地趋近于 0，故数列（4）无限趋近于 1. 数列（2）的情况则不同，数列（2）的通项为 $(-1)^n$，当 n 无限增大时，它始终在 1 和 -1 之间轮流的取值，而不接近于某个确定的常数.

以上这几个例子，都是凭观察来判定它们的极限是否存在，但是问题并不总是这么简单的，很多问题我们通过观察的方法是很难判断出极限是否存在的，更何况观察得到的结果不能作为推理的依据. 因此我们有必要给出数列极限的精确的定义.

2. 数列极限的定义

在数列（1）、（3）、（4）中，当 n 无限增大时，数列都无限地趋近于某个确定的常数，这个常数就是该数列的极限. 在数列（2）中，当 n 无限增大时，它的各项始终在 1 和 -1 之间轮流的取值，而不接近于某个确定的常数. 也就是该数列不存在极限. 前面，我们一再提到"当 n 无限增大时，a_n 无限地趋近于一个确定的常数"，这种对于极限定义的提法是描述性的，那么，我们到底应该如何来理解呢？下面我们以数列（3）为例加以说明.

$a_n=\dfrac{n+(-1)^n}{n}$ 与1接近的程度可以用 a_n 与1的距离，即 $|a_n-1|$ 来刻画，$|a_n-1|$ 越小，说明 a_n 与 1 越接近，因为

$$|a_n-1|=\left|\frac{n+(-1)^n}{n}-1\right|=\frac{1}{n}$$

所以当 n 越来越大时，$\dfrac{1}{n}$ 就越来越小，从而 a_n 也就越来越接近于 1. 事实上，要 $|a_n-1|<$ 0.01，由 $\dfrac{1}{n}<0.01$ 得 $n>100$，即从数列的第 101 项开始，以后各项都满足 $|a_n-1|<$ 0.01. 同样地，要 $|a_n-1|<0.0001$，只要 $n>10000$，即从 10001 项开始，以后各项就都满足 $|a_n-1|<0.0001$. 可见，"当 n 无限增大时，a_n 无限地趋近于 1"可以理解为只要 n 充分大，$|a_n-1|$ 就可"任意小"，也就是说只要 n 充分大，$|a_n-1|$ 就可以要多么小就有多么小，这就从数量关系上刻画了"当 n 无限增大时，a_n 无限地趋近于 1"的实质. 下面我们给出数列极限的精确定义.

定义 1.2 对于数列 $\{a_n\}$，如果对于任意给定的正数 ε（不论它有多么小），总存在正整数 N，使得对于满足 $n>N$ 的一切 a_n，不等式

$$|a_n-A|<\varepsilon$$

都成立，则称常数 A 是数列 $\{a_n\}$ 的极限，或称数列 $\{a_n\}$ 收敛于 A，记作

$$\lim_{n\to+\infty}a_n=A$$

或

$$a_n\to A(n\to\infty).$$

如果不存在这样的常数 A，就说数列 $\{a_n\}$ 没有极限，或者说数列 $\{a_n\}$ 是发散的.

关于数列的极限的 $\varepsilon-N$ 定义有以下几点说明.

（1）ε 的任意性：定义中的正数 ε 的作用在于衡量数列通项 a_n 与常数 A 的接近程度，ε 越小，表示接近得越好；而正数 ε 可以任意小，说明 a_n 与常数 A 可以接近到任何程度.

（2）关于 N：一般地，N 随 ε 的变小而变大，因此常把 N 定作 $N(\varepsilon)$，来强调 N 是依赖于 ε 的；ε 一经给定，就可以找到一个 N，但 N 不是唯一的. 事实上，在许多场合下，最重

要的是 N 的存在性，而不是它的值有多大.

（3）数列极限的几何理解：在定义中，"当 $n > N$ 时有 $|a_n - A| < \varepsilon$" 可表示为 "当 $n > N$ 时，有 $a_n \in (A - \varepsilon, A + \varepsilon)$"，也就是说所有下标大于 N 的项 a_n 都落在邻域 $U(a, \varepsilon)$ 内；而在 $U(a, \varepsilon)$ 之外，数列 $\{a_n\}$ 中的项至多只有 N 个（有限个）.

所以，在讨论数列极限时，可以添加、去掉或改变它的有限项的数值，对收敛性和极限都不会发生影响.

为了方便起见，我们令记号 $\forall$ 表示"任意一个"，记号 $\exists$ 表示"存在着"，这样，数列极限的定义还可用 $\varepsilon - N$ 语言来描述：

$$\forall \varepsilon > 0, \exists \text{ 正整数 } N, \text{当 } n > N \text{ 时，有 } |a_n - A| < \varepsilon, \text{则} \lim_{n \to \infty} a_n = A$$

【例 1-10】 已知 $a_n = \dfrac{3n+1}{2n+1}$，证明数列 $\{a_n\}$ 的极限是 $\dfrac{3}{2}$.

证 $|a_n - A| = \left| \dfrac{3n+1}{2n+1} - \dfrac{3}{2} \right| = \dfrac{1}{2(2n+1)}$，对于 $\forall \varepsilon > 0$ 为了使

$$|a_n - A| = \frac{1}{2(2n+1)} < \varepsilon$$

成立，只要 $n > \dfrac{1}{2}\left(\dfrac{1}{2\varepsilon} - 1\right)$. 故只需取正整数 $N = \left[\dfrac{1}{2}\left(\dfrac{1}{2\varepsilon} - 1\right)\right]$

所以 $\forall \varepsilon > 0$，取 $N = \left[\dfrac{1}{2}\left(\dfrac{1}{2\varepsilon} - 1\right)\right]$，当 $n > N$ 时，有不等式

$$|a_n - A| = \left| \frac{3n+1}{2n+1} - \frac{3}{2} \right| < \varepsilon$$

即

$$\lim_{n \to \infty} \frac{3n+1}{2n+1} = \frac{3}{2}.$$

这种通过解不等式 $|a_n - A| < \varepsilon$ 来求出 N 的方法，是一种基本方法，有时计算比较复杂，一般可通过"放大"的技巧来求得一个较大的 N，因为定义中只需要存在这样的 N 即可. 如该题可通过 $|a_n - A| = \dfrac{1}{2(2n+1)} < \dfrac{1}{4n} < \varepsilon$，取 $N = \left[\dfrac{1}{4\varepsilon}\right]$，当 $n > N$ 时，一样可以得到

$$|a_n - A| = \frac{1}{2(2n+1)} < \varepsilon.$$

二、收敛数列的性质

定理 1.1（极限的唯一性） 如果数列 $\{a_n\}$ 收敛，那么它的极限唯一.

证 用反证法. 假设同时有

$$\lim_{n \to \infty} a_n = A \text{ 及 } \lim_{n \to \infty} a_n = B, \text{且 } A < B.$$

根据数列极限的定义，对于 $\varepsilon = \dfrac{B-A}{2} > 0$，$\exists$ 正整数 N_1，当 $n > N_1$ 时，有不等式 $|a_n - A| < \varepsilon = \dfrac{B-A}{2}$ 成立；$\exists$ 正整数 N_2，当 $n > N_2$ 时，有不等式 $|a_n - B| < \varepsilon = \dfrac{B-A}{2}$ 成立.

取 $N = \max\{N_1, N_2\}$，则当 $n > N$ 时，有

$$|a_n - A| < \varepsilon = \frac{B-A}{2} \text{ 与 } |a_n - B| < \varepsilon = \frac{B-A}{2}$$

同时成立. 由上面两个不等式可分别解得

$$a_n < \frac{B+A}{2} \quad 及 \quad a_n > \frac{B+A}{2}$$

这是不可能的. 所以只能有 $A=B$. 即证明了收敛数列的极限是唯一的.

下面介绍数列的有界性概念.

对于数列 $\{a_n\}$，如果存在正数 M，使得对于一切 a_n 都满足不等式

$$|a_n| \leqslant M$$

则称数列 $\{a_n\}$ 是有界的；如果这样的正数 M 不存在，就说数列 $\{a_n\}$ 是无界的.

例如，数列 $a_n = \frac{2n-1}{n}(n=1, 2, 3, \cdots)$ 是有界的，因为可取 $M=2$，使得不等式

$$\left|\frac{2n-1}{n}\right| \leqslant 2$$

对于一切正整数 n 都成立.

数列 $a_n = 2n-1(n=1, 2, 3, \cdots)$ 是无界的，因为当 n 无限增大时，$2n-1$ 可以超过任何正数.

定理 1.2（收敛数列的有界性）　如果数列 $\{a_n\}$ 收敛，那么数列 $\{a_n\}$ 一定有界.

证　因为数列 $\{a_n\}$ 收敛，设 $\lim\limits_{n\to\infty}a_n = A$.

根据数列极限的定义，取 $\varepsilon = 1$，则存在正整数 N，使得对于满足 $n>N$ 的一切 a_n，都有不等式

$$|a_n - A| < 1 \text{ 成立}$$

即 $\qquad |a_n| = |(a_n - A) + A| \leqslant |a_n - A| + |A| < 1 + |A|$

成立. 因为上式是在 $n>N$ 时成立的，故可取 $M = \max\{|a_1|, |a_2|, \cdots, |a_N|, 1+|A|\}$，那么对于数列中的每一项 a_n 都有

$$|a_n| \leqslant M$$

即数列 $\{a_n\}$ 有界.

根据上述定理，如果数列 $\{a_n\}$ 无界，则 $\{a_n\}$ 一定发散. 但如果数列 $\{a_n\}$ 有界，却不能判定数列 $\{a_n\}$ 一定收敛（如数列 $\{(-1)^n\}$）. 这是因为数列有界是数列收敛的必要条件，而非充分条件.

定理 1.3（收敛数列的保号性）　如果数列 $\{a_n\}$ 收敛于 A，且 $A>0$（或 $A<0$），那么存在正整数 N，当 $n>N$ 时，有 $a_n>0$（或 $a_n<0$）.

证　就 $A>0$ 的情形证明. 由数列极限的定义，对 $\varepsilon = \frac{A}{2}>0$，$\exists N \in N^+$，当 $n>N$ 时，有

$$|a_n - A| < \frac{A}{2}$$

从而

$$a_n > A - \frac{A}{2} = \frac{A}{2} > 0.$$

推论　如果数列 $\{a_n\}$ 从某项起有 $a_n \geqslant 0$（或 $a_n \leqslant 0$），且数列 $\{a_n\}$ 收敛于 A，那么 $A \geqslant 0$（或 $A \leqslant 0$）.

习题 1 - 2

1. 观察下列数列的变化趋势，写出它们的极限：

(1) $x_n = \dfrac{(-1)^n}{n}$;

(2) $x_n = \dfrac{n+(-1)^n}{n}$;

(3) $x_n = \dfrac{2n+1}{n+2}$;

(4) $x_n = 3 - \dfrac{1}{n}$.

2. 根据数列极限的定义证明：

(1) $\lim\limits_{n\to\infty} \dfrac{n+1}{3n+2} = \dfrac{1}{3}$;

(2) $\lim\limits_{n\to\infty} \dfrac{1}{2^n} = 0$.

3. 若 $\lim\limits_{n\to\infty} x_n = a$ ，证明 $\lim\limits_{n\to\infty} |x_n| = |a|$. 并举例说明，数列 $\{|x_n|\}$ 收敛时，数列 $\{x_n\}$ 未必收敛.

第三节　函 数 的 极 限

在上一节中我们所研究的数列的极限中的数列 $\{a_n\}$ ，实际上可以看作是自变量为正整数的函数：$a_n = f(n)$. 数列 $\{a_n\}$ 的极限为 A ，从函数的角度来看，也就是说当自变量 n 无限增大即 $n\to\infty$ 时，对应的函数值 $f(n)$ 无限地趋近于常数 A . 如果我们撇开此变化过程的特殊性，那么函数的极限，就是在自变量的某个变化过程中，如果对应的函数值无限地趋近于一个确定的常数，则这个常数就是在这一变化过程中函数的极限. 由于函数的极限与自变量的变化过程是密切相关的，即自变量的变化过程不同，函数极限的概念就表现为不同的形式，所以对于函数的极限，我们将分为自变量趋近于无穷大（记作 $x\to\infty$ ）和自变量趋近于有限值（记作 $x\to x_0$ ）两种情况来讨论.

一、当 $x\to\infty$ 时函数 $f(x)$ 的极限

下面我们给出当 $x\to\infty$ 时函数 $f(x)$ 极限的精确定义.

定义 1.3　设函数 $f(x)$ 当 $|x|$ 大于某一正数时有定义. 如果存在常数 A ，对于任意给定的正数 ε （不论它有多小），总存在一个正数 M ，使得适合不等式 $|x|>M$ 的一切 x ，所对应的函数值 $f(x)$ 都满足不等式

$$|f(x)-A|<\varepsilon$$

则称常数 A 为函数 $f(x)$ 当 $x\to\infty$ 时的极限，记作

$$\lim\limits_{x\to\infty} f(x) = A$$

或

$$f(x)\to A (x\to\infty).$$

定义 1.3 中正数 M 的作用与数列极限定义中 N 的相类似，表明 x 充分大的程度；但这里所考虑的是比 M 大的所有实数 x ，而不仅仅是正整数 n . 因此，当 x 趋于 $+\infty$ 时函数 $f(x)$ 以 A 为极限意味着：A 的任意小邻域内必含有 $f(x)$ 在 $+\infty$ 的某邻域内的全部函数值. 另外的 ε 的大小决定了 $f(x)$ 与 A 接近的程度，ε 是任意给定的，也就是说 ε 可以达到任意小（即在保证 ε 为正数的前提下，ε 无限的接近于 0 ），这也恰好说明了 $f(x)$ 与 A 是无限接近的. M 则刻画了 $|x|$ 充分大的程度，通常 ε 越小，而 M 越大，M 依赖于 ε .

定义 1.3 可以用 $\varepsilon - M$ 语言来描述:

$\forall \varepsilon > 0, \exists M > 0$,当 $|x| > M$ 时,有 $|f(x) - A| < \varepsilon$,则 $\lim\limits_{x \to \infty} f(x) = A$.

如果 $x > 0$ 且无限增大即 $x \to +\infty$,那么只需将定义 1 中的 $|x| > M$ 改为 $x > M$,就会得到 $\lim\limits_{x \to +\infty} f(x) = A$ 的定义,用 $\varepsilon - M$ 语言来描述:

$\forall \varepsilon > 0, \exists M > 0$,当 $x > M$ 时,有 $|f(x) - A| < \varepsilon$,则 $\lim\limits_{x \to +\infty} f(x) = A$,

同理有

$\forall \varepsilon > 0, \exists M > 0$,当 $x < -M$ 时,有 $|f(x) - A| < \varepsilon$,则 $\lim\limits_{x \to -\infty} f(x) = A$.

【例 1-11】 证明 $\lim\limits_{x \to \infty} \dfrac{1}{x} = 0$.

证 $|f(x) - A| = \left| \dfrac{1}{x} - 0 \right| = \dfrac{1}{|x|}$,对于任意给定的正数 ε,为了使

$$|f(x) - A| = \frac{1}{|x|} < \varepsilon$$

成立,只要 $|x| > \dfrac{1}{\varepsilon}$. 故只需取正数 $M = \dfrac{1}{\varepsilon}$,则有 $\forall \varepsilon > 0, \exists M = \dfrac{1}{\varepsilon}$,当 $|x| > M$ 时,有不等式

$$|f(x) - A| = \frac{1}{|x|} < \varepsilon$$

即

$$\lim_{x \to \infty} \frac{1}{x} = 0.$$

直线 $y = 0$ 是函数 $y = \dfrac{1}{x}$ 的图形的水平渐近线.

一般地,如果 $\lim\limits_{x \to \infty} f(x) = c$,则直线 $y = c$ 称为函数 $y = f(x)$ 的图形的水平渐近线.

$\lim\limits_{x \to \infty} f(x) = A$ 的几何意义是:对于任意给定的正数 ε,在坐标平面上我们可作出两条平行直线 $y = A - \varepsilon, y = A + \varepsilon$,这两条直线形成了一个带形区域. 无论正数 ε 有多么小,即无论带形区域有多么窄,总可以找到正数 M,当点 $(x, f(x))$ 的横坐标进入区间 $(-\infty, -M) \cup (M, +\infty)$ 时,也就是当函数 $y = f(x)$ 的图形上的点位于直线 $x = -M$ 的左侧或位于直线 $x = M$ 的右侧时,函数 $y = f(x)$ 的图形都位于此带形区域内. ε 越小,带形区域则越窄,如图 1-8 所示.

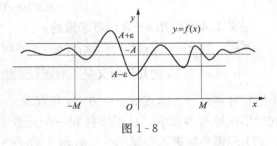

图 1-8

二、当 $x \to x_0$ 时函数 $f(x)$ 的极限

研究函数的极限,除了自变量 $x \to \infty$ 的情况外,还有另外一种非常重要的形式就是:自变量 x 趋近于有限值 x_0 时的情形. 先看两个例子.

【例 1-12】 函数 $f(x) = x - 1$,当 x 无限地趋近于 -1 时,它所对应的函数值 $f(x)$ 无限地趋近于常数 -2,即 $x \to -1$ 时,函数 $f(x) = x - 1$ 的极限是 -2 [见图 1-9(a)].

【例 1-13】　函数 $f(x) = \dfrac{x^2-1}{x+1}$，当 x 无限地趋近于 -1 时，它所对应的函数值 $f(x)$ 也无限地趋近于常数 -2，即 $x \to -1$ 时，函数 $f(x) = \dfrac{x^2-1}{x+1}$ 的极限也是 -2［见图 1-9（b）].

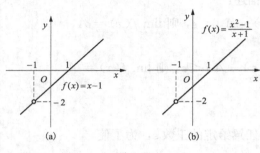

图 1-9

由以上两例可以看出，在研究 $x \to x_0$ 时函数 $f(x)$ 的极限时，我们只要求 x 无限地趋近于 x_0，此时函数 $f(x)$ 是否在 x_0 有定义与 $x \to x_0$ 时函数 $f(x)$ 的极限是否存在没有关系.

一般地，设函数 $f(x)$ 在点 x_0 的某一去心邻域内有定义. 如果当自变量 x 无限地趋近于 x_0 时，对应的函数值 $f(x)$ 无限地趋近于一个确定的常数 A，则称常数 A 为函数 $f(x)$ 当 $x \to x_0$ 时的极限. 由于 $f(x)$ 与 A 接近的程度可以用 $|f(x)-A|$ 来刻画，x 与 x_0 接近的程度可以用 $|x-x_0|$ 来刻画，于是我们可以这样理解 $x \to x_0$ 时函数极限的概念：只要 x 充分接近 x_0，$|f(x)-A|$ 就可以达到"任意小". 于是我们用 ε 来刻画 $f(x)$ 与 A 接近的程度，用 $0 < |x-x_0| < \delta$ 来刻画 x 与 x_0 接近的程度，就可以得到 $\lim\limits_{x \to x_0} f(x) = A$ 的精确定义.

定义 1.4　设函数 $f(x)$ 在点 x_0 的某个去心邻域内有定义. 如果存在常数 A，对于任意给定的正数 ε（不论它有多么小），总存在一个正数 δ，使得对于适合不等式 $0 < |x-x_0| < \delta$ 的一切 x，对应的函数值 $f(x)$ 都满足不等式

$$|f(x)-A| < \varepsilon$$

则称常数 A 为函数 $f(x)$ 当 $x \to x_0$ 时的极限，记作

$$\lim_{x \to x_0} f(x) = A$$

或

$$f(x) \to A (x \to x_0).$$

定义 1.4 可以用 $\varepsilon - \delta$ 语言来描述：

$\forall \varepsilon > 0, \exists \delta > 0$，当 $0 < |x-x_0| < \delta$ 时，有 $|f(x)-A| < \varepsilon$，则 $\lim\limits_{x \to x_0} f(x) = A$.

$\lim\limits_{x \to x_0} f(x) = A$ 的几何意义是：对于任意给定的正数 ε，不论它有多么小，即直线 $y = A-\varepsilon$ 与直线 $y = A+\varepsilon$ 之间的带形区域有多么窄，总可以找到一个正数 δ，当点 $(x, f(x))$ 的横坐标进入邻域 $(x_0-\delta, x_0+\delta)$ 内 $(x \neq x_0)$，函数 $y = f(x)$ 的图形都位于带形区域内，ε 越小，带形区域越窄（见图 1-10）.

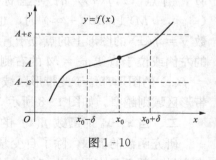

图 1-10

关于函数极限的 $\varepsilon - \delta$ 定义的几点说明如下.

（1）ε 是表示函数 $f(x)$ 与 A 的接近程度的. 为了说明函数 $f(x)$ 在 $x \to x_0$ 的过程中，能够任意地接近于 A，ε 必须是任意的.

（2）δ 是表示 x 与 x_0 的接近程度，它相当于数列极限的 $\varepsilon - N$ 定义中的 N. 即对给定的 $\varepsilon > 0$，都有一个 δ 与之对应，所以 δ 是依赖于 ε 而适当选取的，一般说来，ε 越小，δ 越小.

(3) 在定义 1.4 中，只要求函数 $f(x)$ 在 x_0 的某空心邻域内有定义，而一般不要求 $f(x)$ 在 x_0 处的函数值是否存在，或者取什么样的值. 这是因为，对于函数极限我们所研究的是当 x 趋于 x_0 的过程中函数的变化趋势，与函数在该处的函数值无关. 所以可以不考虑 $f(x)$ 在点 x_0 的函数值是否存在或取何值，因而限定 "$0<|x-x_0|$".

【例 1 - 14】 利用函数极限定义证明 $\lim\limits_{x\to x_0} C = C$（$C$ 为常数）.

证 设 $f(x)=C$. 这里 $|f(x)-A|=|C-C|=0$，因此对于任意给定的正数 ε，可任取一正数作为 δ，当 $0<|x-x_0|<\delta$ 时，不等式

$$|f(x)-A|=0<\varepsilon$$

恒成立，所以 $\lim\limits_{x\to x_0} C = C$.

【例 1 - 15】 利用函数极限定义证明 $\lim\limits_{x\to x_0} x = x_0$.

证 设 $f(x)=x$. 这里 $|f(x)-A|=|x-x_0|$，因此，对于任意给定的正数 ε，为了使

$$|f(x)-A|=|x-x_0|<\varepsilon$$

成立，可取 $\delta=\varepsilon$，则有

$\forall \varepsilon>0$，$\exists \delta=\varepsilon$，当 $0<|x-x_0|<\delta$ 时，有不等式

$$|f(x)-A|=|x-x_0|<\varepsilon$$

即

$$\lim\limits_{x\to x_0} x = x_0.$$

【例 1 - 16】 利用函数极限定义证明 $\lim\limits_{x\to 1} \dfrac{x^2-1}{x+1} = -2$.

证 设 $f(x)=\dfrac{x^2-1}{x+1}$. 这里 $|f(x)-A|=\left|\dfrac{x^2-1}{x+1}-(-2)\right|=|x+1|$，因此，对于任意给定的正数 ε，为了使

$$|f(x)-A|=|x+1|<\varepsilon$$

成立，可取 $\delta=\varepsilon$，则有

$\forall \varepsilon>0$，$\exists \delta=\varepsilon$，当 $0<|x-(-1)|<\delta$ 时，有不等式

$$|f(x)-A|=|x+1|<\varepsilon$$

即

$$\lim\limits_{x\to 1} \dfrac{x^2-1}{x+1} = -2.$$

【例 1 - 17】 利用函数极限定义证明 $\lim\limits_{x\to 0} x\sin\dfrac{1}{x} = 0$.

证 对于任意给定的正数 $\varepsilon>0$，取 $\delta=\varepsilon$，因为 $\left|\sin\dfrac{1}{x}\right|\leqslant 1$，则当 $0<|x|<\delta$ 时，有

$$\left|x\sin\dfrac{1}{x}\right|=|x|\left|\sin\dfrac{1}{x}\right|\leqslant |x|<\varepsilon$$

即

$$\lim\limits_{x\to 0} x\sin\dfrac{1}{x} = 0.$$

【例 1 - 18】 证明 $\lim\limits_{x\to 4}\sqrt{x}=2$.

证 设 $f(x)=\sqrt{x}$. 为了使

$$| f(x) - A | = | \sqrt{x} - 2 | = \left| \frac{x-4}{\sqrt{x}+2} \right| < \frac{|x-4|}{2} < \varepsilon$$

成立，可取 $\delta = 2\varepsilon$，于是，对任给的 $\varepsilon > 0$，取 $\delta = 2\varepsilon$，则当 $0 < |x-4| < \delta$ 时，就有 $| \sqrt{x} - 2 | < \varepsilon$.

三、单侧极限

有些函数在其定义域上某些点左侧与右侧的解析式不同，如函数 $f(x) = \begin{cases} x, & x \leqslant 0 \\ 1, & x > 0 \end{cases}$，当 $x > 0$ 而趋于 0 时，应按 $f(x) = 1$ 来考察函数值的变化趋势；当 $x < 0$ 而趋于 0 时，应按 $f(x) = x$ 来考察. 还有些函数在某些点仅在其一侧有定义，如函数 $\sqrt{1-x^2}$ 在其定义区间 $[-1,1]$ 端点 $x = \pm 1$ 处的极限，也只能在点 $x = -1$ 的右侧和点 $x = 1$ 的左侧来讨论. 因此应给出单侧极限的定义.

把定义 1.4 中的 $0 < |x-x_0| < \delta$ 改为 $x_0 - \delta < x < x_0$，我们就得到了左极限的定义，左极限记作

$$\lim_{x \to x_0^-} f(x) = A \text{ 或 } f(x_0^-) = A.$$

同理把 $0 < |x-x_0| < \delta$ 改为 $x_0 < x < x_0 + \delta$，我们就得到了右极限的定义，右极限记作

$$\lim_{x \to x_0^+} f(x) = A \text{ 或 } f(x_0^+) = A.$$

右极限与左极限统称为单侧极限.

左、右极限的定义可分别用 $\varepsilon - \delta$ 语言描述为

$\forall \varepsilon > 0, \exists \delta > 0,$ 当 $x_0 - \delta < x < x_0$ 时，有 $| f(x) - A | < \varepsilon$，则 $\lim\limits_{x \to x_0^-} f(x) = A$，

$\forall \varepsilon > 0, \exists \delta > 0,$ 当 $x_0 < x < x_0 + \delta$ 时，有 $| f(x) - A | < \varepsilon$，则 $\lim\limits_{x \to x_0^+} f(x) = A$.

根据 $x \to x_0$ 时函数 $f(x)$ 的极限的定义和左、右极限的定义，容易证明：$\lim\limits_{x \to x_0} f(x) = A$ 成立的充分必要条件是 $f(x_0^-) = f(x_0^+) = A$. 因此，即使 $\lim\limits_{x \to x_0^-} f(x)$ 和 $\lim\limits_{x \to x_0^+} f(x)$ 都存在，但如果它们不相等，那么 $\lim\limits_{x \to x_0} f(x)$ 也是不存在的.

【例 1 - 19】 设函数

$$f(x) = \begin{cases} x, & x \leqslant 0 \\ 1, & x > 0 \end{cases}, \text{证明：当 } x \to 0 \text{ 时，} f(x) \text{ 的极限不存在.}$$

证 由 [例 1-14]，[例 1-15] 可知

左极限

$$\lim_{x \to 0^-} f(x) = \lim_{x \to 0^-} x = 0$$

右极限

$$\lim_{x \to 0^+} f(x) = \lim_{x \to 0^+} 1 = 1$$

因为左极限和右极限不相等，所以 $\lim\limits_{x \to 0} f(x)$ 不存在（见图 1-11）.

再如前面提到的符号函数 $\mathrm{sgn} x$，由于它在 $x = 0$ 处的左右极限不相等，所以 $\lim\limits_{x \to 0} \mathrm{sgn} x$ 不存在.

四、函数极限的性质

下面，我们利用函数极限定义证明下述性质.

定理 1.4（唯一性）　如果 $\lim\limits_{x \to x_0} f(x)$ 存在，则该极限是唯一的.

定理 1.5（局部有界性）　如果 $\lim\limits_{x \to x_0} f(x) = A$，那么存在常数 $M > 0$

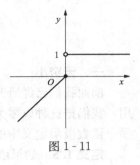

图 1 - 11

和 $\delta > 0$，使得当 $0 < |x - x_0| < \delta$ 时，有 $|f(x)| \leqslant M$.

　　证　因为 $\lim\limits_{x \to x_0} f(x) = A$，所以对于 $\varepsilon = 1$，$\exists \delta > 0$，当 $0 < |x - x_0| < \delta$ 时，有

$$|f(x) - A| < \varepsilon = 1$$

于是

$$|f(x)| = |f(x) - A + A| \leqslant |f(x) - A| + |A| < |A| + 1$$

取 $M = |A| + 1$，则证明了在点 x_0 的去心 δ 邻域内，$f(x)$ 是有界的.

　　定理 1.6（局部保号性）　如果 $\lim\limits_{x \to x_0} f(x) = A$，且 $A > 0$ 或 $(A < 0)$，那么总存在点 x_0 的某一去心邻域，当 x 在该邻域内时，有 $f(x) > 0$ [或 $f(x) < 0$].

　　证　不妨设 $A > 0$. 取 ε 为小于或等于 A 的任一给定正数，由于 $\lim\limits_{x \to x_0} f(x) = A$，所以，对于这个取定的正数 ε，$\exists \delta > 0$，使得当 $0 < |x - x_0| < \delta$ 时，恒有

$$|f(x) - A| < \varepsilon$$

即

$$A - \varepsilon < f(x) < A + \varepsilon$$

成立. 因 $A - \varepsilon \geqslant 0$，故 $f(x) > 0$.

　　类似可证 $A < 0$ 的情形.

　　定理 1.6 说明，在点 x_0 的某一去心邻域内，函数值 $f(x)$ 与极限值的符号相同.

　　推论　如果在点 x_0 的某一去心邻域内 $f(x) \geqslant 0$ [或 $f(x) \leqslant 0$]，而且 $\lim\limits_{x \to x_0} f(x) = A$，那么 $A \geqslant 0$（或 $A \leqslant 0$）.

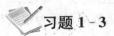 **习题 1 - 3**

1. 根据函数极限的定义证明下列各式.

（1）$\lim\limits_{x \to 2} (x - 1) = 1$；　　　　　　　（2）$\lim\limits_{x \to 1} \dfrac{x^2 - 1}{x - 1} = 2$.

2. 根据函数极限的定义证明 $\lim\limits_{x \to \infty} \dfrac{2x + 1}{x - 1} = 2$.

3. 证明 $\lim\limits_{x \to 0} \dfrac{|x|}{x}$ 不存在.

4. 设 $f(x) = \begin{cases} x, & x < 3 \\ 3x - 1, & x \geqslant 3 \end{cases}$，求 $x \to 3$ 时，函数 $f(x)$ 的左、右极限，并说明当 $x \to 3$ 时 $f(x)$ 的极限是否存在.

第四节　无穷小与无穷大

一、无穷小

前面我们已经研究了许多的极限，其中极限为 0 的函数在极限的研究中发挥着重要的作用，我们把这种以零为极限的函数称为无穷小．无穷小是函数极限的一种特殊形式，所以只要令函数极限定义中的常数 $A=0$，便可得到无穷小的定义，精确地说，就是

定义 1.5　如果函数 $f(x)$ 当 $x \to x_0$（或 $x \to \infty$）时的极限为零，则称函数 $f(x)$ 当 $x \to x_0$（或 $x \to \infty$）时为无穷小．

定义 1.5′　如果对于任意给定的 $\varepsilon > 0$，总存在 $\delta > 0$（或 $M > 0$），使得对于适合不等式 $0 < |x - x_0| < \delta$（或 $|x| > M$）的一切 x，对应的函数值 $f(x)$ 都满足不等式

$$|f(x)| < \varepsilon$$

则称函数 $f(x)$ 当 $x \to x_0$（或 $x \to \infty$）时为无穷小，记作

$$\lim_{x \to x_0} f(x) = 0 \ \big[\text{或} \lim_{x \to \infty} f(x) = 0\big].$$

类似地可定义　当 $x \to x_0^+$，$x \to x_0^-$，$x \to +\infty$，$x \to -\infty$ 以及 $x \to \infty$ 时的无穷小．

【例 1-20】　因为 $\lim\limits_{x \to x_0}(x - x_0) = 0$，所以函数 $x - x_0$ 当 $x \to x_0$ 时为无穷小；因为 $\lim\limits_{x \to \infty} \dfrac{1}{x} = 0$，所以函数 $\dfrac{1}{x}$ 当 $x \to \infty$ 时为无穷小．又如上节例 8，取 $x_0 = 1$ 时，$\lim\limits_{x \to 1^-} \sqrt{1 - x^2} = 0$，所以函数 $\sqrt{1 - x^2}$ 当 $x \to 1^-$ 时为无穷小．取 $x_0 = 0$ 时，$\lim\limits_{x \to 0} \sqrt{1 - x^2} = 1$，所以函数 $\sqrt{1 - x^2}$ 当 $x \to 0$ 时不为无穷小．

因此，"无穷小"这个术语，并不是表达量的大小，而是表达它的变化状态，它与"很小的量"或"可以忽略不计"这些术语有本质的区别，后者皆指一个确定的数值，而"无穷小量"是一个以零为极限的变量，因此与自变量的变化过程有关．除此以外，任何非零常数在自变量的任何变化过程中都不是无穷小．

无穷小与函数极限之间究竟有什么样的关系，下面定理给出了结论．

定理 1.7　在自变量的同一变化过程 $x \to x_0$（或 $x \to \infty$）中，具有极限的函数等于它的极限与一个无穷小的和；反之，如果函数可表示为常数与无穷小之和，则此常数就是该函数的极限．

证　下面仅就 $x \to x_0$ 时的情形证明之．

设 $\lim\limits_{x \to x_0} f(x) = A$，则对任意给定的正数 ε，总存在一个正数 δ，使得对于适合不等式 $0 < |x - x_0| < \delta$ 的一切 x，对应的函数值 $f(x)$ 都满足

$$|f(x) - A| < \varepsilon.$$

令 $\alpha = f(x) - A$，则有

$$|\alpha| < \varepsilon$$

成立，即 α 是 $x \to x_0$ 时的无穷小，且有

$$f(x) = A + \alpha.$$

反之，设 $f(x) = A + \alpha$，其中 A 是常数，α 是 $x \to x_0$ 时的无穷小，于是有

$$|f(x)-A|=|\alpha|.$$

因为 $\lim\limits_{x\to x_0}\alpha=0$，所以由函数极限定义：对于任意给定的正数 ε，总存在一个正数 δ，使得对于适合不等式 $0<|x-x_0|<\delta$ 的一切 x 有不等式

$$|\alpha|<\varepsilon$$

即

$$|f(x)-A|<\varepsilon.$$

这就证明了 A 是 $f(x)$ 当 $x\to x_0$ 时的极限.

$x\to\infty$ 时的情形类似可证.

下面我们不加证明地给出无穷小的下列性质.

定理 1.8　有限个无穷小的代数和是无穷小.

定理 1.9　有界变量与无穷小的乘积仍是无穷小.

【例 1-21】　求极限　$\lim\limits_{x\to\infty}\dfrac{1}{x}\sin x.$

解　因为 $|\sin x|\leqslant 1$，故 $\sin x$ 在 $(-\infty,+\infty)$ 内有界，又因为 $\lim\limits_{x\to\infty}\dfrac{1}{x}=0$，即 $\dfrac{1}{x}$ 当 $x\to\infty$ 时为无穷小，于是根据定理 3 可知 $\dfrac{1}{x}\sin x$ 当 $x\to\infty$ 时为无穷小，从而有

$$\lim\limits_{x\to\infty}\dfrac{1}{x}\sin x=0.$$

推论 1　常数与无穷小的乘积是无穷小.

推论 2　有限个无穷小的乘积是无穷小.

注意，两个无穷小的商未必是无穷小. 例如，当 $x\to 0$ 时，x 是无穷小，$3x$ 也是无穷小，但 $\dfrac{x}{3x}$ 不是无穷小.

二、无穷大

下面我们给出无穷大的精确定义.

定义 1.6　设函数 $f(x)$ 在 x_0 的某一去心邻域内有定义（或 $|x|$ 大于某一正数时有定义）. 若对任意给定的不论怎样大的正数 M，总存在一个正数 δ（或 X），使得当一切 x 适合不等式 $0<|x-x_0|<\delta$（或 $|x|>X$）时，不等式

$$|f(x)|>M$$

恒成立，则称函数 $f(x)$ 当 $x\to x_0$（或 $x\to\infty$）时为无穷大.

应当指出，$x\to x_0$ 或（$x\to\infty$）时的无穷大 $f(x)$，由函数极限定义可知极限是不存在的，但为了叙述方便，我们也说"函数的极限是无穷大"，且记为

$$\lim\limits_{x\to x_0}f(x)=\infty\ [\text{或}\ \lim\limits_{x\to\infty}f(x)=\infty].$$

在无穷大定义中，如果把 $|f(x)|>M$ 换成 $f(x)>M$，则称函数 $f(x)$ 当 $x\to x_0$ 或（$x\to\infty$）时为正无穷大；如果把 $|f(x)|>M$ 换成 $f(x)<-M$，则称函数 $f(x)$ 当 $x\to x_0$ 或（$x\to\infty$）时为负无穷大，并分别记为

$$\lim\limits_{x\to x_0}f(x)=+\infty\ [\text{或}\ \lim\limits_{x\to\infty}f(x)=+\infty]$$

$$\lim\limits_{x\to x_0}f(x)=-\infty\ [\text{或}\ \lim\limits_{x\to\infty}f(x)=-\infty].$$

【例 1 - 22】 证明：$\lim\limits_{x\to1}\dfrac{1}{x-1}=\infty$.

证 对于任意给定的正数 M. 要使 $\left|\dfrac{1}{x-1}\right|>M$

只需
$$|x-1|<\dfrac{1}{M}$$

故可取
$$\delta=\dfrac{1}{M}$$

则对于适合 $0<|x-1|<\delta=\dfrac{1}{M}$ 的一切 x，有

$$\left|\dfrac{1}{x-1}\right|>M$$

即证明了 $\lim\limits_{x\to1}\dfrac{1}{x-1}=\infty$.

如图 1 - 12 所示，直线 $x=1$ 是曲线 $y=\dfrac{1}{x-1}$ 的铅直渐近线.

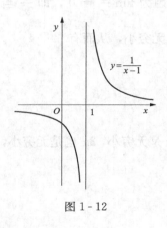

图 1 - 12

一般地，如果 $\lim\limits_{x\to x_0}f(x)=\infty$，则直线 $x=x_0$ 是函数 $y=f(x)$ 的图形的铅直渐近线.

在理解无穷大 $\lim\limits_{x\to x_0}f(x)=\infty$ 的定义时需注意，无穷大不是数，它是自变量变化过程中的一个函数，不可与很大的数混淆.

若 $f(x)$ 为 $x\to x_0$ 时的无穷大，则易见 $f(x)$ 为 $\overset{\circ}{U}(x_0)$ 上的无界函数. 但无界函数却不一定是无穷大. 如 $f(x)=x\sin x$ 在 $(-\infty,+\infty)$ 上无界，因对任给 $M>0$，取 $x=2n\pi+\dfrac{\pi}{2}$，这里正整数 $n>\dfrac{M}{2\pi}$，则有 $f(x)=\left(2n\pi+\dfrac{\pi}{2}\right)\sin\left(2n\pi+\dfrac{\pi}{2}\right)=2n\pi+\dfrac{\pi}{2}>M$. 但 $\lim\limits_{x\to+\infty}f(x)\neq\infty$，因若取数列 $x_n=2n\pi$（$n=1,2,\cdots$），则 $x_n\to+\infty$（$n\to\infty$）时，$\lim\limits_{x\to+\infty}f(x_n)=\lim\limits_{x\to+\infty}2n\pi\sin(2n\pi)=0$，从而当 $x_n\to+\infty$ 时，$f(x)$ 无界但不是无穷大.

三、无穷小与无穷大的关系

无穷大与无穷小之间有如下关系.

定理 1.10 在自变量的同一变化过程中，如果 $f(x)$ 为无穷大，则 $\dfrac{1}{f(x)}$ 为无穷小；反之，如果 $f(x)(f(x)\neq0)$ 为无穷小，则 $\dfrac{1}{f(x)}$ 为无穷大.

证 不妨设 $\lim\limits_{x\to x_0}f(x)=\infty$，欲证 $\dfrac{1}{f(x)}$ 当 $x\to x_0$ 时为无穷小.

由无穷大定义，对 $\forall M>0,\exists\delta>0$,当 $0<|x-x_0|<\delta$ 时，不等式
$$|f(x)|>M$$

恒成立. 对于任意给定的正数 ε，取 $M=\dfrac{1}{\varepsilon}$，则当 $0<|x-x_0|<\delta$ 时，有

$$| f(x) | > M = \frac{1}{\varepsilon}$$

即

$$\left| \frac{1}{f(x)} \right| < \varepsilon$$

所以 $\frac{1}{f(x)}$ 当 $x \to x_0$ 时为无穷小.

反之,设 $\lim\limits_{x \to x_0} f(x) = 0 (f(x) \neq 0)$,欲证 $\frac{1}{f(x)}$ 当 $x \to x_0$ 时为无穷大.

由无穷小定义,对 $\forall \varepsilon > 0, \exists \delta > 0$,当 $0 < | x - x_0 | < \delta$ 时,不等式 $| f(x) | < \varepsilon$ 恒成立.
取 $\varepsilon = \frac{1}{M}$,则有

$$| f(x) | < \varepsilon = \frac{1}{M}$$

由于 $f(x) \neq 0$,所以有

$$\left| \frac{1}{f(x)} \right| > M$$

即证明了 $\frac{1}{f(x)}$ 当 $x \to x_0$ 时为无穷大.

例如,当 $x \to 0$ 时,x 是无穷小,而 $\frac{1}{x}$ 是无穷大.

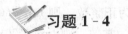 **习题 1 - 4**

1. 指出下列各题中哪些量是无穷小?哪些量是无穷大?

(1) $y = \cot x$,当 $x \to 0$ 时;   (2) $y = \ln x$,当 $x \to 0^+$ 时;

(3) $y = 2^{-x}$,当 $x \to +\infty$ 时;   (4) $y = \frac{1}{x-2}$,当 $x \to 2$ 时.

2. 求下列极限:

(1) $\lim\limits_{x \to 0} x \cos \frac{1}{x}$;   (2) $\lim\limits_{x \to \infty} \frac{\arctan x}{x}$.

3. 两个无穷小的商是否一定是无穷小?请举例说明.

第五节 极 限 运 算 法 则

前面我们已经介绍了极限的定义,对于极限的求法,这一节我们将主要介绍极限的四则运算法则,利用这些法则,我们可以解决部分求极限的问题.在下面的讨论中,极限符号的下面没有标出自变量的变化过程,表示这种极限可以理解为自变量 $x \to x_0$,也可以理解为自变量 $x \to \infty$.

定理 1.11   设在自变量的同一变化过程中,$f(x)$ 与 $g(x)$ 的极限都存在,且 $\lim f(x) = A$,$\lim g(x) = B$,则它们的和、差、积、商(分母极限不为零)的极限也都存在,且

(1) $\lim [f(x) \pm g(x)] = \lim f(x) \pm \lim g(x) = A \pm B$;

(2) $\lim [f(x) \cdot g(x)] = \lim f(x) \cdot \lim g(x) = A \cdot B$;

(3) $\lim \dfrac{f(x)}{g(x)} = \dfrac{\lim f(x)}{\lim g(x)} = \dfrac{A}{B}(B \neq 0)$.

证　这里只证（1）当 $x \to x_0$ 时的情形.

因为 $\lim f(x) = A, \lim g(x) = B$，由定理 1.7 有

$$f(x) = A + \alpha, \quad g(x) = B + \beta$$

其中 α, β 均为无穷小，于是有

$$f(x) \pm g(x) = (A + \alpha) \pm (B + \beta) = (A \pm B) + (\alpha \pm \beta).$$

因为 α, β 为无穷小，由定理 1.8 及定理 1.9 的推论 1 可知 $\alpha \pm \beta = \alpha + (\pm \beta)$ 是无穷小. 故由定理 1.7 可得

$$\lim [f(x) \pm g(x)] = A \pm B = \lim f(x) \pm \lim g(x).$$

定理 1.11 中的（1）、（2）可以推广到有限个函数的情形. 例如，若 $\lim f(x), \lim g(x),$ $\lim h(x)$ 都存在，则由定理 1.11 有

$$\begin{aligned}
\lim [f(x) \pm g(x) \pm h(x)] &= \lim \{[f(x) \pm g(x)] \pm h(x)\} \\
&= \lim [f(x) \pm g(x)] \pm \lim h(x) \\
&= \lim f(x) \pm \lim g(x) \pm h(x)
\end{aligned}$$

$$\begin{aligned}
\lim [f(x) \cdot g(x) \cdot h(x)] &= \lim \{[f(x) \cdot g(x)] \cdot h(x)\} \\
&= \lim [f(x) \cdot g(x)] \cdot \lim h(x) \\
&= \lim f(x) \cdot \lim g(x) \cdot \lim h(x)
\end{aligned}$$

推论 1　若 $\lim f(x)$ 存在，n 为正整数，则 $\lim [f(x)]^n = [\lim f(x)]^n$.

推论 2　若 $\lim f(x)$ 存在，C 为常数，则 $\lim [Cf(x)] = C \lim f(x)$.

运用极限的四则运算法则时应注意：参与运算的函数的极限必须都存在，否则极限的运算法则不能用；极限的四则运算法则只适用于有限个函数的情形，函数个数为无限多个时不能用.

【例 1 - 23】　求 $\lim\limits_{x \to 0}(2x + 1)$.

解　$\begin{aligned}[t] \lim\limits_{x \to 0}(2x + 1) &= \lim\limits_{x \to 0} 2x + \lim\limits_{x \to 0} 1 = 2 \lim\limits_{x \to 0} x + 1 \\ &= 2 \cdot 0 + 1 = 1. \end{aligned}$

【例 1 - 24】　求 $\lim\limits_{x \to 1} \dfrac{x + 1}{x^2 - 2x + 3}$.

解　$\begin{aligned}[t]
\lim\limits_{x \to 1} \dfrac{x + 1}{x^2 - 2x + 3} &= \dfrac{\lim\limits_{x \to 1}(x + 1)}{\lim\limits_{x \to 1}(x^2 - 2x + 3)} \\
&= \dfrac{\lim\limits_{x \to 1} x + \lim\limits_{x \to 1} 1}{\lim\limits_{x \to 1} x^2 - 2 \lim\limits_{x \to 1} x + \lim\limits_{x \to 1} 3} \\
&= \dfrac{1 + 1}{(\lim\limits_{x \to 1} x)^2 - 2 + 3} \\
&= \dfrac{1 + 1}{1^2 - 2 + 3} = 1.
\end{aligned}$

【例 1 - 25】　求 $\lim\limits_{x \to 1} \dfrac{\sqrt{x} - 2}{x + 2}$.

解　$\lim\limits_{x\to 1}\dfrac{\sqrt{x}-2}{x+2}=\dfrac{\lim\limits_{x\to 1}(\sqrt{x}-2)}{\lim\limits_{x\to 1}(x+2)}$

$\qquad\qquad\qquad=\dfrac{\lim\limits_{x\to 1}\sqrt{x}-\lim\limits_{x\to 1}2}{\lim\limits_{x\to 1}x+\lim\limits_{x\to 1}2}$

$\qquad\qquad\qquad=\dfrac{1-2}{1+2}=-\dfrac{1}{3}.$

由以上例子可以看出，求多项式函数或符合法则的分式函数当 $x\to x_0$ 时的极限，只要把 x_0 代入函数中就可以了，但对于分式函数，如果将 x_0 代入后分母等于零，则没有意义，需另选它法．下面举两个例子．

【例 1 - 26】　求 $\lim\limits_{x\to 2}\dfrac{x-2}{x^2-4}$．

解　当 $x\to 2$ 时，分子分母的极限都是零，不能直接运用商的极限运算法则求此极限．但在 $x\to 2$ 过程中 $x\neq 2$，因此，可先约分，再求极限，即

$$\lim_{x\to 2}\frac{x-2}{x^2-4}=\lim_{x\to 2}\frac{x-2}{(x+2)(x-2)}=\lim_{x\to 2}\frac{1}{x+2}=\frac{1}{2+2}=\frac{1}{4}.$$

【例 1 - 27】　求 $\lim\limits_{x\to 1}\dfrac{2x-1}{x^2+2x-3}$．

解　因为 $x\to 1$ 时分母 x^2+2x-3 的极限为 0，所以不能直接运用商的极限运算法则求此极限．但在 $x\to 1$ 时分子 $2x-1$ 的极限不为 0，于是我们可以先求

$$\lim_{x\to 1}\frac{x^2+2x-3}{2x-1}=\frac{\lim\limits_{x\to 1}(x^2+2x-3)}{\lim\limits_{x\to 1}(2x-1)}=\frac{0}{1}=0$$

故由定理 1.10，可得

$$\lim_{x\to 1}\frac{2x-1}{x^2+2x-3}=\infty.$$

【例 1 - 28】　求 $\lim\limits_{x\to 4}\dfrac{\sqrt{2x+1}-3}{\sqrt{x-2}-\sqrt{2}}$．

解　当 $x\to 2$ 时，分子分母的极限都是零，不能直接运用商的极限运算法则求此极限．可先进行有理化，约去极限为 0 的因子，再利用法则求极限．

$$\lim_{x\to 4}\frac{\sqrt{2x+1}-3}{\sqrt{x-2}-\sqrt{2}}=\lim_{x\to 4}\frac{2(x-4)(\sqrt{x-2}+\sqrt{2})}{(x-4)(\sqrt{2x+1}+3)}$$

$$=2\lim_{x\to 4}\frac{\sqrt{x-2}+\sqrt{2}}{\sqrt{2x+1}+3}=2\frac{\lim\limits_{x\to 4}(\sqrt{x-2}+\sqrt{2})}{\lim\limits_{x\to 4}(\sqrt{2x+1}+3)}=\frac{2\sqrt{2}}{3}.$$

下面介绍几个 $x\to\infty$ 时求有理分式函数极限的例子．

【例 1 - 29】　求 $\lim\limits_{x\to\infty}\dfrac{3x^3+2x-1}{5x^3-3x+7}$．

解　当 $x\to\infty$ 时，分子、分母都趋于无穷大，所以不能直接运用商的极限运算法则．先用 x^3 同时去除分子、分母，然后取极限

$$\lim_{x \to \infty} \frac{3x^3 + 2x - 1}{5x^3 - 3x + 7} = \lim_{x \to \infty} \frac{3 + \dfrac{2}{x^2} - \dfrac{1}{x^3}}{5 - \dfrac{3}{x^2} + \dfrac{7}{x^3}}$$

$$= \frac{\lim_{x \to \infty} 3 + 2 \lim_{x \to \infty} \dfrac{1}{x^2} - \lim_{x \to \infty} \dfrac{1}{x^3}}{\lim_{x \to \infty} 5 - 3 \lim_{x \to \infty} \dfrac{1}{x^2} + 7 \lim_{x \to \infty} \dfrac{1}{x^3}}$$

$$= \frac{3 + 0 - 0}{5 - 0 + 0} = \frac{3}{5}.$$

［例 1 - 27］所用方法称作无穷小析出法．这种方法对于有理分式函数当 $x \to \infty$ 时的极限问题比较适用，一般是先把分子、分母同时除以自变量的最高次幂，从而将所有低次幂的项都变成了无穷小，然后再求极限．

【例 1 - 30】 求 $\lim\limits_{x \to \infty} \dfrac{4x^2 + 2x - 3}{7x^3 + 3x + 5}$．

解 利用无穷小析出法，得

$$\lim_{x \to \infty} \frac{4x^2 + 2x - 3}{7x^3 + 3x + 5} = \lim_{x \to \infty} \frac{\dfrac{4}{x} + \dfrac{2}{x^2} - \dfrac{3}{x^3}}{7 + \dfrac{3}{x^2} + \dfrac{5}{x^3}} = \frac{0}{7} = 0.$$

【例 1 - 31】 求 $\lim\limits_{x \to \infty} \dfrac{3x^4 - 1}{2x^2 + 3}$．

解 利用无穷小析出法，得

$$\lim_{x \to \infty} \frac{2x^2 + 3}{3x^4 - 1} = \lim_{x \to \infty} \frac{\dfrac{2}{x^2} + \dfrac{3}{x^4}}{3 - \dfrac{1}{x^4}} = \frac{0}{3} = 0$$

由定理 1.10，可得

$$\lim_{x \to \infty} \frac{3x^4 - 1}{2x^2 + 3} = \infty.$$

对 ［例 1 - 27］ ～ ［例 1 - 29］ 综合分析可知，$x \to \infty$ 时有理分式函数的极限有如下结论.

$$\lim_{x \to \infty} \frac{a_0 + a_1 x + a_2 x^2 + \cdots + a_{n-1} x^{n-1} + a_n x^n}{b_0 + b_1 x + b_2 x^2 + \cdots + b_{m-1} x^{m-1} + b_m x^m} = \begin{cases} 0, & n < m \\ \dfrac{a_n}{b_m}, & n = m \\ \infty, & n > m \end{cases}$$

其中 a_0，a_1，$\cdots$，a_n，b_0，b_1，$\cdots$，b_m 均为常数，n，m 为非负整数，且 a_n，b_m 均不为 0.

【例 1 - 32】 求 $\lim\limits_{x \to -1} \left(\dfrac{1}{x+1} - \dfrac{3}{x^3 + 1} \right)$．

解 当 $x \to -1$ 时，$\dfrac{1}{x+1}$ 与 $\dfrac{3}{x^3 + 1}$ 均趋于无穷大，所以，不能直接运用差的极限运算法则．对这类极限问题，通常是先对其进行通分，再进行适当变形，然后再用极限运算法则去求极限

$$\lim_{x \to -1} \left(\frac{1}{x+1} - \frac{3}{x^3 + 1} \right) = \lim_{x \to -1} \frac{(x^2 - x + 1) - 3}{x^3 + 1}$$

$$= \lim_{x \to 1} \frac{(x-2)(x+1)}{(x+1)(x^2-x+1)}$$

$$= \lim_{x \to 1} \frac{x-2}{x^2-x+1} = -1.$$

【例 1-33】 求极限 $\lim\limits_{n \to +\infty} \left(\frac{2}{n^2} + \frac{4}{n^2} + \cdots + \frac{2n}{n^2} \right)$.

解 当 $n \to +\infty$ 时,虽然 $\frac{2}{n^2}$,$\frac{4}{n^2}$,$\cdots$,$\frac{2n}{n^2}$ 的极限都存在,但是它们的和已经不是有限项的和了,所以不能直接用和的极限运算法则. 这类求极限的题,通常是先求和,再求极限

$$\lim_{n \to +\infty} \left(\frac{2}{n^2} + \frac{4}{n^2} + \cdots + \frac{2n}{n^2} \right) = \lim_{n \to +\infty} \frac{2(1+2+\cdots+n)}{n^2} = \lim_{n \to +\infty} \frac{2 \cdot \frac{1}{2}n(n+1)}{n^2} = 1.$$

【例 1-34】 求 $\lim\limits_{x \to +\infty} (\sqrt{x^2+x} - \sqrt{x^2-x})$.

解 可以采取分子有理化方法:

$$\lim_{x \to +\infty} (\sqrt{x^2+x} - \sqrt{x^2-x}) = \lim_{x \to +\infty} \frac{2x}{\sqrt{x^2+x} + \sqrt{x^2-x}}$$

$$= \lim_{x \to +\infty} \frac{2x}{x\left[\sqrt{1+\frac{1}{x}} + \sqrt{1-\frac{1}{x}}\right]}$$

$$= 1.$$

 **习题 1-5**

计算下列极限:

1. $\lim\limits_{x \to 0} \frac{3x+1}{x^2-5}$;

2. $\lim\limits_{x \to \sqrt{2}} \frac{x^2-2}{3x^2+1}$;

3. $\lim\limits_{x \to 1} \frac{x^2-1}{2x^2-x-1}$;

4. $\lim\limits_{x \to 3} \frac{x^2-x-6}{x^2+x-12}$;

5. $\lim\limits_{x \to 2} \frac{x^3+8}{x+2}$;

6. $\lim\limits_{h \to 0} \frac{(x+h)^2-x^2}{h}$;

7. $\lim\limits_{x \to \infty} \frac{x^5-2x}{3x^4+9}$;

8. $\lim\limits_{x \to \infty} \frac{(2x-1)^{30}(3x-2)^{20}}{(2x+1)^{50}}$;

9. $\lim\limits_{x \to 2} \left(\frac{1}{x-2} - \frac{4}{x^2-4} \right)$;

10. $\lim\limits_{n \to \infty} (1 + \frac{1}{2} + \frac{1}{4} + \cdots + \frac{1}{2^n})$;

11. $\lim\limits_{x \to 0} \frac{\sqrt{x+1}-1}{x}$;

12. $\lim\limits_{x \to 0} \frac{x^2}{1-\sqrt{1+x^2}}$;

13. $\lim\limits_{x \to 2} \frac{x^2+3x}{x-2}$;

14. $\lim\limits_{x \to \infty} \frac{x^2}{2x+3}$.

第六节 极限存在准则和两个重要极限

本节我们将介绍极限存在的两个准则,并应用这两个准则导出两个重要极限: $\lim\limits_{x \to 0} \frac{\sin x}{x} = 1$

及 $\lim\limits_{x \to \infty}\left(1+\dfrac{1}{x}\right)^x = \mathrm{e}$.

一、极限存在准则

1. 夹逼准则

准则 I　如果数列 x_n，y_n，z_n（$n=1$，2，$\cdots$）满足下列条件：

(1) $y_n \leqslant x_n \leqslant z_n$（$n=1$，$2$，$3$，$\cdots$）；

(2) $\lim\limits_{n \to +\infty} y_n = a$，$\lim\limits_{n \to +\infty} z_n = a$，

则数列 x_n 的极限存在，且 $\lim\limits_{n \to +\infty} x_n = a$.

证　因为当 $n \to +\infty$ 时，$y_n \to a, z_n \to a$. 所以对于任意给定的正数 ε，存在着正整数 N_1，当 $n > N_1$ 时，有 $|y_n - a| < \varepsilon$；又存在着正整数 N_2，当 $n > N_2$ 时，有 $|z_n - a| < \varepsilon$，取 $N = \max\{N_1, N_2\}$，则当 $n > N$ 时，不等式

$$|y_n - a| < \varepsilon,\ |z_n - a| < \varepsilon$$

同时成立，即

$$a - \varepsilon < y_n < a + \varepsilon, a - \varepsilon < z_n < a + \varepsilon$$

同时成立. 因 $y_n \leqslant x_n \leqslant z_n$，所以当 $n > N$ 时，有不等式

$$a - \varepsilon < y_n \leqslant x_n \leqslant z_n < a + \varepsilon$$

即不等式

$$|x_n - a| < \varepsilon$$

成立. 由数列极限定义知 $\lim\limits_{n \to +\infty} x_n = a$.

将准则 I 推广到函数的极限上，便得到准则 I$'$：

准则 I$'$　设函数 $f(x)$，$g(x)$，$h(x)$ 在点 x_0 的某一去心邻域内（或 $|x| > M$）满足条件：

(1) $g(x) \leqslant f(x) \leqslant h(x)$；

(2) $\lim\limits_{\substack{x \to x_0 \\ (x \to \infty)}} g(x) = A$，$\lim\limits_{\substack{x \to x_0 \\ (x \to \infty)}} h(x) = A$，则 $\lim\limits_{\substack{x \to x_0 \\ (x \to \infty)}} f(x)$ 存在，且等于 A.

准则 I 与准则 I$'$ 均称为极限的夹逼准则.

夹逼准则多适用于所考虑的函数比较容易适度放大或缩小，而且放大或缩小后的函数易求得相同极限的问题，主要针对无穷多项和或积的问题.

【例 1-35】　求 $\lim\limits_{n \to \infty}\left(\dfrac{1}{\sqrt{n^2+1}} + \dfrac{1}{\sqrt{n^2+2}} + \cdots + \dfrac{1}{\sqrt{n^2+n}}\right)$.

解　因为 $\dfrac{n}{\sqrt{n^2+n}} < \dfrac{1}{\sqrt{n^2+1}} + \cdots + \dfrac{1}{\sqrt{n^2+n}} < \dfrac{n}{\sqrt{n^2+1}}$

而

$$\lim\limits_{n \to \infty} \dfrac{n}{\sqrt{n^2+n}} = \lim\limits_{n \to \infty} \dfrac{n}{\sqrt{n^2+1}} = 1,$$

所以

$$\lim\limits_{n \to \infty}\left(\dfrac{1}{\sqrt{n^2+1}} + \dfrac{1}{\sqrt{n^2+2}} + \cdots + \dfrac{1}{\sqrt{n^2+n}}\right) = 1.$$

2. 单调有界收敛准则

准则 II　单调有界数列必有极限.

如果数列 a_n 满足 $a_n \leqslant a_{n+1}$（$n=1$，2，$\cdots$），则称数列 a_n 是单调增加的；如果数列 a_n 满

足 $a_n \geqslant a_{n+1}$ $(n=1,2,\cdots)$，则称数列 a_n 是单调减少的．单调增加和单调减少的数列统称为单调数列．

第二节指出收敛的数列一定有界，有界的数列不一定收敛．现在准则 II 表明：如果数列不仅有界，并且是单调的，那么这数列的极限必定存在，也就是这数列一定收敛．

准则 II 的几何解释：单调增加（减少）数列的点只可能向右（左）一个方向移动，或者无限向右（左）移动，或者无限趋近于某一定点 A，而对有界数列只可能后者情况发生．

【例 1-36】 设 $a_1=10$，$a_{n+1}=\sqrt{6+a_n}$ $(n=1,2,\cdots)$，证明数列 $\{a_n\}$ 极限存在，并求此极限．

证 因为 $a_1=10$，$a_{n+1}=\sqrt{6+a_n}$，所以 $a_n>0$ $(n=1,2,\cdots)$，而

$$a_2=\sqrt{6+10}=4<a_1$$

设对正整数 k 有 $a_{k+1}<a_k$，则有

$$a_{k+2}=\sqrt{6+a_{k+1}}<\sqrt{6+a_k}=a_{k+1}.$$

由归纳法知，对一切 n，均有 $a_{n+1}<a_n$，即 $\{a_n\}$ 单调递减，而 $a_n>0$，由极限的存在准则 II，知 $\lim\limits_{n\to\infty}a_n$ 存在，设 $\lim\limits_{n\to\infty}a_n=a$，则 $\lim\limits_{n\to\infty}a_{n+1}=\lim\limits_{n\to\infty}\sqrt{6+a_n}$，故 $a=\sqrt{6+a}$，解得 $a=3$，$a=-2$（不合题意，舍去），即 $\lim\limits_{n\to\infty}a_n=3$．

二、两个重要极限

1. 第一个重要极限 $\lim\limits_{x\to 0}\dfrac{\sin x}{x}=1$．

观察当 $x\to 0$ 时函数的变化趋势如表 1-1 所示．

表 1-1

x（弧度）	0.50	0.10	0.05	0.04	0.03	0.02	$\cdots$
$\dfrac{\sin x}{x}$	0.9585	0.9983	0.9996	0.9997	0.9998	0.9999	$\cdots$

当 x 取正值趋近于 0 时，$\dfrac{\sin x}{x}\to 1$，即 $\lim\limits_{x\to 0^+}\dfrac{\sin x}{x}=1$；

证 显然，$\dfrac{\sin x}{x}$ 对于一切 $x\neq 0$ 都有定义．

因为

$$\frac{\sin(-x)}{-x}=\frac{-\sin x}{-x}=\frac{\sin x}{x}$$

即当 x 改变符号时，$\dfrac{\sin x}{x}$ 的值不变，因此我们只需讨论 x 由正值趋于 0 的情形即可．

如图 1-13 所示，在单位圆中，设圆心角 $\angle AOB=x\left(0<x<\dfrac{\pi}{2}\right)$，点 A 处的切线与 OB 的延长线相交于 D．又 $BC\perp OA$，则

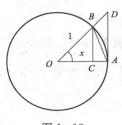

图 1-13

$$\sin x = BC, \ x = \overset{\frown}{AB}, \ \tan x = AD$$

因为

$$S_{\triangle AOB} < S_{扇形 AOB} < S_{\triangle AOD}$$

所以

$$\frac{1}{2}\sin x < \frac{1}{2}x < \frac{1}{2}\tan x$$

即

$$\sin x < x < \tan x$$

同时除以 $\sin x$，得

$$1 < \frac{x}{\sin x} < \frac{1}{\cos x}$$

或

$$\cos x < \frac{\sin x}{x} < 1.$$

下面来证 $\lim\limits_{x\to 0}\cos x = 1$.

当 $0 < x < \dfrac{\pi}{2}$ 时，$\cos x = 1 - 2\sin^2\dfrac{x}{2} > 1 - \dfrac{x^2}{2}$，因此 $1 - \dfrac{x^2}{2} < \cos x < 1$，由准则 I $'$ 可知 $\lim\limits_{x\to 0}\cos x = 1$，又因为 x 改变符号时，$\dfrac{\sin x}{x}$ 的值不变，所以由准则 I $'$，可得

$$\lim_{x\to 0}\frac{\sin x}{x} = 1.$$

推广：如果 $\lim\limits_{x\to a}\varphi(x) = 0$，（$a$ 可以是有限数 x_0，$\pm\infty$ 或 ∞），则 $\lim\limits_{x\to a}\dfrac{\sin\varphi(x)}{\varphi(x)} = \lim\limits_{\varphi(x)\to 0}\dfrac{\sin\varphi(x)}{\varphi(x)} = 1$.

【例 1 - 37】 求 $\lim\limits_{x\to 0}\dfrac{\tan x}{x}$.

解　$\lim\limits_{x\to 0}\dfrac{\tan x}{x} = \lim\limits_{x\to 0}\dfrac{\frac{\sin x}{\cos x}}{x} = \lim\limits_{x\to 0}\dfrac{\sin x}{x} \cdot \lim\limits_{x\to 0}\dfrac{1}{\cos x} = 1.$

【例 1 - 38】 求 $\lim\limits_{x\to 0}\dfrac{1-\cos x}{x^2}$.

解　$\lim\limits_{x\to 0}\dfrac{1-\cos x}{x^2} = \lim\limits_{x\to 0}\dfrac{2\sin^2\frac{x}{2}}{x^2} = \dfrac{1}{2} \cdot \lim\limits_{x\to 0}\left(\dfrac{\sin\frac{x}{2}}{\frac{x}{2}}\right)^2 = \dfrac{1}{2}.$

【例 1 - 39】 求 $\lim\limits_{x\to 0}\dfrac{\arcsin x}{x}$.

解　令 $\arcsin x = t$，则 $x = \sin t$，且 $x \to 0$ 时，$t \to 0$.

所以

$$\lim_{x\to 0}\frac{\arcsin x}{x} = \lim_{t\to 0}\frac{t}{\sin t} = 1.$$

【例 1 - 40】 求 $\lim\limits_{x\to\pi}\dfrac{\sin x}{\pi - x}$.

解　令 $t = \pi - x$，则 $\sin x = \sin(\pi - t) = \sin t$，且当 $x \to \pi$ 时 $t \to 0$. 所以有

$$\lim_{x\to\pi}\frac{\sin x}{\pi - x} = \lim_{t\to 0}\frac{\sin t}{t} = 1.$$

【例 1 - 41】 求 $\lim\limits_{x\to 0}\dfrac{1-\cos x}{x\sin x}$.

解 $\lim\limits_{x\to 0}\dfrac{1-\cos x}{x\sin x}=\lim\limits_{x\to 0}\dfrac{2\sin^2\frac{x}{2}}{2x\sin\frac{x}{2}\cos\frac{x}{2}}=\lim\limits_{x\to 0}\dfrac{\sin\frac{x}{2}}{2\cdot\frac{x}{2}\cdot\cos\frac{x}{2}}$

$$=\frac{1}{2}\lim\limits_{x\to 0}\frac{1}{\cos\frac{x}{2}}\cdot\lim\limits_{x\to 0}\frac{\sin\frac{x}{2}}{\frac{x}{2}}=\frac{1}{2}.$$

【**例 1 - 42**】 求 $\lim\limits_{n\to\infty}n\sin\dfrac{x}{n+1}\;(x\neq 0)$.

解 $\lim\limits_{n\to\infty}n\sin\dfrac{x}{n+1}=\lim\limits_{n\to\infty}\left[x\dfrac{n}{n+1}\dfrac{\sin\frac{x}{n+1}}{\frac{x}{n+1}}\right]$

$$=x\lim\limits_{n\to\infty}\frac{n}{n+1}\lim\limits_{n\to\infty}\frac{\sin\frac{x}{n+1}}{\frac{x}{n+1}}=x.$$

2. 第二个重要极限 $\lim\limits_{x\to\infty}\left(1+\dfrac{1}{x}\right)^x=e$.

观察当 $x\to+\infty$ 时函数的变化趋势，如表 1 - 2 所示.

表 1 - 2

x	1	2	10	1000	10000	100000	100000	…
$\left(1+\frac{1}{x}\right)^x$	2	2.25	2.59	2.717	2.718	2.7182	2.7183	…

当 x 取正值并无限增大时，$\left(1+\dfrac{1}{x}\right)^x$ 是逐渐增大的，但是不论 x 如何大，$\left(1+\dfrac{1}{x}\right)^x$ 的值总不会超过 3. 实际上如果继续增大 x. 即当 $x\to+\infty$ 时，可以验证 $\left(1+\dfrac{1}{x}\right)^x$ 是趋近于一个确定的无理数 $e=2.718281828\cdots$.

下面我们用准则 II 讨论此重要极限.

(1) 首先证明 $\lim\limits_{n\to\infty}\left(1+\dfrac{1}{n}\right)^n$ 存在. 为此，先证数列 $\{x_n\}$ 是单调增加的.

设 $x_n=\left(1+\dfrac{1}{n}\right)^n$，则由二项式定理有：

$$x_n=1+n\cdot\frac{1}{n}+\frac{n(n-1)}{2!}\cdot\frac{1}{n^2}+\frac{n(n-1)(n-2)}{3!}\cdot\frac{1}{n^3}+\cdots+\frac{n(n-1)\cdots(n-n+1)}{n!}\cdot\frac{1}{n^n}$$

$$=1+1+\frac{1}{2!}\left(1-\frac{1}{n}\right)+\frac{1}{3!}\left(1-\frac{1}{n}\right)\left(1-\frac{2}{n}\right)+\cdots+\frac{1}{n!}\left(1-\frac{1}{n}\right)\left(1-\frac{2}{n}\right)\cdots\left(1-\frac{n-1}{n}\right)$$

$$x_{n+1}=1+1+\frac{1}{2!}\left(1-\frac{1}{n+1}\right)+\frac{1}{3!}\left(1-\frac{1}{n+1}\right)\left(1-\frac{2}{n+1}\right)+\cdots$$

$$+\frac{1}{n!}\left(1-\frac{1}{n+1}\right)\left(1-\frac{2}{n+1}\right)\cdots\left(1-\frac{n-1}{n+1}\right)$$

$$+\frac{1}{(n+1)!}\left(1-\frac{1}{n+1}\right)\left(1-\frac{2}{n+1}\right)\cdots\left(1-\frac{n}{n+1}\right).$$

在这两个展式中，除前两项相同外，后者的每一项都大于前者的相应项，且后者最后还多了一个数值为正的项，所以有

$$x_n < x_{n+1}$$

即证明了数列 x_n 是单调增加的.

再证数列 $\{x_n\}$ 有上界.

因 $1-\frac{1}{n}$，$1-\frac{2}{n}$，$\cdots$，$1-\frac{n-1}{n}$ 都小于 1，因此有

$$x_n < 1+\frac{1}{1!}+\frac{1}{2!}+\frac{1}{3!}+\cdots+\frac{1}{n!}$$

$$< 1+1+\frac{1}{2}+\frac{1}{2^2}+\cdots+\frac{1}{2^{n-1}}$$

$$= 1+\frac{1-\frac{1}{2^n}}{1-\frac{1}{2}} = 3-\frac{1}{2^{n-1}} < 3$$

即数列 x_n 有上界.

根据准则 II 可知 $\lim\limits_{n\to\infty}\left(1+\frac{1}{n}\right)^n$ 存在，记 $\lim\limits_{n\to\infty}\left(1+\frac{1}{n}\right)^n=\mathrm{e}$. 其中 $\mathrm{e}=2.718281828459\cdots$ 是个无理数. 指数函数 e^x 及自然对数 $\ln x$ 中的底 e 就是这个数.

（2）证明 $\lim\limits_{x\to\infty}\left(1+\frac{1}{x}\right)^x=\mathrm{e}$.

先证 $\lim\limits_{x\to+\infty}\left(1+\frac{1}{x}\right)^x=\mathrm{e}$.

对于任意大于 1 的 x，总能找到两个相邻的自然数 n 和 $n+1$，使得

$$n \leqslant x < n+1$$

或

$$\frac{1}{n+1} < \frac{1}{x} \leqslant \frac{1}{n}$$

于是有

$$1+\frac{1}{n+1} < 1+\frac{1}{x} \leqslant 1+\frac{1}{n}$$

于是

$$\left(1+\frac{1}{n+1}\right)^n < \left(1+\frac{1}{x}\right)^n \leqslant \left(1+\frac{1}{n}\right)^n$$

显然，当 $x\to+\infty$ 时，$n\to\infty$.

当 $n\to\infty$ 时，有

$$\lim\limits_{n\to\infty}\left(1+\frac{1}{n+1}\right)^n = \lim\limits_{n\to\infty}\frac{\left(1+\frac{1}{n+1}\right)^{n+1}}{1+\frac{1}{n+1}} = \frac{\lim\limits_{n\to\infty}\left(1+\frac{1}{n+1}\right)^{n+1}}{\lim\limits_{n\to\infty}\left(1+\frac{1}{n+1}\right)} = \mathrm{e}$$

由准则 I 可知 $\lim\limits_{x\to+\infty}\left(1+\frac{1}{x}\right)^x=\mathrm{e}$.

再证 $\lim\limits_{x \to -\infty} \left(1 + \dfrac{1}{x}\right)^x = \mathrm{e}$.

做代换 $x = -y$，则 $\left(1 + \dfrac{1}{x}\right)^x = \left(1 - \dfrac{1}{y}\right)^{-y} = \left(1 + \dfrac{1}{y-1}\right)^y$，且当 $x \to -\infty$ 时 $y \to$

$+\infty$，从而有 $\lim\limits_{x \to -\infty} \left(1 + \dfrac{1}{x}\right)^x = \lim\limits_{y \to +\infty} \left(1 + \dfrac{1}{y-1}\right)^{y-1} \left(1 + \dfrac{1}{y-1}\right) = \mathrm{e}$.

即证明了 $\lim\limits_{x \to -\infty} \left(1 + \dfrac{1}{x}\right)^x = \mathrm{e}$.

综合以上结果可知 $\lim\limits_{x \to \infty} \left(1 + \dfrac{1}{x}\right)^x = \mathrm{e}$.

若令 $t = \dfrac{1}{x}$，则 $x \to \infty$ 时，$t \to 0$. 这时就得到

$$\lim_{t \to 0} (1 + t)^{\frac{1}{t}} = \mathrm{e}.$$

【例 1 - 43】 求 $\lim\limits_{x \to \infty} \left(1 + \dfrac{1}{x}\right)^{-x}$.

解 $\lim\limits_{x \to \infty} \left(1 + \dfrac{1}{x}\right)^{-x} = \lim\limits_{x \to \infty} \left[\left(1 + \dfrac{1}{x}\right)^x\right]^{-1} = \mathrm{e}^{-1}$.

【例 1 - 44】 求 $\lim\limits_{x \to 0} (1 - 2x)^{\frac{k}{x}}$

解 令 $u = -2x$，则当 $x \to 0$ 时 $u \to 0$，因此

$$\lim_{x \to 0} (1 - 2x)^{\frac{k}{x}} = \lim_{u \to 0} (1 + u)^{-\frac{2k}{u}} = \lim_{u \to 0} \left[(1 + u)^{\frac{1}{u}}\right]^{-2k} = \mathrm{e}^{-2k}.$$

在计算极限时我们常遇到形如 $[f(x)]^{g(x)} (f(x) > 0)$ 的函数的极限，通常我们称这类函数为幂指函数. 如果 $\lim f(x) = A > 0, \lim g(x) = B$，则 $\lim [f(x)]^{g(x)} = A^B$.

【例 1 - 45】 求 $\lim\limits_{x \to \infty} \left(\dfrac{x+1}{x-1}\right)^x$.

解 $\lim\limits_{x \to \infty} \left(\dfrac{x+1}{x-1}\right)^x = \lim\limits_{x \to \infty} \left[\dfrac{1 + \frac{1}{x}}{1 - \frac{1}{x}}\right]^x = \lim\limits_{x \to \infty} \dfrac{\left(1 + \frac{1}{x}\right)^x}{\left(1 - \frac{1}{x}\right)^x} = \dfrac{\mathrm{e}}{\mathrm{e}^{-1}} = \mathrm{e}^2$.

或 $\lim\limits_{x \to \infty} \left(\dfrac{x+1}{x-1}\right)^x = \lim\limits_{x \to \infty} \left[\left(1 + \dfrac{2}{x-1}\right)^{\frac{x-1}{2}}\right]^{\frac{2x}{x-1}} = \mathrm{e}^2$.

习题 1 - 6

1. 计算下列极限.

(1) $\lim\limits_{x \to 0} \dfrac{\tan 7x}{x}$；

(2) $\lim\limits_{x \to 0} \dfrac{\sin 2x}{\sin 3x}$；

(3) $\lim\limits_{x \to 0} \dfrac{\tan x - \sin x}{x}$；

(4) $\lim\limits_{x \to 0} x \cot 2x$；

(5) $\lim\limits_{x \to 0} \dfrac{\arctan x}{x}$；

(6) $\lim\limits_{n \to \infty} 2^n \sin \dfrac{x}{2^n}$.

(7) $\lim\limits_{x \to 0} (1 - x)^{\frac{1}{x}}$；

(8) $\lim\limits_{x \to 0} (1 + 4x)^{\frac{1}{x}}$；

(9) $\lim\limits_{x\to\infty}(1-\dfrac{2}{x})^{3x}$;   (10) $\lim\limits_{x\to\infty}(\dfrac{1+x}{x})^{3x}$;

(11) $\lim\limits_{x\to\infty}(\dfrac{2x+3}{2x+1})^{x+1}$;   (12) $\lim\limits_{x\to\frac{\pi}{2}}(1+\cos x)^{\sec x}$.

2. 利用极限存在准则证明

$$\lim_{n\to\infty}n\Big(\frac{1}{n^2+\pi}+\frac{1}{n^2+2\pi}+\cdots+\frac{1}{n^2+n\pi}\Big)=1 .$$

第七节　无穷小的比较

在本章第四节我们介绍了无穷小的概念及性质，但对于两个无穷小的商的情况并没有给予说明，这一节我们将着重介绍两个无穷小的商的情况．首先来看几个例子，当 $x\to 0$ 时，$\sin x$，x，x^2 都是无穷小，但它们当中任意两个的商却出现了不同的情况

$$\lim_{x\to 0}\frac{x^2}{x}=0 , \lim_{x\to 0}\frac{x}{x^2}=\infty , \lim_{x\to 0}\frac{\sin x}{x}=1 .$$

这些情况恰好说明了这些无穷小趋近于 0 的速度的"快慢"程度，其速度可参照表 1-3.

表 1-3

x	1	0.1	0.01	0.001	…
x^2	1	0.01	0.0001	0.000001	…
$\sin x$	0.8415	0.0998	0.0099998	0.0009999998	…

从表 1-3 中发现，当 $x\to 0$ 的过程中，x^2 比 x 趋近于 0 的速度快些，反过来，x 比 x^2 趋近于 0 的速度要慢，而 $\sin x$ 与 x 趋近于 0 的速度是基本相同的．

为比较两个无穷小趋近于 0 的速度，我们引进了下面的定义，在下面的定义中极限符号的下面没有标出自变量的变化过程，表示这种极限可以理解为自变量 $x\to x_0$，也可以理解为自变量 $x\to\infty$．

定义 1.7　设 α,β 为在自变量同一变化过程中的两个无穷小．

(1) 如果 $\lim\dfrac{\beta}{\alpha}=0$，则称 β 是比 α 高阶的无穷小，记作 $\beta=o(\alpha)$;

(2) 如果 $\lim\dfrac{\beta}{\alpha}=\infty$，则称 β 是比 α 低阶的无穷小；

(3) 如果 $\lim\dfrac{\beta}{\alpha}=c\neq 0$，则称 β 与 α 是同阶无穷小；

(4) 如果 $\lim\dfrac{\beta}{\alpha^k}=c\neq 0,k>0$，则称 β 是关于 α 的 k 阶无穷小；

(5) 如果 $\lim\dfrac{\beta}{\alpha}=1$，则称 β 与 α 是等价无穷小，记作 $\alpha\sim\beta$．

在同阶无穷小的定义中，如果取 $c=1$，便成了等价无穷小，所以等价无穷小是同阶无穷小的特殊情况．

在前面的例子中，因为

$$\lim_{x\to 0}\frac{x^2}{x}=0 , \lim_{x\to 0}\frac{x}{x^2}=\infty , \lim_{x\to 0}\frac{\sin x}{x}=1$$

所以当 $x \to 0$ 时，x^2 是比 x 高阶的无穷小，记为 $x^2 = o(x)$ $(x \to 0)$；x 是比 x^2 低阶的无穷小；$\sin x$ 与 x 是等价无穷小，记为 $\sin x \sim x$ $(x \to 0)$.

以上讨论了无穷小阶的比较. 但应指出，并不是任何两个无穷小都可以进行这种阶的比较.

例如，当 $x \to 0$ 时，$x\sin\dfrac{1}{x}$ 和 x^2 都是无穷小，但它们的比 $\dfrac{x\sin\dfrac{1}{x}}{x^2} = \dfrac{1}{x}\sin\dfrac{1}{x}$ 或 $\dfrac{x^2}{x\sin\dfrac{1}{x}} = \dfrac{x}{\sin\dfrac{1}{x}}$

的极限都不存在，所以这两个无穷小不能进行阶的比较.

关于等价无穷小，有下述重要性质.

定理 1.12 设 α, β 为在自变量同一变化过程中的两个无穷小. 则 β 与 α 是等价无穷小的充分必要条件是

$$\beta = \alpha + o(\alpha).$$

证 先证必要性. 因为 $\alpha \sim \beta$，所以 $\lim\dfrac{\beta}{\alpha} = 1$.

于是有

$$\lim\frac{\beta - \alpha}{\alpha} = \lim\left(\frac{\beta}{\alpha} - 1\right) = \lim\frac{\beta}{\alpha} - 1 = 1 - 1 = 0$$

因 β 与 α 都是无穷小，由第四节定理 2 知 $\beta - \alpha$ 也是无穷小. 所以由上式知 $\beta - \alpha = o(\alpha)$，即 $\beta = \alpha + o(\alpha)$.

再证充分性. 设 $\beta = \alpha + o(\alpha)$，则

$$\lim\frac{\beta}{\alpha} = \lim\frac{\alpha + o(\alpha)}{\alpha} = \lim\left[1 + \frac{o(\alpha)}{\alpha}\right] = 1 + 0 = 1$$

由等价无穷小的定义知

$$\alpha \sim \beta.$$

定理 1.12 告诉我们，两个等价无穷小之间仅相差一个高阶无穷小. 例如，当 $x \to 0$ 时，$\sin x \sim x$，所以当 $x \to 0$ 时有

$$\sin x = x + o(x).$$

定理 1.13 设 $\alpha \sim \alpha'$，$\beta \sim \beta'$，且 $\lim\dfrac{\beta'}{\alpha'}$ 存在，则

$$\lim\frac{\beta}{\alpha} = \lim\frac{\beta'}{\alpha'}.$$

证 因为 $\alpha \sim \alpha'$，$\beta \sim \beta'$，所以有 $\lim\dfrac{\alpha'}{\alpha} = 1$，$\lim\dfrac{\beta}{\beta'} = 1$. 于是

$$\lim\frac{\beta}{\alpha} = \lim\left(\frac{\beta}{\beta'} \cdot \frac{\beta'}{\alpha'} \cdot \frac{\alpha'}{\alpha}\right)$$

$$= \lim\frac{\beta}{\beta'} \cdot \lim\frac{\beta'}{\alpha'} \cdot \lim\frac{\alpha'}{\alpha} = \lim\frac{\beta'}{\alpha'}$$

$$= \lim\frac{\beta'}{\alpha'}.$$

定理 1.13 告诉我们，在求两个无穷小之比的极限时，若能将分子或分母用适当的等价无穷小替代，有时可使计算简化.

利用等价无穷小定义，根据我们前几节的例题，可以总结出以下几个常用的等价无穷

小：当 $x \to 0$ 时，$\sin x \sim x$，$\tan x \sim x$，$1 - \cos x \sim \dfrac{1}{2}x^2$，$\arcsin x \sim x$．

【例 1-46】 求 $\lim\limits_{x \to 0} \dfrac{\sin 3x}{\tan 5x}$．

解 因为当 $x \to 0$ 时，$\sin x \sim x$，$\tan x \sim x$，所以有 $\sin 3x \sim 3x$，$\tan 5x \sim 5x$．于是

$$\lim_{x \to 0} \frac{\sin 3x}{\tan 5x} = \lim_{x \to 0} \frac{3x}{5x} = \lim_{x \to 0} \frac{3}{5} = \frac{3}{5}.$$

在我们应用定理 1.13 的等价无穷小替代求极限时应注意，只有对所求极限式中相乘或相除的因子才能用等价无穷小替代，而对极限式中的相加或相减部分则不能随意替代，否则会出错．例如，$\lim\limits_{x \to 0} \dfrac{\tan x - \sin x}{(\arcsin x)^3} = \lim\limits_{x \to 0} \dfrac{x - x}{x^3} = 0$，则结果是错误的．正确的做法是设法把他们转化为乘积因子，再使用无穷小代换．如当 $x \to 0$ 时，$\sin x \sim x$，$1 - \cos x \sim \dfrac{1}{2}x^2$，$\arcsin x \sim x$．所以

$$
\begin{aligned}
\lim_{x \to 0} \frac{\tan x - \sin x}{(\arcsin x)^3} &= \lim_{x \to 0} \frac{\sin x \left(\dfrac{1}{\cos x} - 1\right)}{x^3} \\
&= \lim_{x \to 0} \frac{\sin x (1 - \cos x)}{x^3 \cos x} \\
&= \lim_{x \to 0} \frac{x \cdot \dfrac{1}{2}x^2}{x^3 \cos x} \\
&= \lim_{x \to 0} \frac{1}{2 \cos x} = \frac{1}{2}.
\end{aligned}
$$

另外，当 $x \to 0$ 时，还有 $\arctan x \sim x$，$\ln(1+x) \sim x$，$\mathrm{e}^x - 1 \sim x$，$a^x - 1 \sim x \ln a$，$(1+x)^\mu - 1 \sim \mu x$，我们可以直接利用这些等价无穷小简化计算，而这些无穷小代换的证明将在后面的章节中验证．

【例 1-47】 求 $\lim\limits_{x \to 0} \dfrac{\sqrt{1 + x \sin x} - 1}{\mathrm{e}^{x^2} - 1}$．

解 因为当 $x \to 0$ 时，$\sqrt{1 + x \sin x} - 1 \sim \dfrac{x \sin x}{2}$，$\mathrm{e}^{x^2} - 1 \sim x^2$，$\sin x \sim x$，所以

$$\lim_{x \to 0} \frac{\sqrt{1 + x \sin x} - 1}{\mathrm{e}^{x^2} - 1} = \lim_{x \to 0} \frac{\dfrac{x \sin x}{2}}{x^2} = \lim_{x \to 0} \frac{x^2}{2x^2} = \frac{1}{2}.$$

【例 1-48】 已知当 $x \to 0$ 时，$f(x) = \ln(ax^2 + \mathrm{e}^{2x}) - 2x$ 与 $g(x) = \ln(\sin^2 x + \mathrm{e}^x) - x$ 为等价无穷小，求 a 得值．

解
$$
\begin{aligned}
\lim_{x \to 0} \frac{f(x)}{g(x)} &= \lim_{x \to 0} \frac{\ln(ax^2 + \mathrm{e}^{2x}) - 2x}{\ln(\sin^2 x + \mathrm{e}^x) - x} \\
&= \lim_{x \to 0} \frac{\ln \mathrm{e}^{2x} + \ln(1 + ax^2 \mathrm{e}^{-2x}) - 2x}{\ln \mathrm{e}^x + \ln(1 + \mathrm{e}^{-x} \sin^2 x) - x}
\end{aligned}
$$

$$= \lim_{x \to 0} \frac{ax^2 e^{-2x}}{e^{-x} \sin^2 x} = a = 1$$

所以 $a = 1$.

习题 1 - 7

1. 试判断下列变量，当 $x \to 0$ 时是否是 x 的高阶无穷小.

(1) $\sin 2x$；　　(2) $x^3 - x^2$；　　(3) $\sqrt{x}$；　　(4) $1 - \cos x$.

2. 当 $x \to 1$ 时，无穷小 $1 - x$ 与 (1) $1 - x^2$，(2) $\frac{1}{3}(1 - x^3)$ 是否同阶？是否等价？

3. 证明：当 $x \to 0$ 时，$e^x - 1 \sim x$.

4. 利用等价无穷小的性质，求下列极限.

(1) $\lim\limits_{x \to 0} \dfrac{\sin 5x}{\tan 2x}$；　　　　　　　　(2) $\lim\limits_{x \to 0} \dfrac{\ln(1 + 3x)}{2x}$；

(3) $\lim\limits_{x \to 0} \dfrac{\sin^3 x}{x(1 - \cos x)}$；　　　　　　(4) $\lim\limits_{x \to 0} \dfrac{1 - e^{2x}}{x}$.

第八节　函　数　的　连　续　性

"连续"和"间断"是一对矛盾. 自然界中有许多现象是连续变化的，如空气的流动、植物的生长等. 这种现象反映到函数关系上，就是函数的连续性. 函数连续就是它所表示的曲线没有间断点. 因此，只有在极限的基础上才能科学地刻画"连续"这一概念.

一、函数连续的概念

为了描述函数的连续性，我们先引入函数增量（改变量）的概念.

1. 函数的增量（改变量）

定义 1.8 设函数 $y = f(x)$ 在 x_0 的某邻域内有定义，当自变量 x 在该邻域内由 x_0 变到 x，相应的函数值由 $f(x_0)$ 变到 $f(x)$. 则称差 $x - x_0$ 为自变量 x 在点 x_0 处的增量或改变量，记为 Δx，即

$$\Delta x = x - x_0$$

相应地称 $f(x) - f(x_0)$ 为函数 $y = f(x)$ 的增量，记为 Δy，即

$$\Delta y = f(x) - f(x_0) = f(x_0 + \Delta x) - f(x_0).$$

$y = f(x)$ 函数的连续变化，就是自变量 x 在点 x_0 处取得微小增量 Δx 时，函数 y 的相应增量 Δy 极其微小，且当 $\Delta x \to 0$ 时，$\Delta y \to 0$（见图 1-14）.

注意：Δx，Δy 是完整的记号，它们可正、可负、也可为 0.

2. 函数连续的定义

定义 1.9 设函数 $y = f(x)$ 在点 x_0 的某个邻域内有定义，如果当自变量 x 在点 x_0 处取得的增量 Δx 趋于 0 时，函数相应的增量 Δy 也趋于 0，即

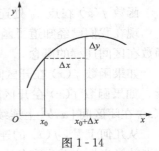

图 1-14

$$\lim_{\Delta x \to 0} \Delta y = 0$$

或

$$\lim_{\Delta x \to 0} [f(x_0 + \Delta x) - f(x_0)] = 0$$

则称函数 $y = f(x)$ 在点 x_0 处连续.

若在定义 1.9 中令 $x = x_0 + \Delta x$，则当 $\Delta x \to 0$ 时，$x \to x_0$，于是定义 1.9 中的等式又可写成

$$\lim_{x \to x_0} f(x) = f(x_0)$$

于是，定义 1.9 又可如下表述.

定义 1.10 设函数 $y = f(x)$ 在点 x_0 的某个邻域内有定义，如果当 $x \to x_0$ 时，函数 $f(x)$ 的极限存在，且等于它在点 x_0 处的函数值，即有

$$\lim_{x \to x_0} f(x) = f(x_0)$$

则称函数 $y = f(x)$ 在点 x_0 处连续.

由定义 1.10 可知，函数 $f(x)$ 在 x_0 点连续，不仅要求 $f(x)$ 在 x_0 点有定义，而且要求 $x \to x_0$ 时，$f(x)$ 的极限等于 $f(x_0)$，即函数 $f(x)$ 在点 x_0 处连续需满足下列三个条件：

(1) $f(x)$ 在点 x_0 处有定义，即 $f(x_0)$ 存在；

(2) $x \to x_0$ 时，$f(x)$ 极限存在；

(3) 这个极限值等于 $f(x_0)$.

这三个条件也给出了判断函数在某点是否连续的具体方法.

由于 $\lim_{x \to x_0} x = x_0$，所以又有

$$\lim_{x \to x_0} f(x) = f(x_0) = f(\lim_{x \to x_0} x)$$

简单地说，就是：连续函数的极限符号与函数符号可以交换次序.

定义 1.10 告诉我们，如果已知函数在点 x_0 处连续，则求函数当 $x \to x_0$ 时的极限，只要把 x_0 代入到函数中，求出它的函数值就可以了.

相应于左、右极限的概念，我们给出左右连续的定义，将定义 1.10 中的极限换成左极限（或右极限），即

$$f(x_0^-) = \lim_{x \to x_0^-} f(x) \left[或 f(x_0^+) = \lim_{x \to x_0^+} f(x)\right].$$

若 $f(x_0^-) = f(x_0)$ [或 $f(x_0^+) = f(x_0)$]，则称函数 $y = f(x)$ 在点 x_0 处左连续（或右连续）. 左连续和右连续统称单侧连续.

关于单侧连续与连续的关系，有如下重要结论：

函数 $f(x)$ 在点 x_0 处连续的充分必要条件是：它在点 x_0 处既左连续又右连续.

现在我们已经知道了函数在一点连续的概念，下面我们由函数在一点连续的概念来给出函数在区间连续的概念.

如果函数 $f(x)$ 在开区间 (a,b) 内的每一点都连续，则称函数 $f(x)$ 在区间 (a,b) 内连续. 如果函数 $f(x)$ 在开区间 (a,b) 内连续，且在 a 点右连续，在 b 点左连续，则称函数 $f(x)$ 在闭区间 $[a,b]$ 上连续.

从几何上看，$f(x)$ 的连续性表示，当 x 轴上两点间的距离充分小时，函数图形上的对应点的纵坐标之差也充分小，这也说明了连续函数的图形是一条连续而不间断的曲线.

【例 1 - 49】 证明函数 $y = \sin x$ 在区间 $(-\infty, +\infty)$ 内是连续的.

证 设 x 为区间 $(-\infty, +\infty)$ 内任意一点，则有

$\Delta y = \sin(x + \Delta x) - \sin x = 2\sin\dfrac{\Delta x}{2}\cos\left(x + \dfrac{\Delta x}{2}\right)$，因为当 $\Delta x \to 0$ 时，$0 < \left|\sin\dfrac{\Delta x}{2}\right| <$

$\dfrac{|\Delta x|}{2}$，由夹逼准则，$\lim\limits_{\Delta x \to 0}\left|\sin\dfrac{\Delta x}{2}\right| = 0$，从而 $\lim\limits_{\Delta x \to 0}\sin\dfrac{\Delta x}{2} = 0$，而 $\cos\left(x + \dfrac{\Delta x}{2}\right)$ 为有界量，

所以 Δy 是无穷小与有界函数的乘积，即 $\lim\limits_{\Delta x \to 0}\Delta y = 0$. 这就证明了函数 $y = \sin x$ 在区间 $(-\infty, +\infty)$ 内任意一点 x 都是连续的.

同理可以证明 $y = \cos x$ 在区间 $(-\infty, +\infty)$ 内是连续的.

【例 1 - 50】 绝对值函数 $f(x) = |x| = \begin{cases} x, & x \geqslant 0 \\ -x, & x < 0 \end{cases}$ 在 $x = 0$ 处是否连续？

解 由
$$\lim_{x \to 0^-} f(x) = \lim_{x \to 0^-}(-x) = 0 = f(0)$$
$$\lim_{x \to 0^+} f(x) = \lim_{x \to 0^+} x = 0 = f(0)$$

可知，绝对值函数 $f(x)$ 在 $x = 0$ 处既左连续又右连续，所以 $f(x)$ 在 $x = 0$ 处连续.

【例 1 - 51】 讨论函数 $f(x) = \begin{cases} x + 2, & x \geqslant 0 \\ x - 2, & x < 0 \end{cases}$ 在 $x = 0$ 的连续性.

解 因为 $f(0^+) = \lim\limits_{x \to 0^+}(x + 2) = 2 = f(0)$，$f(0^-) = \lim\limits_{x \to 0^-}(x - 2) = -2 \neq f(0)$，所以 $f(x)$ 在 $x = 0$ 右连续，但不左连续，从而 $f(x)$ 在 $x = 0$ 不连续.

【例 1 - 52】 设函数 $f(x) = \begin{cases} x\sin\dfrac{1}{x}, & x > 0 \\ a + x^2, & x \leqslant 0 \end{cases}$ 在 $x = 0$ 点连续，求 a 得值.

解 $\lim\limits_{x \to 0^-} f(x) = \lim\limits_{x \to 0^-} x\sin\dfrac{1}{x} = 0$，$\lim\limits_{x \to 0^+} f(x) = \lim\limits_{x \to 0^+}(a + x^2) = a$.

由于 $f(x)$ 在 $x = 0$ 点连续，所以
$$\lim_{x \to 0^-} f(x) = \lim_{x \to 0^+} f(x) = f(0)，即 a = 0.$$

我们指出（但不详细讨论），幂函数，指数函数，对数函数，三角函数和反三角函数在其定义域内都是连续的，即一切基本初等函数在其定义域内都连续.

二、函数的间断点

定义 1. 11 如果函数 $f(x)$ 在点 x_0 处不连续，则称点 x_0 为函数 $f(x)$ 的间断点.

定义 1. 11' 如果 $f(x)$ 在点 x_0 的某一去心邻域内有定义，且 $f(x)$ 有下列三种情形之一：

（1）在点 x_0 处无定义，即 $f(x_0)$ 不存在；

（2）$\lim\limits_{x \to x_0} f(x)$ 不存在；

（3）虽 $f(x_0)$ 与 $\lim\limits_{x \to x_0} f(x)$ 都存在，但 $\lim\limits_{x \to x_0} f(x) \neq f(x_0)$.

则函数 $f(x)$ 在点 x_0 处不连续，点 x_0 称为函数 $f(x)$ 的间断点或不连续点.

间断点通常分为两类：如果 x_0 是函数 $f(x)$ 的间断点，且 $f(x)$ 在 x_0 处的左极限和右极限都存在，则称 x_0 为函数 $f(x)$ 的第一类间断点. 不是第一类间断点的任何间断点都称为第二类间断点. 在第一类间断点中，我们把左、右极限相等的间断点称为可去间断点；左、右

极限不相等的间断点称为跳跃间断点．

下面我们来看几个例子．

【例 1 - 53】 函数 $f(x) = \begin{cases} x, & x \neq 0 \\ 1, & x = 0 \end{cases}$，因 $\lim\limits_{x \to 0} f(x) = \lim\limits_{x \to 0} x = 0$，$f(0) = 1$，但 $\lim\limits_{x \to 0} f(x) \neq f(0)$，所以 $x = 0$ 是函数 $f(x)$ 的间断点．又因 $\lim\limits_{x \to 0} f(x)$ 存在，即 $f(x)$ 在 $x = 0$ 处的左、右极限都存在且相等，故 $x = 0$ 是函数 $f(x)$ 的第一类间断点的可去间断点．

如果 x_0 是函数 $f(x)$ 的可去间断点，可以对其进行补充或改变定义：令 $f(x_0) = \lim\limits_{x \to x_0} f(x)$，则 x_0 就是 $f(x)$ 的连续点了．在［例 1 - 52］中，如果令 $f(0) = 0$，则 $f(x)$ 在 $x = 0$ 连续．

【例 1 - 54】 函数 $f(x) = \begin{cases} \dfrac{|x|}{x}, & x \neq 0 \\ 0, & x = 0 \end{cases}$．

因
$$\lim_{x \to 0^-} f(x) = \lim_{x \to 0^-} \frac{|x|}{x} = \lim_{x \to 0^-} \frac{-x}{x} = -1$$

$$\lim_{x \to 0^+} f(x) = \lim_{x \to 0^+} \frac{|x|}{x} = \lim_{x \to 0^+} \frac{x}{x} = 1$$

但
$$\lim_{x \to 0^-} f(x) \neq \lim_{x \to 0^+} f(x)$$

所以 $x = 0$ 是函数 $f(x)$ 的第一类间断点的跳跃间断点（见图 1 - 15）．

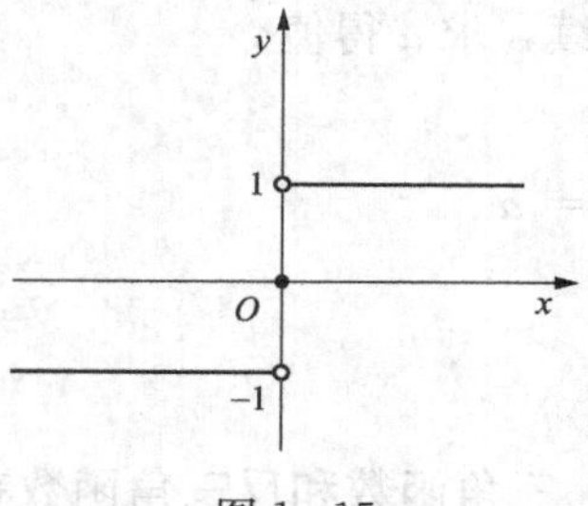

图 1 - 15

【例 1 - 55】 正切函数 $y = \tan x$ 在 $x = \dfrac{\pi}{2}$ 处没有定义，所以 $x = \dfrac{\pi}{2}$ 是函数 $y = \tan x$ 的间断点．因为

$$\lim_{x \to \frac{\pi}{2}} \tan x = \infty$$

所以称 $x = \dfrac{\pi}{2}$ 是函数 $y = \tan x$ 的无穷间断点．

【例 1 - 56】 函数 $y = \sin \dfrac{1}{x}$ 在点 $x = 0$ 没有定义，所以点 $x = 0$ 是函数 $\sin \dfrac{1}{x}$ 的间断点．当 $x \to 0$ 时，函数值在 -1 与 1 之间变动无限多次，所以点 $x = 0$ 称为函数 $\sin \dfrac{1}{x}$ 的振荡间断点．

无穷间断点和振荡间断点都是第二类间断点中比较常见的一种间断点．

三、连续函数的运算法则与初等函数的连续性

下面我们来研究连续函数的运算性质．

1. 连续函数的四则运算

定理 1.14 如果函数 $f(x)$，$g(x)$ 在点 x_0 处连续，那么它们的和、差、积、商（分母不为 0）在点 x_0 处也连续．

证 下面只证"和"的情形，其他同理．

因函数 $f(x)$，$g(x)$ 在点 x_0 处都连续，即

$$\lim_{x \to x_0} f(x) = f(x_0) \,,\, \lim_{x \to x_0} g(x) = g(x_0).$$

由极限的运算法则有

$$\lim_{x \to x_0} [f(x) + g(x)] = \lim_{x \to x_0} f(x) + \lim_{x \to x_0} g(x) = f(x_0) + g(x_0)$$

即 $f(x) + g(x)$ 在点 x_0 处连续.

定理 1.14 的和、差、积的情形都可推广到有限个函数,即:有限个在 x_0 处连续的函数的和、差、积在该点处仍连续.

【例 1-57】 函数 $f(x) = \dfrac{\ln x}{x - 3} + \sin x$ 在区间 $(0,3) \bigcup (3, +\infty)$ 内连续.

2. 复合函数的连续性

定理 1.15 设函数 $y = f[\varphi(x)]$ 在点 x_0 的某个去心邻域内有定义,若 $\lim\limits_{x \to x_0} \varphi(x) = u_0$,而函数 $y = f(u)$ 在 $u = u_0$ 连续,则 $\lim\limits_{x \to x_0} f[\varphi(x)] = \lim\limits_{u \to u_0} f(u) = f(u_0)$.

证 由于函数 $y = f(u)$ 在 $u = u_0$ 连续,对于 $\forall \varepsilon > 0$, $\exists \eta > 0$,当 $|u - u_0| < \eta$ 时,$|f(u) - f(u_0)| < \varepsilon$.

又由于 $\lim\limits_{x \to x_0} \varphi(x) = u_0$,对于上面得到的 $\eta > 0$, $\exists \delta > 0$,当 $|x - x_0| < \delta$ 时,$|\varphi(x) - u_0| < \eta$,从而 $|f[\varphi(x)] - f(u_0)| = |f(u) - f(u_0)| < \varepsilon$. 定理成立.

定理 1.15 表示,在满足定理的条件下,如果作代换 $u = \varphi(x)$,那么求 $\lim\limits_{x \to x_0} f[\varphi(x)]$ 就化为求 $\lim\limits_{u \to u_0} f(u)$,这里 $u_0 = \lim\limits_{x \to x_0} \varphi(x)$.

因为在定理 1.15 中有

$$\lim_{x \to x_0} \varphi(x) = u_0 \,,\, \lim_{u \to u_0} f(u) = f(u_0)$$

所以定理 1.15 的结论又可以写成

$$\lim_{x \to x_0} f[\varphi(x)] = f[\lim_{x \to x_0} \varphi(x)].$$

上式表示,在定理 1.15 的条件下,求复合函数 $f[\varphi(x)]$ 的极限时,函数符号与极限号 $\lim\limits_{x \to x_0}$ 可以交换次序.

定理 1.16 设函数 $u = \varphi(x)$ 在点 x_0 处连续,且 $u_0 = \varphi(x_0)$,而函数 $y = f(u)$ 在点 u_0 处连续,则复合函数 $y = f[\varphi(x)]$ 在点 x_0 处也连续.

证 由 $u = \varphi(x)$ 在点 x_0 处连续可得

$$\lim_{x \to x_0} \varphi(x) = \varphi(x_0) = u_0$$

即 $x \to x_0$ 时,$u \to u_0$.

又由 $y = f(u)$ 在点 u_0 处连续可得

$$\lim_{u \to u_0} f(u) = f(u_0).$$

由以上两式可得

$$\lim_{x \to x_0} f[\varphi(x)] = \lim_{u \to u_0} f(u) = f(u_0) = f[\varphi(x_0)]$$

即函数 $y = f[\varphi(x)]$ 在点 x_0 处连续.

【例 1-58】 求 $\lim\limits_{x \to 2} \sqrt{\dfrac{x - 2}{x^2 - 4}}$.

解 函数 $y=\sqrt{\dfrac{x-2}{x^2-4}}$ 可看作由 $y=\sqrt{u}$ 与 $u=\dfrac{x-2}{x^2-4}$ 复合而成. 因为

$$\lim_{x\to 2}\frac{x-2}{x^2-4}=\lim_{x\to 2}\frac{1}{x+2}=\frac{1}{4}$$

又 $y=\sqrt{u}$ 在点 $u=\dfrac{1}{4}$ 处连续，所以

$$\lim_{x\to 2}\sqrt{\frac{x-2}{x^2-4}}=\sqrt{\lim_{x\to 2}\frac{x-2}{x^2-4}}=\sqrt{\frac{1}{4}}=\frac{1}{2}.$$

【例 1-59】 $\lim\limits_{x\to 0}\dfrac{\log_a(1+x)}{x}$.

解 函数 $y=\dfrac{\log_a(1+x)}{x}=\log_a(1+x)^{\frac{1}{x}}$ 可看作由 $y=\log_a u$ 与 $u=(1+x)^{\frac{1}{x}}$ 复合而成. 因为

$$\lim_{x\to 0}(1+x)^{\frac{1}{x}}=\mathrm{e}$$

又 $y=\log_a u$ 在点 $u=\mathrm{e}$ 处连续，所以

$$\lim_{x\to 0}\frac{\log_a(1+x)}{x}=\lim_{x\to 0}\log_a(1+x)^{\frac{1}{x}}$$

$$=\log_a\left[\lim_{x\to 0}(1+x)^{\frac{1}{x}}\right]=\log_a\mathrm{e}=\frac{1}{\ln a}.$$

3. 反函数的连续性

定理 1.17 如果函数 $y=f(x)$ 在某个区间上单调增加（或单调减少）且连续，那么它的反函数 $y=f^{-1}(x)$ 在对应的区间上也单调增加（或单调减少）且连续.

【例 1-60】 函数 $y=\mathrm{e}^x$ 在区间 $(-\infty,+\infty)$ 上是单调增加的连续函数，由定理 1.17 得，$y=\ln x$ 在对应的区间 $(0,+\infty)$ 上也是单调增加的连续函数.

4. 初等函数的连续性

由初等函数的定义及连续函数的运算法则，可以证得：一切初等函数在其定义区间内都是连续的. 这里所说的定义区间，是指包含在定义域内的区间. 上述关于初等函数的连续性的结论为我们提供了求极限的一种方法，即：如果 $f(x)$ 是初等函数，且 x_0 是 $f(x)$ 定义区间内的点，则

$$\lim_{x\to x_0}f(x)=f(x_0).$$

【例 1-61】 求 $\lim\limits_{x\to\frac{\pi}{4}}(\sin 2x)^3$.

解 由于 $(\sin 2x)^3$ 是初等函数，其定义域是 $(-\infty,+\infty)$，$\dfrac{\pi}{4}$ 是定义区间内的点，所以

$$\lim_{x\to\frac{\pi}{4}}(\sin 2x)^3=\left(\sin 2\,\frac{\pi}{4}\right)^3=1.$$

【例 1-62】 求 $\lim\limits_{x\to+\infty}(\sin\sqrt{x+1}-\sin\sqrt{x})$.

解 利用三角公式得

$$\lim_{x\to+\infty}(\sin\sqrt{x+1}-\sin\sqrt{x})=\lim_{x\to+\infty}2\sin\frac{\sqrt{x+1}-\sqrt{x}}{2}\cos\frac{\sqrt{x+1}+\sqrt{x}}{2}$$

$$= \lim_{x \to +\infty} 2\sin \frac{1}{2(\sqrt{x+1}+\sqrt{x})} \cos \frac{\sqrt{x+1}+\sqrt{x}}{2}.$$

当 $x \to +\infty$ 时, $\sin \dfrac{1}{2(\sqrt{x+1}+\sqrt{x})}$ 为无穷小, $\cos \dfrac{\sqrt{x+1}+\sqrt{x}}{2}$ 为有界量，所以此极限为 0.

习题 1 - 8

1. 设函数 $f(x) = \begin{cases} 2x, & 0 \leqslant x < 1 \\ 3-x, & 1 \leqslant x \leqslant 2 \end{cases}$，试讨论 $f(x)$ 在 $x=1$ 处的连续性.

2. 函数 $f(x) = \begin{cases} |x|, & |x| \leqslant 1 \\ \dfrac{x}{|x|}, & |x| > 1 \end{cases}$ 在其定义域内是否连续？并做出函数 $f(x)$ 的图形.

3. 求下列函数的间断点，并判断间断点的类型.

(1) $\dfrac{1}{x-1}$;   (2) $\dfrac{x-1}{x^2-3x+2}$;   (3) $f(x) = \begin{cases} x-2, & x \leqslant 2 \\ 5-x, & x > 2 \end{cases}$.

4. 求下列极限.

(1) $\lim\limits_{x \to \infty} \sin \dfrac{x+1}{x-1}$;   (2) $\lim\limits_{x \to 0} \ln \dfrac{\sin x}{x}$;   (3) $\lim\limits_{n \to \infty} \dfrac{\sqrt[3]{n^2} \sin n!}{n+1}$.

第九节 闭区间上连续函数的性质

在上一节中我们已经了解到，如果函数 $f(x)$ 在开区间 (a,b) 内连续，且在 a 点右连续，在 b 点左连续，那么函数 $f(x)$ 在闭区间 $[a,b]$ 上连续. 在这节中我们将介绍闭区间上连续函数的几个非常重要的性质.

定理 1.18   如果函数 $y=f(x)$ 在闭区间 $[a,b]$ 上连续，则 $y=f(x)$ 在这个闭区间上有界.

设函数 $f(x)$ 在区间 I 上有定义，如果在 I 上存在一点 x_0，使得对于 I 内任意一点都满足

$$f(x) \leqslant f(x_0) \ [\text{或} \ f(x) \geqslant f(x_0)]$$

则称 $f(x_0)$ 是 $f(x)$ 在区间 I 上的最大值（或最小值）.

定理 1.19（最大值和最小值定理）   如果函数 $y=f(x)$ 在闭区间 $[a,b]$ 上连续，则 $y=f(x)$ 在这个闭区间上一定有最大值与最小值（见图 1-16）.

注意，对于开区间内的连续函数或在闭区间上有间断点的函数，定理 1.18 与定理 1.19 的结论不一定成立. 例如，函数 $y=\dfrac{1}{x}$ 在开区间 $(0,1)$ 上连续，但它是无界的，没有最大值，同时它也取不到最小值.

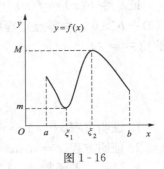

图 1 - 16

定理 1.20（介值定理）　如果函数 $y=f(x)$ 在闭区间 $[a,b]$ 上连续，M 和 m 分别为函数 $y=f(x)$ 在该区间上的最大值和最小值，则对于 M 和 m 之间的任何实数 c，在 a 和 b 之间至少存在一点 ξ，使 $f(\xi)=c$．

定理 1.20 指出：闭区间上的连续函数可以取遍 M 和 m 之间的一切数值，这个性质反映了函数连续变化的特征，其几何意义是：闭区间上的连续曲线 $y=f(x)$ 与水平直线 $y=c(m\leqslant c\leqslant M)$ 至少有一个交点（见图 1‐17）．

如果 $f(x_0)=0$，则 x_0 称为函数 $f(x)$ 的零点．

定理 1.21（零点定理）　如果函数 $y=f(x)$ 在闭区间 $[a,b]$ 上连续，且 $f(a)$ 与 $f(b)$ 异号，即 $f(a)\cdot f(b)<0$，则在 (a,b) 内至少存在一点 ξ，使得 $f(\xi)=0$．

几何解释：连续曲线 $y=f(x)$ 的两个端点位于 x 轴的不同侧，则曲线弧与 x 轴至少有一个交点（见图 1‐18）．

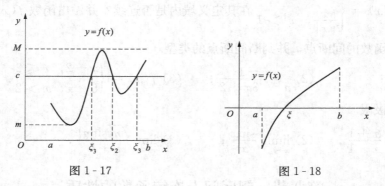

图 1‐17　　　　　　　　　　　　图 1‐18

【例 1‐63】　证明：四次代数方程 $x^4+1=3x^2$ 在开区间 $(0,1)$ 内至少有一个实根．

证　函数 $f(x)=x^4-3x^2+1$ 在闭区间 $[0,1]$ 上连续，且

$$f(0)=1>0,f(1)=-1<0$$

由零点定理，在开区间 $(0,1)$ 内至少存在一点 ξ，使得

$$f(\xi)=0，即 \xi^4-3\xi^2+1=0(0<\xi<1)．$$

因此，方程 $x^4+1=3x^2$ 在开区间 $(0,1)$ 内至少有一个实根 ξ．

【例 1‐64】　设函数 $f(x)$ 在区间 $[a,b]$ 上连续，且 $f(a)<a$，$f(b)>b$，证明至少存在一点 $\xi\in(a,b)$，使得 $f(\xi)=\xi$．

证　令 $F(x)=f(x)-x$，则 $F(x)$ 在 $[a,b]$ 上连续，而 $F(a)=f(a)-a<0$，$F(b)=f(b)-b>0$，由零点定理可得，至少存在一点 $\xi\in(a,b)$，使得 $F(\xi)=f(\xi)-\xi=0$，即证 $f(\xi)=\xi$．

习题 1‐9

1. 证明方程 $x^5-3x=7$ 至少有一个根介于 1 与 2 之间．

2. 证明方程 $x=a\sin x+b(a>0,b>0)$ 至少有一个正根，并且它不超过 $a+b$．

3. 证明：若函数 $f(x)$ 在 $[a,b]$ 上连续，且 $a<x_1<x_2<\cdots<x_n<b$，则在 $[x_1,x_n]$ 上必存在一点 ξ，使 $f(\xi)=\dfrac{f(x_1)+f(x_2)+\cdots+f(x_n)}{n}$．

小结与学习指导

一、小结

本章主要学习了与一元函数有关的几个概念及函数的几种特性、数列极限、函数极限等几部分内容.

1. 函数

函数定义有两个要素，即定义域与对应法则. 因此，两个函数相等或相同是指它们不仅定义域相同，而且对应法则也相同. 函数的四种简单性态——单调性、有界性、奇偶性、周期性都有明确的定义，且各有直观的几何意义. 要判断一个函数是否具有某种特性，可以用定义来说明. 复合函数的主要作用在于把一个比较复杂的函数，适当地引入中间变量后，分解成若干个比较简单的函数，使我们对复杂函数的讨论可转化为对简单函数的讨论，但需注意，并不是任何两个函数都能复合. 高等数学中的函数绝大多数都是初等函数，因此，基本初等函数的基础作用不可忽视.

2. 极限概念

为加深对极限概念的理解，下面把极限定义中的 ε，N，M 与 δ 的含意及它们的作用做以下几点说明.

(1) 极限各定义中的 ε 都是任意给定的（无论多么小）的正数，它的作用在于刻画数列 $\{a_n\}$ 和 A 或函数 $f(x)$ 和 A 接近的程度. 由于它的任意性，因而不等式

$$|a_n - A| < \varepsilon \text{ 或 } |f(x) - A| < \varepsilon$$

才能精确刻画 $\{a_n\}$ 或 $f(x)$ 无限接近 A 的实质.

(2) $\varepsilon - N$ 定义中的 ε 给定以后，可取的正整数 N 并不唯一. 因为如果 N 能满足要求，那么任何一个大于 N 的正整数自然也能满足要求. 定义并没有要求取符合要求的最小的正整数，只要能肯定有符合要求的正整数存在就可以了. 因此，切勿为了表示 N 与 ε 有关，把它记成 $N(\varepsilon)$ 而误认为 N 是 ε 的函数. N 的作用在于刻画保证不等式 $|a_n - A| < \varepsilon$ 成立所需要的 n 变大的程度. 一般说来，ε 给得更小一些时，N 就要更大一些.

(3) $\varepsilon - M$ 或 $\varepsilon - \delta$ 定义中的 M 和 δ 都是正数，它们的作用在于分别刻画保证不等式 $|f(x) - A| < \varepsilon$ 成立所需要的 $|x|$ 变大的程度或 x 接近 x_0 的程度. 一般说来，当 ε 给得更小时，M 要更大一些，但 δ 却要更小一些，ε 给定后，随之而可取的 M 或 δ 也不是唯一的，定义也并不要求必须取最小的 M 或最大的 δ.

(4) $\varepsilon - N$ 定义，只要求当 $n > N$ 时的一切 a_n 都能使不等式 $|a_n - A| < \varepsilon$ 成立. 就是说，数列 $\{a_n\}$ 是否以 A 为极限只跟它 N 项以后的所有项的变化有关，而与它前面的有限项无关. 所以改变一个数列的有限项的值、去掉或增加有限个项，并不影响数列的收敛或发散.

(5) $\varepsilon - M$ 或 $\varepsilon - \delta$ 定义，也只要求满足 $|x| > M$ 或 $0 < |x - x_0| < \delta$ 的一切 x 恒有不等式 $|f(x) - A| < \varepsilon$ 成立. 也就是说，函数 $f(x)$ 是否以 A 为极限只与满足 $|x| > M$ 的 x 或在去心邻域 $0 < |x - x_0| < \delta$ 中的 x 所对应的一切函数值的变化有关，而与其他 x 所对应的函数值无关.

(6) 研究 $x \to x_0$ 时函数 $f(x)$ 的极限，我们关心的是当 x 无限接近 x_0 时函数 $f(x)$ 的变

化趋势，因此，对于 $f(x)$ 在 x_0 的情况如何，可不予考虑，所以定义只要求 $0<|x-x_0|<\delta$，而不是 $|x-x_0|<\delta$．

3. 极限的性质、存在准则和运算法则

（1）收敛数列有唯一极限，并且一定有界．

（2）极限存在的单调有界准则与夹逼准则．

（3）$\lim\limits_{x \to x_0} f(x)$ 存在的充要条件是 $f(x_0^-)=f(x_0^+)$．

（4）运用极限的和、差、积、商运算法则时应注意：参与运算的函数的极限都要存在，并且函数的个数只能是有限个，在作商的运算时，还要求分母的极限不为零．

（5）极限的不等式性质与保号性质．

4. 无穷大与无穷小

（1）无穷大是绝对值无限增大的一类变量，它不是指绝对值很大很大的数；无穷小是以零为极限的一类变量，它也不是指绝对值很小很小的数．

（2）在自变量的同一变化过程中，无穷大 $f(x)$ 的倒数 $\dfrac{1}{f(x)}$ 是无穷小；无穷小 $f(x)(f(x) \neq 0)$ 的倒数是无穷大．

（3）有限个无穷小的和、差、积仍然是无穷小，但两个无穷小的商未必是无穷小．无穷小与有界函数的乘积仍是无穷小．

（4）两个无穷小之商的极限，一般说来随着无穷小的不同而不同，从而产生了两个无穷小之间的"高阶""同阶""等价"等概念，它们反映了两个无穷小趋近于零的快慢程度．

5. 连续函数

（1）函数 $f(x)$ 在 x_0 处连续定义的三种不同表达形式如下：

1）$\lim\limits_{\Delta x \to 0}=\lim\limits_{\Delta x \to 0}[f(x_0+\Delta x)-f(x_0)]=0$；

2）$\lim\limits_{x \to x_0} f(x)=f(x_0)$；

3）利用 $\varepsilon-\delta$ 定义给出函数在一点连续的定义，即 $\forall \varepsilon>0,\exists \delta>0$，使当 $|x-x_0|<\delta$ 时，$|f(x)-f(x_0)|<\delta$．

（2）连续函数的和、差、积、商在它们同时有定义的区间内仍为连续函数．

（3）连续函数的复合函数仍为连续函数．

（4）单调连续函数有单调连续的反函数．

（5）任何初等函数在它的定义区间内处处连续．

（6）闭区间 $[a,b]$ 上的连续函数 $f(x)$ 有下列重要性质：

1）$f(x)$ 在 $[a,b]$ 上必取得最大值与最小值（最大值和最小值定理）；

2）$f(x)$ 在 $[a,b]$ 上必取得介于最大值与最小值之间的任何值（介值定理）；

3）$f(x)$ 在 $[a,b]$ 上必取得介于 $f(a)$ 与 $f(b)$ 之间的任何值；

4）如果 $f(a) \cdot f(b)<0$，那么在 (a,b) 内必有函数 $f(x)$ 的零点（零点定理）．

性质3）是介值定理2）的推论．

6. 间断点的分类

左、右极限都存在的间断点称为第一类间断点，其中左、右极限不相等的称为跳跃间断点，左、右极限相等的称为可去间断点．不是第一类间断点的任何间断点都称为第二类间断点．

二、学习指导

1. 本章要求

(1) 理解函数的概念.

(2) 了解函数的单调性、周期性、奇偶性和有界性.

(3) 了解反函数和复合函数的概念.

(4) 熟悉基本初等函数的性质及其图形.

(5) 深刻理解极限的概念.

(6) 熟练掌握极限的四则运算法则.

(7) 了解两个极限存在准则（夹逼准则和单调有界准则）. 会用两个重要极限求极限.

(8) 理解无穷小、无穷大的概念. 掌握无穷小的性质及无穷小的比较.

(9) 理解无穷小与无穷大的关系；理解极限与无穷小的关系.

(10) 理解函数在一点连续的概念；熟练掌握连续函数的性质；会判断间断点的类型.

(11) 掌握初等函数的连续性及闭区间上连续函数的性质.

重点：

(1) 函数的定义及基本初等函数.

(2) 极限概念与极限运算.

(3) 连续的概念与初等函数的连续性.

难点：

极限的概念.

2. 对学习的建议

(1) 要切实领会极限概念的实质，理解本章的众多概念，必须先搞清它们之间的联系与区别，例如，极限与无穷小；连续与间断等概念.

(2) 用定义证明极限的根本目的是加深对极限定义的理解，掌握定义的实质，所以只要能消化书中的这类例题就可以了.

(3) 熟练掌握 $x \to 0$ 时的等价无穷小，对于求极限将会有很大的帮助.

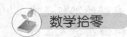 数学拾零

极限思想的产生、发展与完善

一、 极限思想的产生

与一切科学的思想方法一样，极限思想也是社会实践的产物. 极限的思想可以追溯到古代，在我国春秋战国时期虽已有极限思想的萌芽，但从史料来看，这种思想主要局限于哲学领域，还没有应用到数学上，当然更谈不上应用极限方法来解决数学问题. 直到公元 3 世纪，我国魏晋时期的数学家刘徽在注释《九章算术》时创立了著名的"割圆术". 他的极限思想是"割之弥细，所失弥少，割之又割，以至于不可割，则与圆合体而无所失". 第一个创造性地将极限思想应用到数学领域. 这种无限接近的思想就是后来建立极限概念的基础.

刘徽的割圆术是建立在直观基础上的一种原始的极限思想的应用，古希腊人的穷竭

法也蕴含了极限思想，但由于希腊人"对无限的恐惧"，他们避免明显地"取极限"，而是借助于间接证法——归谬法来完成了有关的证明．到了 16 世纪，荷兰数学家斯泰文在考查三角形重心的过程中改进了古希腊人的穷竭法，他借助几何直观运用极限思想思考问题，放弃了归谬法的证明．如此，他在无意中将极限发展成为一个实用概念．

二、极限思想的发展

极限思想的进一步发展是与微积分的建立紧密相连的．16 世纪的欧洲处于资本主义萌芽时期，生产力发展，生产和技术中大量的问题，只用初等数学的方法已无法解决，要求数学突破只研究常量的传统范围，而提供能够用以描述和研究运动变化过程的新工具，这是促进极限发展、建立微积分的社会背景．

起初牛顿和莱布尼兹以无穷小概念为基础建立微积分，后来因遇到了逻辑困难，所以在他们的晚期都不同程度地接受了极限思想．牛顿的极限观念也是建立在几何直观上的，因而他无法得出极限的严格表述．

正因为当时缺乏严格的极限定义，微积分理论才受到了人们的怀疑与攻击．英国哲学家、大主教贝克莱对微积分的攻击最为激烈，他说微积分的推导是"分明的诡辩"．贝克莱之所以激烈地攻击微积分，一方面是为宗教服务，另一方面也由于当时的微积分缺乏牢固的理论基础，连牛顿自己也无法摆脱极限概念中的混乱．这个事实表明，弄清极限概念，建立严格的微积分理论基础，不但是数学本身所需要的，而且有着认识论上的重大意义．

三、极限思想的完善

极限思想的完善与微积分的严格化密切联系．在很长一段时间里，微积分理论基础的问题，许多人都曾尝试解决，但都未能如愿以偿．这是因为数学的研究对象已从常量扩展到变量，而人们对变量数学特有的规律还不十分清楚；对变量数学和常量数学的区别和联系还缺乏了解；对有限和无限的对立统一关系还不明确．这样，人们使用习惯了的处理常量数学的传统思想方法，就不能适应变量数学的新需要，仅用旧的概念说明不了这种"零"与"非零"相互转化的辩证关系．

首先用极限概念给出导数正确定义的是捷克数学家波尔查诺，波尔查诺的思想是有价值的，但关于极限的本质他仍未说清楚．到了 19 世纪，法国数学家柯西在前人工作的基础上，比较完整地阐述了极限概念及其理论，他在《分析教程》中指出，"当一个变量逐次所取的值无限趋于一个定值，最终使变量的值和该定值之差要多小就多小，这个定值就叫作所有其他值的极限值．特别地，当一个变量的数值（绝对值）无限地减小使之收敛到极限 0，就说这个变量成为无穷小"．柯西把无穷小视为以 0 为极限的变量，这就澄清了无穷小"似零非零"的模糊认识，这就是说，在变化过程中，它的值可以是非零，但它变化的趋向是"零"，可以无限地接近于零．

柯西试图消除极限概念中的几何直观，作出极限的明确定义．但柯西的叙述中还存在描述性的词语，如"无限趋近""要多小就多小"等，因此还保留着几何和物理的直观痕迹，没有达到彻底严密化的程度．为了排除极限概念中的直观痕迹，维尔斯特拉斯提出了极限的静态的定义，给微积分提供了严格的理论基础．所谓 $a_n = A$，就是指，"如果对任何 $\varepsilon > 0$，总存在自然数 N，使得当 $n > N$ 时，不等式 $|a_n - A| < \varepsilon$ 恒成立"．这个定义，借助不等式，通过 ε 和 N 之间的关系，定量地、具体地刻画了"两个

无限过程"之间的联系. 因此, 这样的定义是严格的, 可以作为科学论证的基础, 至今仍在数学分析书籍中使用. 在该定义中, 涉及的仅仅是数及其大小关系, 此外只是给定、存在、任取等词语, 已经摆脱了"趋近"一词, 不再求助于运动的直观.

总复习题一

1. 判断下列结论是否正确:

(1) 在某一过程中, 若 $f(x)$ 有极限、$g(x)$ 无极限, 则 $f(x)g(x)$ 必无极限. ( )

(2) 无界数列必定发散. ( )

(3) 有界函数与无穷大的乘积是无穷大. ( )

(4) 若 $f(x)$ 在点 x_0 处连续, $g(x)$ 在 x_0 处不连续, 则 $f(x)g(x)$ 在 x_0 处必不连续. ( )

(5) 若 $f(x)$ 在点 x_0 处连续, 且 $f(x_0) > 0$, 则在 x_0 的某邻域内恒有 $f(x) > 0$. ( )

2. 选择以下各题中正确的结论.

(1) 当 $x \to 0$ 时, 以下无穷小量_____比其他三个是更高阶无穷小量.

(A) $\ln(1+x)$; (B) $\mathrm{e}^x - 1$; (C) $\tan x$; (D) $1 - \cos x$.

(2) 设 $f(x) = \begin{cases} \dfrac{\sqrt{\sin x + 1} - 1}{x}, & x \neq 0 \\ 0, & x = 0 \end{cases}$, 则 $x = 0$ 是 $f(x)$ 的_____.

(A) 可去间断点; (B) 无穷间断点; (C) 连续点; (D) 跳跃间断点.

(3) 已知 $\lim\limits_{x \to \infty}\left(\dfrac{x^2}{x+1} - ax - b\right) = 0$, 则常数 a, b 的值所组成的数组 (a, b) 为_____.

(A) $(1, 0)$; (B) $(0, 1)$; (C) $(1, 1)$; (D) $(1, -1)$.

3. 设 $f(x) = \begin{cases} 1-x, & x \leqslant 0 \\ x, & x > 0 \end{cases}$, $g(x) = \begin{cases} x^2, & x < 0 \\ -x, & x \geqslant 0 \end{cases}$, 求 $f[g(x)]$.

4. 当 $x \to 0$ 时, $\mathrm{e}^{x \cos x^2} - \mathrm{e}^x$ 与 x^n 是同阶无穷小量, 求 n 的值.

5. 求下列极限.

(1) $\lim\limits_{x \to \infty}[\ln(2x^2 - 1) - \ln(x^2 + 2)]$; (2) $\lim\limits_{x \to 4}\dfrac{\sqrt{1+2x} - 3}{\sqrt{x} - 2}$;

(3) $\lim\limits_{x \to 8}\left(\dfrac{2x+1}{2x-1}\right)^x$; (4) $\lim\limits_{x \to 0}(\cos x)^{\frac{1}{x^2}}$;

(5) $\lim\limits_{x \to 0}\dfrac{\mathrm{e}^2 x - \mathrm{e}^x}{\sin x}$; (6) $\lim\limits_{x \to \frac{\pi}{2}}\left[\tan 2x \cdot \tan\left(\dfrac{\pi}{4} - x\right)\right]$.

6. 设 $f(x) = \begin{cases} a + bx^2, & x \leqslant 0 \\ \dfrac{\sin bx}{x}, & x > 0 \end{cases}$, 要使 $f(x)$ 在 $(-\infty, +\infty)$ 内连续, 求 a 与 b 的关系.

7. 设 $f(x)$ 在 $[a, ++\infty)$ 内连续, 且 $\lim\limits_{x \to +\infty} f(x) = A$, 证明 $f(x)$ 在 $[a, +\infty)$ 上有界.

考研真题一

1. 填空题.

(1) $\lim\limits_{x \to 0} \dfrac{x\ln(1+x)}{1-\cos x} = $ ＿＿＿＿ .

(2) 曲线 $y = \dfrac{x + 4\sin x}{5x - 2\cos x}$ 的水平渐近线方程为＿＿＿＿ .

(3) $\lim\limits_{n \to \infty} \left(\dfrac{n+1}{n} \right)^{(-1)^n}$ ＿＿＿＿ .

2. 选择题.

设函数 $f(x) = \dfrac{1}{e^{\frac{x}{x-1}} - 1}$ ，则＿＿＿＿ .

(A) $x = 0, x = 1$ 都是 $f(x)$ 的第一类间断点；

(B) $x = 0, x = 1$ 都是 $f(x)$ 的第二类间断点；

(C) $x = 0$ 是 $f(x)$ 的第一类间断点，$x = 1$ 是 $f(x)$ 的第二类间断点；

(D) $x = 0$ 是 $f(x)$ 的第二类间断点，$x = 1$ 是 $f(x)$ 的第一类间断点.

3. 求极限：$\lim\limits_{x \to -\infty} \dfrac{\sqrt{4x^2 + x - 1} + x + 1}{\sqrt{x^2 + \sin x}}$.

第二章 导 数 与 微 分

一元函数微分学是高等数学的重要内容之一，导数与微分是其中的两个基本概念．本章我们从几个实际问题入手，引出导数和微分的概念，然后介绍导数的一些基本公式和求导的运算方法．

第一节 导 数 的 概 念

一、引例

【例 2 - 1】 变速直线运动的瞬时速度．

设一物体作变速直线运动，从某时刻开始到时刻 t 经过的路程为 s，则 s 为 t 的函数 $s = s(t)$，称 $s(t)$ 为位置函数．

下面我们将定义并计算物体在时刻 t_0 的瞬时速度 $v(t_0)$．解决这个问题的基本思想是：虽然整体来说速度是随着时间不断变化的，但局部来说可近似地看成不变．就是说，当 Δt 很小时，从时刻 t_0 到时刻 $t_0 + \Delta t$ 这段时间内，速度的变化也很小，可以近似地看成匀速运动，因而这段时间内的平均速度可以看成时刻 t_0 的瞬时速度的近似值．

从时刻 t_0 到时刻 $t_0 + \Delta t$，物体经过的路程为

$$\Delta s = s(t_0 + \Delta t) - s(t_0).$$

所以这段时间内的平均速度为

$$\bar{v} = \frac{\Delta s}{\Delta t} = \frac{s(t_0 + \Delta t) - s(t_0)}{\Delta t}.$$

当 Δt 无限变小时，这个平均速度无限地接近于时刻 t_0 的瞬时速度 $v(t_0)$．因此，当 $\Delta t \to 0$ 时，如果 $\lim\limits_{\Delta t \to 0} \bar{v}$ 存在，就称此极限值为物体在时刻 t_0 的瞬时速度 $v(t_0)$，即

$$v(t_0) = \lim_{\Delta t \to 0} \bar{v} = \lim_{\Delta t \to 0} \frac{\Delta s}{\Delta t} = \lim_{\Delta t \to 0} \frac{s(t_0 + \Delta t) - s(t_0)}{\Delta t}.$$

【例 2 - 2】 曲线 C 在定点 $M_0(x_0, y_0)$ 处的切线的斜率．

首先给出一般曲线的切线定义，如图 2 - 1 所示，在曲线 C 上任取两 M_0，M，作割线 $M_0 M$，固定 M_0，让 M 沿曲线 $y = f(x)$ 趋近于点 M_0，割线 $M_0 M$ 的极限位置 $M_0 T$ 称为曲线 $y = f(x)$ 在点 M_0 处的切线．

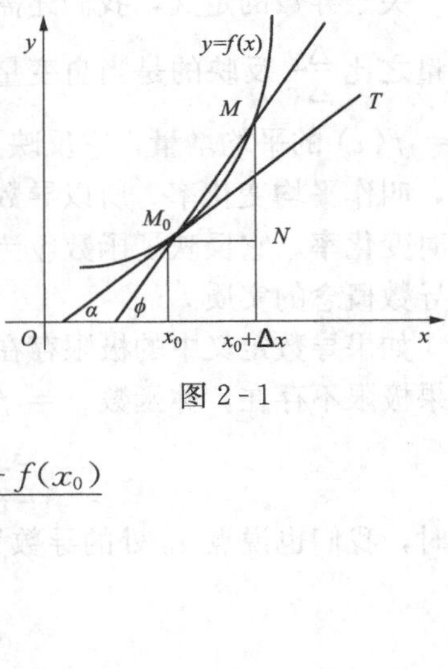

下面求曲线 $y = f(x)$ 在点 M_0 处的切线斜率．

设 $M_0(x_0, y_0)$，$M(x_0 + \Delta x, y_0 + \Delta y)$，则割线 $M_0 M$ 的斜率为

图 2 - 1

$$\tan\phi = \frac{NM}{M_0 N} = \frac{\Delta y}{\Delta x} = \frac{f(x_0 + \Delta x) - f(x_0)}{\Delta x}$$

其中 ϕ 为割线 M_0M 的倾斜角．

当 $\Delta x \to 0$ 时，动点 M 沿曲线趋近于 M_0，从而割线 M_0M 也随之变动而趋近于极限位置——直线 M_0T，显然割线 M_0M 的倾角 ϕ 也趋向于切线 M_0T 的倾斜角 α．如果当 $\Delta x \to 0$ 时，$\tan\phi$ 的极限存在，即

$$\lim_{\Delta x \to 0}\tan\phi = \lim_{\Delta x \to 0}\frac{\Delta y}{\Delta x} = \lim_{\Delta x \to 0}\frac{f(x_0 + \Delta x) - f(x_0)}{\Delta x} = k$$

则此极限值是割线斜率的极限，也就是切线的斜率，即 $k = \tan\alpha$．

二、导数的定义

虽然以上两个例子的实际意义不同，但实质是一样的，都归结为计算函数的增量与自变量的增量的比值当自变量的增量趋近于 0 时的极限，即

$$\lim_{\Delta x \to 0}\frac{\Delta y}{\Delta x} = \lim_{\Delta x \to 0}\frac{f(x_0 + \Delta x) - f(x_0)}{\Delta x}.$$

在自然科学和工程技术领域内，还有许多实际问题，诸如电流强度，线密度，比热等，对它们的研究也都归结为此极限问题，抛开其具体意义，抽象出其数量关系的共性，便得到导数的定义．

定义 2.1　设函数 $y = f(x)$ 在点 x_0 的某个邻域内有定义，当自变量在点 x_0 处取得增量 Δx（点 $x_0 + \Delta x$ 仍在该邻域内）时，函数 y 相应地取得增量

$$\Delta y = f(x_0 + \Delta x) - f(x_0)$$

如果当 $\Delta x \to 0$ 时，$\dfrac{\Delta y}{\Delta x}$ 的极限存在，即

$$\lim_{\Delta x \to 0}\frac{\Delta y}{\Delta x} = \lim_{\Delta x \to 0}\frac{f(x_0 + \Delta x) - f(x_0)}{\Delta x}$$

存在，则称函数 $y = f(x)$ 在点 x_0 处可导，并称这个极限值为函数 $y = f(x)$ 在点 x_0 处的导数，记作

$$f'(x_0)，\ y'\Big|_{x=x_0}，\ \frac{\mathrm{d}y}{\mathrm{d}x}\Big|_{x=x_0} \ \text{或} \ \frac{\mathrm{d}f(x)}{\mathrm{d}x}\Big|_{x=x_0}$$

即

$$f'(x_0) = \lim_{\Delta x \to 0}\frac{\Delta y}{\Delta x} = \lim_{\Delta x \to 0}\frac{f(x_0 + \Delta x) - f(x_0)}{\Delta x}.$$

关于导数的定义，我们还需要作一点说明：在导数的定义式中，函数的增量与自变量的增量之比 $\dfrac{\Delta y}{\Delta x}$ 反映的是当自变量由 x_0 变到 $x_0 + \Delta x$ 时，自变量变化一个单位所产生的函数 $y = f(x)$ 的平均增量，它反映了函数 $y = f(x)$ 在这个区间上随自变量变化的平均变化速度，叫作平均变化率．所以导数 $f'(x_0)$ 作为平均变化率的极限又叫作函数 $f(x)$ 在点 x_0 的瞬时变化率，它反映了函数 $y = f(x)$ 在点 x_0 随自变量变化的快慢程度，即变化速度．这就是导数概念的实质．

如果导数定义中的极限存在，我们也说函数 $y = f(x)$ 在点 x_0 处具有导数或导数存在，如果极限不存在，称函数 $y = f(x)$ 在点 x_0 处不可导或导数不存在．如果

$$\lim_{\Delta x \to 0}\frac{\Delta y}{\Delta x} = \lim_{\Delta x \to 0}\frac{f(x_0 + \Delta x) - f(x_0)}{\Delta x} = \infty$$

此时，我们也说点 x_0 处的导数为无穷大，但需注意，此时函数 $y = f(x)$ 在点 x_0 处的导数

实际上是不存在的.

如果我们把导数定义中的极限换成了左极限或右极限,即

$$\lim_{\Delta x \to 0^-} \frac{\Delta y}{\Delta x} = \lim_{\Delta x \to 0^-} \frac{f(x_0 + \Delta x) - f(x_0)}{\Delta x} \quad \text{或} \quad \lim_{\Delta x \to 0^+} \frac{\Delta y}{\Delta x} = \lim_{\Delta x \to 0^+} \frac{f(x_0 + \Delta x) - f(x_0)}{\Delta x},$$

我们就得到了左导数(或右导数)的定义,分别记作 $f'_-(x_0)$ 和 $f'_+(x_0)$.

由 $\lim\limits_{\Delta x \to 0} \frac{\Delta y}{\Delta x} = \lim\limits_{\Delta x \to 0} \frac{f(x_0 + \Delta x) - f(x_0)}{\Delta x}$ 存在的充分必要条件是左、右极限都存在并且相等,我们又得到这样一个结论:函数 $f(x)$ 在 x_0 处可导的充分必要条件是函数 $f(x)$ 在 x_0 处的左导数 $f'_-(x_0)$ 和右导数 $f'_+(x_0)$ 都存在且相等.

此外,导数的定义式还有其他几种不同的形式,常见的有

$$f'(x_0) = \lim_{x \to x_0} \frac{f(x) - f(x_0)}{x - x_0}$$

和

$$f'(x_0) = \lim_{h \to 0} \frac{f(x_0 + h) - f(x_0)}{h}.$$

定义中所给的是函数 $y = f(x)$ 在一点可导的定义.如果函数 $y = f(x)$ 在区间 (a, b) 内的每一点都可导,称函数 $y = f(x)$ 在区间 (a, b) 内可导.此时对于区间 (a, b) 内的每一点 x 都有一个导数与之对应,因此 $f'(x)$ 是该区间上的一个函数,称为函数 $y = f(x)$ 的导函数,记作

$$f'(x), \quad y', \quad \frac{\mathrm{d}y}{\mathrm{d}x} \quad \text{或} \quad \frac{\mathrm{d}f(x)}{\mathrm{d}x}.$$

将导数定义式中的 x_0 换成 x,便可得到导函数的定义式

$$f'(x) = \lim_{\Delta x \to 0} \frac{f(x + \Delta x) - f(x)}{\Delta x}$$

或

$$f'(x) = \lim_{h \to 0} \frac{f(x + h) - f(x)}{h}.$$

易知 $f(x)$ 在点 x_0 处的导数 $f'(x_0)$ 就是导数 $f'(x)$ 在 x_0 处的函数值,即 $f'(x_0) = f'(x)\Big|_{x = x_0}$.一般来说,在不至于混淆的情况下,导函数 $f'(x)$ 也简称为导数.

一般来说,求导数有三个步骤.

(1)给出自变量的增量 Δx,算出函数的增量 $\Delta y = f(x + \Delta x) - f(x)$;

(2)求函数增量与自变量增量之比 $\frac{\Delta y}{\Delta x} = \frac{f(x + \Delta x) - f(x)}{\Delta x}$;

(3)求极限 $\lim\limits_{\Delta x \to 0} \frac{\Delta y}{\Delta x} = \lim\limits_{\Delta x \to 0} \frac{f(x + \Delta x) - f(x)}{\Delta x}$.

下面我们来看几个基本初等函数的导数的例子.

【例 2 - 3】 常数函数的导数.

设 $y = C$(C 为常数).有

$$\Delta y = C - C = 0$$

进一步有

$$\frac{\Delta y}{\Delta x} = 0$$

于是得

$$\lim_{\Delta x \to 0} \frac{\Delta y}{\Delta x} = \lim_{\Delta x \to 0} 0 = 0$$

即
$$(C)' = 0 .$$

【例 2 - 4】 幂函数的导数.

设 $y = x^n$ （n 为正整数）. 由二项式定理可知

$$\Delta y = (x + \Delta x)^n - x^n$$

$$= \left[x^n + nx^{n-1} \Delta x + \frac{n(n-1)}{2} x^{n-2} (\Delta x)^2 + \cdots + (\Delta x)^n \right] - x^n$$

$$= nx^{n-1} \Delta x + \frac{n(n-1)}{2} x^{n-2} (\Delta x)^2 + \cdots + (\Delta x)^n$$

进一步有

$$\frac{\Delta y}{\Delta x} = nx^{n-1} + \frac{n(n-1)}{2} x^{n-2} \Delta x + \cdots + (\Delta)^{n-1}$$

于是得

$$\lim_{\Delta x \to 0} \frac{\Delta y}{\Delta x} = \lim_{\Delta x \to 0} \left[nx^{n-1} + \frac{n(n-1)}{2} x^{n-2} \Delta x + \cdots + (\Delta x)^{n-1} \right] = nx^{n-1}$$

即
$$(x^n)' = nx^{n-1} .$$

幂指数为任意实数时，上式仍然成立，即

$$(x^\mu)' = \mu x^{\mu-1} （\mu 为实数）.$$

例如，$(\sqrt{x})' = \dfrac{1}{2\sqrt{x}}$，$(x^{\frac{2}{3}})' = \dfrac{2}{3} x^{-\frac{1}{3}}$.

【例 2 - 5】 对数函数的导数.

设 $y = \log_a x (a > 0, a \neq 1)$. 有

$$\Delta y = \log_a (x + \Delta x) - \log_a x = \log_a \frac{x + \Delta x}{x} = \log_a \left(1 + \frac{\Delta x}{x} \right)$$

进一步有

$$\frac{\Delta y}{\Delta x} = \frac{\log_a \left(1 + \dfrac{\Delta x}{x} \right)}{\Delta x} = \log_a \left(1 + \frac{\Delta x}{x} \right)^{\frac{1}{\Delta x}}$$

于是得

$$\lim_{\Delta x \to 0} \frac{\Delta y}{\Delta x} = \lim_{\Delta x \to 0} \log_a \left(1 + \frac{\Delta x}{x} \right)^{\frac{1}{\Delta x}}$$

$$= \lim_{\Delta x \to 0} \log_a \left[\left(1 + \frac{\Delta x}{x} \right)^{\frac{x}{\Delta x}} \right]^{\frac{1}{x}}$$

$$= \log_a \left[\lim_{\Delta x \to 0} \left(1 + \frac{\Delta x}{x} \right)^{\frac{x}{\Delta x}} \right]^{\frac{1}{x}}$$

$$= \log_a \mathrm{e}^{\frac{1}{x}} = \frac{1}{x} \log_a \mathrm{e} = \frac{1}{x \ln a}$$

即
$$(\log_a x)' = \frac{1}{x \ln a} .$$

特别地，当 $a = \mathrm{e}$ 时，有 $(\ln x)' = \dfrac{1}{x}$.

【例 2 - 6】 三角函数的导数.

对于正弦函数 $y = \sin x$，有

$$\Delta y = \sin(x + \Delta x) - \sin x = 2\cos\left(x + \frac{\Delta x}{2}\right)\sin\frac{\Delta x}{2}$$

进一步有

$$\frac{\Delta y}{\Delta x} = \cos\left(x + \frac{\Delta x}{2}\right)\frac{\sin\frac{\Delta x}{2}}{\frac{\Delta x}{2}}$$

于是得

$$\lim_{\Delta x \to 0}\frac{\Delta y}{\Delta x} = \lim_{\Delta x \to 0}\left[\cos\left(x + \frac{\Delta x}{2}\right)\frac{\sin\frac{\Delta x}{2}}{\frac{\Delta x}{2}}\right]$$

$$= \lim_{\Delta x \to 0}\cos\left(x + \frac{\Delta x}{2}\right) \cdot \lim_{\Delta x \to 0}\frac{\sin\frac{\Delta x}{2}}{\frac{\Delta x}{2}}$$

$$= \cos x$$

即

$$(\sin x)' = \cos x.$$

同理对于余弦函数 $y = \cos x$，有

$$(\cos x)' = -\sin x.$$

对于其他的基本初等函数，我们将在求导的运算法则及反函数的求导法则之后给出.

【例 2 - 7】 求函数 $f(x) = |x|$ 在 $x = 0$ 处的导数.

解 由导数定义及性质，因为

$$\lim_{\Delta x \to 0^+}\frac{\Delta y}{\Delta x} = \lim_{\Delta x \to 0^+}\frac{f(0 + \Delta x) - f(0)}{\Delta x}$$

$$= \lim_{\Delta x \to 0^+}\frac{|0 + \Delta x| - |0|}{\Delta x}$$

$$= \lim_{\Delta x \to 0^+}\frac{|\Delta x|}{\Delta x} = \lim_{\Delta x \to 0^+}\frac{\Delta x}{\Delta x} = 1$$

$$\lim_{\Delta x \to 0^-}\frac{\Delta y}{\Delta x} = \lim_{\Delta x \to 0^-}\frac{f(0 + \Delta x) - f(0)}{\Delta x}$$

$$= \lim_{\Delta x \to 0^-}\frac{|0 + \Delta x| - |0|}{\Delta x}$$

$$= \lim_{\Delta x \to 0^-}\frac{|\Delta x|}{\Delta x} = \lim_{\Delta x \to 0^-}\frac{-\Delta x}{\Delta x} = -1$$

且

$$\lim_{\Delta x \to 0^+}\frac{\Delta y}{\Delta x} \neq \lim_{\Delta x \to 0^-}\frac{\Delta y}{\Delta x}$$

所以 $\lim_{\Delta x \to 0}\frac{\Delta y}{\Delta x}$ 不存在，即函数 $f(x) = |x|$ 在 $x = 0$ 处的导数不存在.

三、导数的几何意义

由 ［例 2 - 4］可知，函数 $y = f(x)$ 在点 x_0 处的导数 $f'(x_0)$ 在几何上表示曲线 $y = f(x)$ 在点 $(x_0, f(x_0))$ 处的切线的斜率，即

$$f'(x_0) = \tan\alpha$$

其中 α 为切线的倾斜角（见图 2 - 2）.

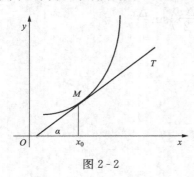

图 2 - 2

根据导数的几何意义，并应用直线的点斜式方程，得到曲线 $y = f(x)$ 在点 (x_0, y_0) 处的切线方程为

$$y - y_0 = f'(x_0)(x - x_0).$$

称过切点 (x_0, y_0) 且与切线垂直的直线为曲线 $y = f(x)$ 在点 (x_0, y_0) 处的法线. 如果 $f'(x_0) \neq 0$，则法线的斜率为 $-\dfrac{1}{f'(x_0)}$，从而法线方程为

$$y - y_0 = -\frac{1}{f'(x_0)}(x - x_0).$$

由上述可见，若函数 $y = f(x)$ 在点 x_0 处可导，则曲线 $y = f(x)$ 在点 $M(x_0, f(x_0))$ 处具有不垂直于 x 轴的切线；若 $y = f(x)$ 在点 x_0 处不可导，且 $\lim\limits_{\Delta x \to 0} \dfrac{\Delta y}{\Delta x} = \infty$，即 $f(x)$ 在点 x_0 处的导数为无穷大，这时曲线 $y = f(x)$ 在点 M 处具有垂直于 x 轴的切线，其方程为 $x = x_0$；若 $y = f(x)$ 在点 x_0 处不可导，且导数不为无穷大，则曲线 $y = f(x)$ 在点 M 处没有切线.

【例 2 - 8】 求曲线 $y = \dfrac{1}{x}$ 在横坐标 $x = \dfrac{1}{3}$ 处的切线方程和法线方程.

解 由导数的几何意义可知，所求切线的斜率为

$$k_1 = y'\Big|_{x=\frac{1}{3}} = \left(-\frac{1}{x^2}\right)\Big|_{x=\frac{1}{3}} = -9$$

又

$$y\Big|_{x=\frac{1}{3}} = \frac{1}{\frac{1}{3}} = 3$$

故所求切线方程为

$$y - 3 = -9\left(x - \frac{1}{3}\right)$$

即

$$9x + y - 6 = 0.$$

所求法线的斜率为

$$k_2 = -\frac{1}{k_1} = \frac{1}{9}$$

法线方程为

$$y - 3 = \frac{1}{9}\left(x - \frac{1}{3}\right)$$

即

$$3x - 27y + 80 = 0.$$

【例 2 - 9】 求曲线 $y = x^2$ 在点 $(2, 4)$ 处的切线方程，并指出该曲线上哪一点处的切线与直线 $y = \dfrac{1}{3}x + 2$ 平行.

解 由导数的几何意义知所求切线的斜率为

$$k = y'\big|_{x=2} = (2x)\big|_{x=2} = 4$$

所以切线方程为

$$y - 4 = 4(x - 2)$$

即

$$4x - y - 4 = 0.$$

根据两直线平行的条件，要与直线 $y = \frac{1}{3}x + 2$ 平行，应有

$$y' = 2x = \frac{1}{3}$$

解得

$$x = \frac{1}{6}$$

又

$$y\Big|_{x=\frac{1}{6}} = \frac{1}{36}$$

所以该曲线在点 $\left(\frac{1}{6}, \frac{1}{36}\right)$ 处的切线与所给直线平行．

四、函数的可导性与连续性的关系

定理 2.1 如果函数 $f(x)$ 点 x_0 处可导，则 $f(x)$ 在点 x_0 处连续．

证： 设 $y = f(x)$ 在点 x_0 处可导，根据导数定义有

$$\lim_{\Delta x \to 0} \frac{\Delta y}{\Delta x} = f'(x_0)$$

由具有极限的函数与无穷小的关系知

$$\frac{\Delta y}{\Delta x} = f'(x_0) + \alpha$$

其中 α 当 $\Delta x \to 0$ 时为无穷小．用 Δx 同时乘以上式的两端有

$$\Delta y = f'(x_0)\Delta x + \alpha \Delta x.$$

于是有

$$\lim_{\Delta x \to 0} \Delta y = \lim_{\Delta x \to 0} [f'(x_0)\Delta x + \alpha \Delta x] = 0.$$

此式恰好说明函数 $y = f(x)$ 在点 x_0 处连续．

但是，一个函数在某点连续却不一定在该点可导．请看下面的例子．

【例 2-10】 讨论函数 $y = |x|$ 在 $x = 0$ 处的连续性和可导性．

解 函数 $y = |x|$ 在 $x = 0$ 处的左极限为

$$f(0^-) = \lim_{x \to 0^-} |x| = \lim_{x \to 0^-} (-x) = 0$$

函数 $y = |x|$ 在 $x = 0$ 处的右极限为

$$f(0^+) = \lim_{x \to 0^+} |x| = \lim_{x \to 0^+} x = 0$$

因为 $f(0^-) = f(0^+) = f(0)$，所以函数 $y = |x|$ 在 $x = 0$ 处连续．

又由本节 [例 2-7] 知，函数 $y = |x|$ 在 $x = 0$ 处的导数不存在．因此函数 $y = |x|$ 在 $x = 0$ 处连续但不可导．由图 2-3 可以看出，函数 $y = |x|$ 在点 $O(0,0)$ 处没有切线．

【例 2-11】 函数 $y = f(x) = \begin{cases} 2x, & x \leqslant 1 \\ 3 - x, & x > 1 \end{cases}$ 在 $x = 1$ 处是否连续？是否可导？

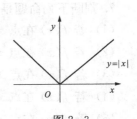

图 2-3

解 由

$$f(1^-) = \lim_{x \to 1^-} f(x) = \lim_{x \to 1^-} 2x = 2$$

$$f(1^+) = \lim_{x \to 1^+} f(x) = \lim_{x \to 1^+} (3 - x) = 2$$

知 $f(1^-) = f(1^+) = f(1) = 2$，故函数 $f(x)$ 在 $x = 1$ 处连续.

又 $f'_-(1) = \lim_{x \to 1^-} \dfrac{f(x) - f(1)}{x - 1} = \lim_{x \to 1^-} \dfrac{2x - 2}{x - 1} = 2$

$f'_+(1) = \lim_{x \to 1^+} \dfrac{f(x) - f(1)}{x - 1} = \lim_{x \to 1^+} \dfrac{(3 - x) - 2}{x - 1} = -1$

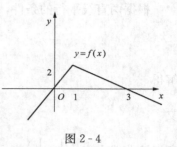

图 2-4

因 $f'_-(1) \neq f'_+(1)$，故函数 $f(x)$ 在 $x = 1$ 处不可导.

从图 2-4 可以看出，曲线 $y = f(x)$ 在 $x = 1$ 处没有切线.

由以上讨论可知，函数在一点处连续是函数在该点处可导的必要条件，而不是充分条件.

习题 2-1

1. 设质点 M 沿 Os 轴移动，其位置函数 $s = 10t + 5t^2$（位移单位：m，时间单位：s），试求：

(1) 当 t 在时间间隔 $[2, 2.1]$，$[2, 2 + \Delta t]$ 内，质点 M 运动的平均速度；

(2) 质点 M 在 $t = 2$ 时的瞬时速度.

2. 设 $y = \sqrt{x}$，试利用定义求 $\dfrac{\mathrm{d}y}{\mathrm{d}x}\Big|_{x=1}$.

3. 设 $y = \sin 2x$，试利用定义求 $\dfrac{\mathrm{d}y}{\mathrm{d}x}$.

4. 设 $f'(x_0) = -3$，求下列各极限.

(1) $\lim\limits_{\Delta x \to 0} \dfrac{f(x_0 + 3\Delta x) - f(x_0)}{\Delta x}$；

(2) $\lim\limits_{\Delta x \to 0} \dfrac{f(x_0 - 3\Delta x) - f(x_0)}{\Delta x}$；

(3) $\lim\limits_{h \to 0} \dfrac{f(x_0 + h) - f(x_0 - h)}{h}$.

5. 如果 $f(x)$ 为偶函数，且 $f'(0)$ 存在，证明：$f'(0) = 0$.

6. 在抛物线 $y = x^2$ 上作过 $(1, 1)$，$(3, 9)$ 两点的割线，问抛物线上哪一点处的切线平行于这条割线？

7. 判断下列命题是否正确.

(1) 若 $f(x)$ 在点 x_0 处可导，则 $f(x)$ 在点 x_0 处必连续.

(2) 若 $f(x)$ 在点 x_0 处连续，则 $f(x)$ 在点 x_0 处必可导.

(3) 若 $f(x)$ 在点 x_0 处不可导，则 $f(x)$ 在点 x_0 处必不连续.

(4) 若 $f(x)$ 在点 x_0 处不连续，则 $f(x)$ 在点 x_0 处必不可导.

(5) 若 $f(x)$ 在点 x_0 处不可导，则 $f(x)$ 在点 $(x_0, f(x_0))$ 处必无切线.

(6) 若 $f(x)$ 处处有切线，则 $f(x)$ 处处可导.

8. 试讨论下列函数在 $x = 0$ 处的连续性与可导性.

(1) $f(x) = \begin{cases} x^2 + 1, x < 0 \\ 2x + 1, x \geqslant 0 \end{cases}$；　　　　(2) $f(x) = \begin{cases} x^3 \sin \dfrac{1}{x}, x \neq 0 \\ 0, \qquad x = 0 \end{cases}$.

第二节　导数的运算法则

根据第一节所介绍的导数的定义，我们可以求出一部分较简单函数的导数，但多数函数利用导数定义来求其导数往往是很困难的，这一节我们将介绍导数的计算方法即导数的运算法则，为此，我们必须首先掌握基本初等函数的求导公式.

定理 2.2　设函数 $f(x)$，$g(x)$ 都在点 x 处可导，那么

(1) $f(x) \pm g(x)$ 也在点 x 处可导，且

$$[f(x) \pm g(x)]' = [f(x)]' \pm [g(x)]'$$

即两个可导函数的和（或差）的导数，等于这两个函数导数的和（或差）.

(2) $f(x)g(x)$ 也在点 x 处可导，且

$$[f(x)g(x)]' = [f(x)]'g(x) + f(x)[g(x)]'$$

即两个可导函数的积的导数，等于第一个函数的导数乘第二个函数，加上第一个函数乘第二个函数的导数.

(3) $\dfrac{f(x)}{g(x)}(g(x) \neq 0)$ 也在点 x 处可导，且

$$\left[\frac{f(x)}{g(x)}\right]' = \frac{[f(x)]'g(x) - f(x)[g(x)]'}{g^2(x)}$$

即两个可导函数的商的导数，等于分子的导数与分母的乘积，减去分子与分母的导数的乘积，再除以分母的平方.

证　(1) $[f(x) \pm g(x)]' = \lim\limits_{\Delta x \to 0} \dfrac{[f(x+\Delta x) \pm g(x+\Delta x)] - [f(x) \pm g(x)]}{\Delta x}$

$= \lim\limits_{\Delta x \to 0} \dfrac{f(x+\Delta x) - f(x)}{\Delta x} \pm \lim\limits_{\Delta x \to 0} \dfrac{g(x+\Delta x) - g(x)}{\Delta x}$

$= f'(x) \pm g'(x)$.

(2) $[f(x)g(x)]' = \lim\limits_{\Delta x \to 0} \dfrac{f(x+\Delta x)g(x+\Delta x) - f(x)g(x)}{\Delta x}$

$= \lim\limits_{\Delta x \to 0} \dfrac{f(x+\Delta x)g(x+\Delta x) - f(x)g(x+\Delta x) + f(x)g(x+\Delta x) - f(x)g(x)}{\Delta x}$

$= \lim\limits_{\Delta x \to 0} \left[\dfrac{f(x+\Delta x) - f(x)}{\Delta x} \cdot g(x+\Delta x) + f(x) \cdot \dfrac{g(x+\Delta x) - g(x)}{\Delta x}\right]$

$= \lim\limits_{\Delta x \to 0} \dfrac{f(x+\Delta x) - f(x)}{\Delta x} \cdot \lim\limits_{\Delta x \to 0} g(x+\Delta x) + \lim\limits_{\Delta x \to 0} f(x) \cdot \lim\limits_{\Delta x \to 0} \dfrac{g(x+\Delta x) - g(x)}{\Delta x}$

$= f'(x)g(x) + f(x)g'(x)$

其中 $\lim\limits_{\Delta x \to 0} g(x + \Delta x) = g(x)$ 是由于 $g'(x)$ 存在，所以 $g(x)$ 在点 x 处连续.

(3) $\left[\dfrac{f(x)}{g(x)}\right]' = \lim\limits_{\Delta x \to 0} \dfrac{\dfrac{f(x+\Delta x)}{g(x+\Delta x)} - \dfrac{f(x)}{g(x)}}{\Delta x}$

$\qquad\qquad = \lim\limits_{\Delta x \to 0} \dfrac{f(x+\Delta x)g(x) - f(x)g(x+\Delta x)}{g(x+\Delta x)g(x)\Delta x}$

$\qquad\qquad = \lim\limits_{\Delta x \to 0} \dfrac{f(x+\Delta x)g(x) - f(x)g(x) + f(x)g(x) - f(x)g(x+\Delta x)}{g(x+\Delta x)g(x)\Delta x}$

$\qquad\qquad = \lim\limits_{\Delta x \to 0} \dfrac{[f(x+\Delta x) - f(x)]g(x) - f(x)[g(x+\Delta x) - g(x)]}{g(x+\Delta x)g(x)\Delta x}$

$\qquad\qquad = \lim\limits_{\Delta x \to 0} \dfrac{\dfrac{f(x+\Delta x) - f(x)}{\Delta x}g(x) - f(x)\dfrac{g(x+\Delta x) - g(x)}{\Delta x}}{g(x+\Delta x)g(x)}$

$\qquad\qquad = \dfrac{f'(x)g(x) - f(x)g'(x)}{g^2(x)}.$

定理中的法则（1）、（2）可推广到任意有限个可导函数的情况，即

$$[f_1(x) \pm f_2(x) \pm \cdots \pm f_n(x)]' = f_1'(x) \pm f_2'(x) \pm \cdots \pm f_n'(x)$$

$$[f_1(x)f_2(x)\cdots f_n(x)]' = f_1'(x)f_2(x)\cdots f_n(x) + f_1(x)f_2'(x)\cdots f_n(x) + \cdots$$
$$+ f_1(x)f_2(x)\cdots f_n'(x)$$

在（2）中，若令 $g(x) = C$，则有

推论　如果函数 $f(x)$ 在点 x 处可导，C 为常数，则函数 $Cf(x)$ 也在点 x 处可导，且 $[Cf(x)]' = C[f(x)]'$.

【例 2 - 12】　$y = 7x^3 + 2\sin x - 3\ln x + 6$，求 y'.

解　$y' = (7x^3 + 2\sin x - 3\ln x + 6)'$

$\qquad = (7x^3)' + (2\sin x)' - (3\ln x)' + (6)'$

$\qquad = 7(x^3)' + 2(\sin x)' - 3(\ln x)' + (6)'$

$\qquad = 7 \cdot 3x^2 + 2 \cdot \cos x - 3 \cdot \dfrac{1}{x} + 0$

$\qquad = 21x^2 + 2\cos x - \dfrac{3}{x}.$

【例 2 - 13】　$y = x^3\sin x - x\ln x$，求 y'.

解　$y' = (x^3\sin x - x\ln x)'$

$\qquad = (x^3\sin x)' - (x\ln x)'$

$\qquad = (x^3)'\sin x + x^3(\sin x)' - [x'\ln x + x(\ln x)']$

$\qquad = 3x^2\sin x + x^3\cos x - \ln x - 1.$

【例 2 - 14】　$y = \tan x$，求 y'.

解　$y' = (\tan x)' = \left(\dfrac{\sin x}{\cos x}\right)'$

$\qquad = \dfrac{(\sin x)'\cos x - \sin x(\cos x)'}{\cos^2 x}$

$$= \frac{\cos^2 x + \sin^2 x}{\cos^2 x}$$

$$= \frac{1}{\cos^2 x} = \sec^2 x$$

即　　　　　　　　　　　　　　　$(\tan x)' = \sec^2 x$

同理有　　　　　　　　　　　　　$(\cot x)' = -\csc^2 x .$

【例 2 - 15】　$y = \sec x$，求 y'．

解　$y' = (\sec x)' = \left(\frac{1}{\cos x}\right)'$

$$= \frac{(1)' \cos x - 1 \cdot (\cos x)'}{\cos^2 x}$$

$$= \frac{0 - (-\sin x)}{\cos^2 x} = \sec x \tan x$$

即　　　　　　　　　　　　　　　$(\sec x)' = \sec x \tan x$

同理有　　　　　　　　　　　　　$(\csc x)' = -\csc x \cot x .$

习题 2 - 2

1. 求下列函数的导数.

(1) $y = \frac{x^2}{2} + \frac{2}{x^2}$;

(2) $y = \mathrm{e}x$;

(3) $y = 2\sqrt{x} - \frac{1}{x} + 4\sqrt{3}$;

(4) $y = \frac{1-x^3}{\sqrt{x}}$;

(5) $y = x^2(2x-1)$;

(6) $y = \frac{x^2 \cdot \sqrt[3]{x^2}}{\sqrt{x^5}}$;

(7) $y = \frac{ax+b}{a+b}$;

(8) $y = \tan x \sec x$;

(9) $y = \frac{1}{1+\sqrt{x}} + \frac{1}{1-\sqrt{x}}$;

(10) $y = \sqrt{x\sqrt{x\sqrt{x}}}$;

(11) $y = \frac{\sin x}{1+\cos x}$;

(12) $y = \ln x \cdot \cos x$;

(13) $y = x\tan x - 2\sec x$;

(14) $y = (x-a)(x-b)(x-c)$.

2. 求下列函数在给定点处的导数值.

(1) $f(x) = x(x+1)(x+2)(x+3)$ ，求 $f'(0)$;

(2) $f(x) = \cos x \sin x$ ，求 $f'\left(\frac{\pi}{6}\right)$ 和 $f'\left(\frac{\pi}{4}\right)$.

3. 证明.

(1) $(\cot x)' = -\csc^2 x$;

(2) $(\csc x)' = -\csc x \cot x$.

4. 问 a , b 取何值时，才能使函数 $f(x) = \begin{cases} x^2, & x \leqslant x_0 \\ ax+b, & x > x_0 \end{cases}$ 在点 $x = x_0$ 处连续且可导.

5. 求曲线 $y = x\ln x$ 在点 $(1,0)$ 处的切线方程和法线方程.

第三节　复合函数与反函数的求导法则

一、复合函数的求导法则

定理 2.3（复合函数求导法则）　如果 $u = \varphi(x)$ 在点 x 处可导，$y = f(u)$ 在对应点 $u = \varphi(x)$ 处可导，则复合函数 $y = f[\varphi(x)]$ 在点 x 处也可导，且

$$\frac{dy}{dx} = \frac{dy}{du} \cdot \frac{du}{dx} \quad 或 \quad y'_x = y'_u \cdot u'_x.$$

证　设当自变量 x 取得增量 Δx 时，u 取得增量 Δu，y 取得增量 Δy.

因 $y = f(u)$ 可导，由函数极限与无穷小的关系，有

$$\frac{\Delta y}{\Delta u} = y'_u + \alpha$$

其中 α 是当 $\Delta u \to 0$ 时的无穷小，同乘 Δu，得

$$\Delta y = y'_u \Delta u + \alpha \Delta u$$

于是

$$\frac{\Delta y}{\Delta x} = y'_u \frac{\Delta u}{\Delta x} + \alpha \frac{\Delta u}{\Delta x}$$

因为 $u = \varphi(x)$ 在点 x 处可导，所以 $u = \varphi(x)$ 在点 x 处连续，即当 $\Delta x \to 0$ 时，$\Delta u \to 0$，因此 $\lim\limits_{\Delta x \to 0} \alpha = \lim\limits_{\Delta u \to 0} \alpha = 0$，从而有

$$y'_x = \lim_{\Delta x \to 0} \frac{\Delta y}{\Delta x} = \lim_{\Delta x \to 0} \left[y'_u \frac{\Delta u}{\Delta x} + \alpha \frac{\Delta u}{\Delta x} \right] = y'_u \cdot u'_x.$$

定理 2.3 表明，求复合函数 $f[\varphi(x)]$ 对 x 的导数，可先分别求出 $y = f(u)$ 对 u 的导数和 $u = \varphi(x)$ 对 x 的导数，然后相乘即可.

对于多次复合的函数，其求导公式类似，我们以两个中间变量为例：设 $y = f(u)$，$u = \varphi(v)$，$v = \psi(x)$，则复合函数 $y = f\{\varphi[\psi(x)]\}$ 的导数为

$$\frac{dy}{dx} = \frac{dy}{du} \cdot \frac{du}{dv} \cdot \frac{dv}{dx} \quad 或 \quad y'(x) = f'(u) \cdot \varphi'(v) \cdot \psi'(x).$$

这里假定上式右端出现的导数在相应点处都存在.

这种复合函数的求导方法也被称为链导法.

【例 2-16】　$y = \ln\cos x$，求 $\dfrac{dy}{dx}$.

解　$y = \ln\cos x$ 可看作由 $y = \ln u$，$u = \cos x$ 复合而成，所以有

$$\frac{dy}{dx} = \frac{dy}{du} \cdot \frac{du}{dx} = \frac{1}{u} \cdot (-\sin x) = \frac{1}{\cos x} \cdot (-\sin x) = -\tan x.$$

注意，在利用复合函数求导法则时，要将引入的中间变量代回最终结果.

【例 2-17】　$y = \sin^2 x$，求 $\dfrac{dy}{dx}$.

解　$y = \sin^2 x$ 可看作由 $y = u^2$，$u = \sin x$ 复合而成，所以有

$$\frac{dy}{dx} = \frac{dy}{du} \cdot \frac{du}{dx} = 2u \cdot \cos x = 2\sin x \cos x = \sin 2x.$$

待我们对复合函数的分解已经比较熟悉时，可不必写出中间变量，直接按复合步骤求导即可.

【例 2 - 18】　$y = \sqrt{1 - 2x^3}$ ，求 $\dfrac{\mathrm{d}y}{\mathrm{d}x}$.

解　$\dfrac{\mathrm{d}y}{\mathrm{d}x} = (\sqrt{1 - 2x^3})' = \dfrac{1}{2\sqrt{1 - 2x^3}} \cdot (1 - 2x^3)'$

$$= \dfrac{1}{2\sqrt{1 - 2x^3}} \cdot (-6x^2) = -\dfrac{3x^2}{\sqrt{1 - 2x^3}} .$$

【例 2 - 19】　$y = x^4 \sin \dfrac{1}{x}$ ，求 $\dfrac{\mathrm{d}y}{\mathrm{d}x}$.

解　$\dfrac{\mathrm{d}y}{\mathrm{d}x} = \left(x^4 \sin \dfrac{1}{x}\right)'$

$$= (x^4)' \sin \dfrac{1}{x} + x^4 \left(\sin \dfrac{1}{x}\right)'$$

$$= 4x^3 \sin \dfrac{1}{x} + x^4 \cos \dfrac{1}{x} \cdot \left(-\dfrac{1}{x^2}\right)$$

$$= 4x^3 \sin \dfrac{1}{x} - x^2 \cos \dfrac{1}{x} .$$

【例 2 - 20】　$y = \ln \sqrt{\dfrac{1 + x^2}{1 - x^2}}$ ，求 y'

解　$y' = \left(\ln \sqrt{\dfrac{1 + x^2}{1 - x^2}}\right)' = \left[\dfrac{1}{2} \ln(1 + x^2) - \dfrac{1}{2} \ln(1 - x^2)\right]'$

$$= \dfrac{1}{2} \left[\dfrac{1}{1 + x^2}(1 + x^2)' - \dfrac{1}{1 - x^2}(1 - x^2)'\right]$$

$$= \dfrac{1}{2} \left(\dfrac{2x}{1 + x^2} - \dfrac{-2x}{1 - x^2}\right)$$

$$= \dfrac{2x}{1 - x^4} .$$

【例 2 - 21】　$y = f(\sin^2 x) + f(\cos^2 x)$ ，其中 $f(u)$ 可导，求 $\dfrac{\mathrm{d}y}{\mathrm{d}x}$.

解　$\dfrac{\mathrm{d}y}{\mathrm{d}x} = f'(\sin^2 x) \cdot (\sin^2 x)' + f'(\cos^2 x) \cdot (\cos^2 x)'$

$$= f'(\sin^2 x) \cdot 2\sin x \cdot \cos x + f'(\cos^2 x) \cdot 2\cos x \cdot (-\sin x)$$

$$= \sin 2x [f'(\sin^2 x) - f'(\cos^2 x)] .$$

二、反函数的求导法则

定理 2.4（反函数的求导法则）　如果函数 $x = \varphi(y)$ 在某区间 I_y 内是单调、可导的，且 $\varphi'(y) \neq 0$ ，那么，它的反函数 $y = f(x)$ 在对应的区间 I_x 内也可导，且

$$f'(x) = \dfrac{1}{\varphi'(y)} .$$

证　因为函数 $x = \varphi(y)$ 在区间 I_y 内单调且可导，所以它在区间 I_y 内一定单调且连续，于是，$x = \varphi(y)$ 的反函数 $y = f(x)$ 在对应的区间 I_x 内也是单调且连续的.

在区间 I_x 内任取一点 x ，并且 x 取得增量 Δx $(\Delta x \neq 0, x + \Delta x \in I_x)$ ，由函数 $y = f(x)$

的单调性知函数的增量 $\Delta y \neq 0$，于是有

$$\frac{\Delta y}{\Delta x} = \frac{1}{\dfrac{\Delta x}{\Delta y}} \,.$$

因为 $y = f(x)$ 连续，所以当自变量的增量 $\Delta x \to 0$ 时，必有函数的增量 $\Delta y \to 0$. 因此有

$$\lim_{\Delta x \to 0} \frac{\Delta y}{\Delta x} = \lim_{\Delta y \to 0} \frac{1}{\dfrac{\Delta x}{\Delta y}} = \frac{1}{\varphi'(y)}$$

即

$$f'(x) = \frac{1}{\varphi'(y)} \,.$$

定理 2.4 可简述为：互为反函数的两个函数的导数互为倒数. 下面我们利用该法则来求反三角函数及指数函数的导数.

【例 2 - 22】 $y = \arcsin x$，求 $\dfrac{\mathrm{d}y}{\mathrm{d}x}$.

解 $y = \arcsin x$ 是 $x = \sin y$ 的反函数. 因为函数 $x = \sin y$ 在区间 $\left(-\dfrac{\pi}{2}, \dfrac{\pi}{2}\right)$ 内单调、可导，且

$$(\sin y)' = \cos y > 0$$

所以由反函数的求导法则，$x = \sin y$ 的反函数 $y = \arcsin x$ 在对应区间 $(-1,1)$ 内有

$$(\arcsin x)' = \frac{1}{(\sin y)'} = \frac{1}{\cos y} = \frac{1}{\sqrt{1 - \sin^2 y}} = \frac{1}{\sqrt{1 - x^2}}$$

即

$$(\arcsin x)' = \frac{1}{\sqrt{1 - x^2}} \,.$$

同理有

$$(\arccos x)' = -\frac{1}{\sqrt{1 - x^2}} \,.$$

【例 2 - 23】 $y = \arctan x$，求 $\dfrac{\mathrm{d}y}{\mathrm{d}x}$.

解 $y = \arctan x$ 是 $x = \tan y$ 的反函数. 因为函数 $x = \tan y$ 在区间 $\left(-\dfrac{\pi}{2}, \dfrac{\pi}{2}\right)$ 内单调、可导，且

$$(\tan y)' = \sec^2 y > 0$$

所以由反函数的求导法则，$x = \tan y$ 的反函数 $y = \arctan x$ 在对应区间 $(-\infty, +\infty)$ 内有

$$(\arctan x)' = \frac{1}{(\tan y)'} = \frac{1}{\sec^2 y} = \frac{1}{1 + \tan^2 y} = \frac{1}{1 + x^2}$$

即

$$(\arctan x)' = \frac{1}{1 + x^2} \,.$$

同理有

$$(\text{arccot} x)' = -\frac{1}{1 + x^2} \,.$$

【例 2 - 24】 $y = a^x (a > 0, a \neq 1)$，求 $\dfrac{\mathrm{d}y}{\mathrm{d}x}$.

解 $y = a^x (a > 0, a \neq 1)$ 是函数 $x = \log_a y$ 的反函数，因为函数 $x = \log_a y$ 在区间 $(0, +\infty)$ 内单调、可导，且

$$(\log_a y)' = \frac{1}{y\ln a} \neq 0$$

所以由反函数的求导法则，$x = \log_a y$ 的反函数 $y = a^x$ 在对应区间 $(-\infty, +\infty)$ 内有

$$(a^x)' = \frac{1}{(\log_a y)'} = \frac{1}{\dfrac{1}{y\ln a}} = y\ln a = a^x \ln a$$

即
$$(a^x)' = a^x \ln a .$$

特别地，当 $a = e$ 时，有

$$(e^x)' = e^x .$$

【例 2 - 25】 求下列函数的导数：

(1) $y = \arcsin 7x^3$ ；　　　　(2) $y = e^{\sin^2 \frac{1}{x}}$.

解　(1) $y' = (\arcsin 7x^3)'$

$$= \frac{1}{\sqrt{1-(7x^3)^2}} \cdot 21x^2 = \frac{21x^2}{\sqrt{1-49x^6}} .$$

(2) $y' = (e^{\sin^2 \frac{1}{x}})'$

$$= e^{\sin^2 \frac{1}{x}} \cdot 2\sin\frac{1}{x} \cdot \cos\frac{1}{x} \cdot \left(-\frac{1}{x^2}\right)$$

$$= -\frac{1}{x^2}\sin\frac{2}{x} \cdot e^{\sin^2 \frac{1}{x}} .$$

三、基本求导法则与导数公式

为了方便我们在求函数的导数时进行查阅，现将我们所学过的导数公式和求导法则归纳如下.

1. 基本初等函数的导数公式

(1) $(C)' = 0$（C 为常数）；

(2) $(x^\mu)' = \mu x^{\mu-1}$ ；

(3) $(\sin x)' = \cos x$ ；

(4) $(\cos x)' = -\sin x$ ；

(5) $(\tan x)' = \sec^2 x$ ；

(6) $(\cot x)' = -\csc^2 x$ ；

(7) $(\sec x)' = \sec x \cdot \tan x$ ；

(8) $(\csc x)' = -\csc x \cdot \cot x$ ；

(9) $(a^x)' = a^x \ln a$ ；

(10) $(e^x)' = e^x$ ；

(11) $(\log_a x)' = \dfrac{1}{x\ln a}$ ；

(12) $(\ln x)' = \dfrac{1}{x}$ ；

(13) $(\arcsin x)' = \dfrac{1}{\sqrt{1-x^2}}$ ；

(14) $(\arccos x)' = -\dfrac{1}{\sqrt{1-x^2}}$ ；

(15) $(\arctan x)' = \dfrac{1}{1+x^2}$;

(16) $(\text{arccot}x)' = -\dfrac{1}{1+x^2}$.

2. 函数的和、差、积、商的求导法则

设 $f(x)$，$g(x)$ 都可导，则

(1) $[f(x) \pm g(x)]' = [f(x)]' \pm [g(x)]'$;

(2) $[f(x)g(x)]' = [f(x)]'g(x) + f(x)[g(x)]'$;

(3) $[Cf(x)]' = C[f(x)]'$;

(4) $\left[\dfrac{f(x)}{g(x)}\right]' = \dfrac{[f(x)]'g(x) - f(x)[g(x)]'}{g^2(x)}$. $(g(x) \neq 0)$

3. 复合函数的求导法则

设 $y = f(u)$，$u = \varphi(x)$，且 $f(u)$，$\varphi(x)$ 都可导，则复合函数 $y = f[\varphi(x)]$ 的导数为

$$\frac{\mathrm{d}y}{\mathrm{d}x} = \frac{\mathrm{d}y}{\mathrm{d}u} \cdot \frac{\mathrm{d}u}{\mathrm{d}x} \text{ 或 } y'(x) = f'(u) \cdot \varphi'(x) .$$

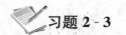 习题 2-3

1. 求下列函数的导数.

(1) $y = (4x+7)^3$;

(2) $y = \tan^2 x$;

(3) $y = \arctan(2x+1)$;

(4) $y = \mathrm{e}^{\sin x}$;

(5) $y = \ln\cos\dfrac{1}{x}$;

(6) $y = \sec^2 3x$;

(7) $y = \ln[\ln(\ln x)]$;

(8) $y = 2^{\frac{x}{\ln x}}$

(9) $y = \ln(x + \sqrt{x^2+a^2})$;

(10) $y = \ln\sqrt{x} + \sqrt{\ln x}$;

(11) $y = \sin 2x + \sin x^2$;

(12) $y = \sqrt{1+\ln^2 x}$;

(13) $y = \mathrm{e}^{-x}\ln(1-x)$;

(14) $y = x\arcsin(\ln x)$;

(15) $y = \dfrac{1}{4}\ln\dfrac{1+x}{1-x} - \dfrac{1}{2}\arctan x$;

(16) $y = \sin\sqrt{1+x^2}$.

2. 证明题.

(1) 可导的偶函数的导数是奇函数；

(2) 可导的奇函数的导数是偶函数；

(3) $(\arccos x)' = -\dfrac{1}{\sqrt{1-x^2}}$;

(4) $(\text{arccot}x)' = -\dfrac{1}{1+x^2}$.

3. 设 $f(x)$ 可导 $y = f(\ln x)$，求 $\dfrac{\mathrm{d}y}{\mathrm{d}x}$.

第四节　高　阶　导　数

在本章第一节中我们已经讲过，变速直线运动的速度 v 是路程 s 对时间 t 的导数，即

$$v = \frac{\mathrm{d}s}{\mathrm{d}t} \text{ 或 } v = s'(t)$$

如果在一段时间 Δt 内，速度 $v(t)$ 的变化为 $\Delta v = v(t+\Delta t)-v(t)$．那么在这段时间内，速度的平均变化率为 $\frac{\Delta v}{\Delta t} = \frac{v(t+\Delta t)-v(t)}{\Delta t}$，这就是在 Δt 这段时间内的平均加速度，当 $\Delta t \to 0$ 时，极限 $\lim\limits_{\Delta t \to 0} \frac{\Delta v}{\Delta t}$ 就是速度在 t 时刻的变化率，也就是加速度，即

$$a(t) = \lim_{\Delta t \to 0} \frac{\Delta v}{\Delta t} = v'(t).$$

综上知：$a(t) = v'(t) = (s'(t))'$．

加速度是路程 $s(t)$ 对时间 t 的导数 $s'(t)$ 的导数．也就是说加速度是路程 $s(t)$ 对时间 t 的二阶导数．记为

$$a(t) = v'(t) = (s'(t))' \quad \text{或} \quad \frac{\mathrm{d}^2 s}{\mathrm{d}t^2}$$

这就是二阶导数的物理意义．

我们可以得到如下的高阶导数的定义．

定义 2.2　如果函数 $y = f(x)$ 的导函数 $y' = f'(x)$ 仍然可导，则称函数 $y = f(x)$ 为二阶可导，并称函数 $y' = f'(x)$ 的导数为函数 $y = f(x)$ 的二阶导数，记作

$$y'', \ f''(x), \ \frac{\mathrm{d}^2 y}{\mathrm{d}x^2} \text{ 或 } \frac{\mathrm{d}^2 f}{\mathrm{d}x^2}$$

即　　　　$y'' = (y')'$，$f''(x) = [f'(x)]'$，$\frac{\mathrm{d}^2 y}{\mathrm{d}x^2} = \frac{\mathrm{d}}{\mathrm{d}x}\left(\frac{\mathrm{d}y}{\mathrm{d}x}\right)$，$\frac{\mathrm{d}^2 f}{\mathrm{d}x^2} = \frac{\mathrm{d}}{\mathrm{d}x}\left(\frac{\mathrm{d}f}{\mathrm{d}x}\right)$．

类似地，我们把二阶导数 y'' 的导数称作函数的 $y = f(x)$ 的三阶导数，三阶导数的导数称作四阶导数，……更一般地，$n-1$ 阶导数的导数称作 n 阶导数，分别记作

$$y''', \ y^{(4)}, \ \cdots, \ y^{(n)}$$

或　　　　　　　　$$f'''(x), \ f^{(4)}(x), \ \cdots, \ f^{(n)}(x)$$

或　　　　　　　　$$\frac{\mathrm{d}^3 y}{\mathrm{d}x^3}, \ \frac{\mathrm{d}^4 y}{\mathrm{d}x^4}, \ \cdots, \ \frac{\mathrm{d}^n y}{\mathrm{d}x^n}$$

或　　　　　　　　$$\frac{\mathrm{d}^3 f}{\mathrm{d}x^3}, \ \frac{\mathrm{d}^4 f}{\mathrm{d}x^4}, \ \cdots, \ \frac{\mathrm{d}^n f}{\mathrm{d}x^n}.$$

我们把二阶及二阶以上的导数统称为高阶导数．相应于高阶导数，我们把 $y' = f'(x)$ 称为函数 $y = f(x)$ 的一阶导数．

【例 2 - 26】　$y = 2x^2 - 3$，求 y''．

解　$y' = 4x$，$y'' = 4$．

【例 2 - 27】　$y = \sin 2x$，求 y''．

解　$y' = 2\cos 2x$，$y'' = -4\sin 2x$．

【例 2 - 28】　$y = \sin x$，求 $y^{(n)}$．

解　　　　　　　$$y' = \cos x = \sin\left(x + \frac{\pi}{2}\right)$$

$$y'' = \cos\left(x + \frac{\pi}{2}\right) = \sin\left(x + \frac{2\pi}{2}\right)$$

$$y''' = \cos\left(x + \frac{2\pi}{2}\right) = \sin\left(x + \frac{3\pi}{2}\right)$$

$$\cdots$$

$$y^{(n)} = \sin\left(x + \frac{n\pi}{2}\right)$$

即

$$(\sin x)^{(n)} = \sin\left(x + \frac{n\pi}{2}\right).$$

类似可得

$$(\cos x)^{(n)} = \cos\left(x + \frac{n\pi}{2}\right).$$

【例 2 - 29】 $y = e^x$ ，求 $y^{(n)}$.

解 $y' = e^x, y'' = e^x, y''' = e^x, \cdots, y^{(n)} = e^x$

即

$$(e^x)^{(n)} = e^x.$$

【例 2 - 30】 求 n 次多项式 $y = a_0 + a_1 x + a_2 x^2 + a_3 x^3 + \cdots + a_{n-1} x^{n-1} + a_n x^n$ 的各阶导数 .

解 $y' = a_1 + 2a_2 x + 3a_3 x^2 + \cdots + (n-1)a_{n-1} x^{n-2} + na_n x^{n-1}$

$y'' = 2a_2 + 3 \cdot 2a_3 x + \cdots + (n-1)(n-2)a_{n-1} x^{n-3} + n(n-1)a_n x^{n-2}$

可见，每求一次导数，多项式的次数就降一次，继续求导下去，易知

$$y^{(n)} = n!a_n$$

是一个常数，由此可得

$$y^{(n+1)} = y^{(n+2)} = \cdots = 0$$

即 n 次多项式的一切高于 n 阶的导数都为零 .

综上可知，求某函数的高阶导数，可将此函数逐次求导或将函数一阶，二阶导数进行恒等变形以期求出 n 阶导数的通项公式 .

为了方便我们在求函数的高阶导数时进行查阅，现将高阶导数基本公式归纳如下 .

(1) $(e^x)^{(n)} = e^x$ ；

(2) $(\sin x)^{(n)} = \sin\left(x + \frac{n\pi}{2}\right)$ ；

(3) $(\cos x)^{(n)} = \cos\left(x + \frac{n\pi}{2}\right)$ ；

(4) $\left[\ln(1+x)\right]^{(n)} = (-1)^{n-1} \cdot \dfrac{(n-1)!}{(1+x)^n}$ ；

(5) $(x^\alpha)^{(n)} = \alpha(\alpha-1)\cdots(\alpha-n+1)x^{\alpha-n}$ ；

(6) $(u \cdot v)^{(n)} = \sum\limits_{k=0}^{n} C_n^k u^{(n)} v^{(n-k)}$ ，其中 $C_n^k = \dfrac{n!}{k!(n-k)!}$ ，$u(x), v(x)$ 有 n 阶导数 .

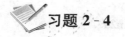 习题 2 - 4

1. 验证函数 $y = C_1 \sin\omega x + C_2 \cos\omega x$ （ C_1 ，C_2 及 ω 均为常数）满足方程
$$y'' + \omega^2 y = 0.$$

2. 求下列函数的二阶导数 .

(1) $y = \sin 2x$ ；   (2) $y = e^{-3x}$ ；

(3) $y = \ln\sin x$;　　　　　　　　　　(4) $y = x\cos x$;

(5) $y = 3x^2 + \ln x$;　　　　　　　　(6) $y = \sqrt{1+x}$;

(7) $y = x\ln x$;　　　　　　　　　　(8) $y = (1+x^2)\arctan x$.

3. 设 $y = \ln(1+2x)$ ，求 $y'''(0)$.

4. 设 $y = \arctan x$ ，求 $y''(0)$ ，$y'''(0)$.

5. 设一质点作简谐运动，其运动规律为 $s = A\sin\omega t$（A , ω 是常数），求该质点在时刻 t 的速度和加速度 .

6. 求下列函数的 n 阶导数 .

(1) $y = x\ln x$;　　　　　　　　　　(2) $y = xe^x$;

(3) $y = 2^x$;　　　　　　　　　　　(4) $y = \ln(1+x)$.

第五节　隐函数的导数及由参数方程所确定的函数的导数

一、隐函数的导数

前面我们所遇到的函数 y 都可由自变量 x 的解析式 $y = f(x)$ 来表示，这种函数称为显函数 . 但有时我们也会遇到函数关系不是用显函数形式来表示的情形，例如，单位圆方程
$$x^2 + y^2 = 1 .$$
又例如
$$e^y = xy .$$
这两个方程所代表的函数关系并不是由显函数的形式给出的 .

我们把这类由方程 $F(x, y) = 0$ 表示的因变量 y 与自变量 x 的函数关系，称为隐函数 . 把一个隐函数化为显函数，称为隐函数的显化 .

这里需注意，不是所有的隐函数都可以显化 . 例如，由方程 $y^5 + 2y - x - 5x^7 = 0$ 所确定的隐函数就不能显化 . 因此，我们希望能找到一种切实可行的方法来求隐函数的导数，下面，我们就来介绍求隐函数导数的一种方法 .

对于隐函数，可以直接从确定隐函数关系的方程中对各项求导数，而不需要把隐函数显化，就可求出隐函数的导数 . 下面举例说明 .

【例 2 - 31】 求由方程 $x^2 + y^2 = 1$ 所确定的隐函数的导数 $\dfrac{\mathrm{d}y}{\mathrm{d}x}$.

解　我们把方程的两边分别对 x 求导，在方程的左边求导时需注意，把 y^2 看作是以 y 为中间变量的复合函数，此处出现的 y 是 x 的函数 $y = y(x)$. 于是由复合函数求导法则得
$$2x + 2yy' = 0$$
从而有
$$y' = -\frac{x}{y} .$$

【例 2 - 32】 求由方程 $xy - e^x + e^y = 0$ 所确定的隐函数的导数 $\dfrac{\mathrm{d}y}{\mathrm{d}x}$ ，并求 $\dfrac{\mathrm{d}y}{\mathrm{d}x}\Big|_{x=0}$.

解　方程两边分别对 x 求导，e^y 可看作是以 y 为中间变量的复合函数，于是由复合函数求导法则得
$$y + xy' - e^x + e^yy' = 0$$
从而有

$$y' = \frac{e^x - y}{x + e^y}.$$

为求 $y'|_{x=0}$，先把 $x=0$ 代入方程 $xy - e^x + e^y = 0$ 中，得

$$y(0) = 0$$

所以有

$$y'\Big|_{x=0} = \left(\frac{e^x - y}{x + e^y}\right)\Big|_{\substack{x=0 \\ y=0}} = 1.$$

【例 2 - 33】 求由方程 $x^2 + xy + y^2 = 4$ 所确定的曲线上点 $(0,2)$ 处的切线方程和法线方程.

解 方程两边分别对 x 求导，由复合函数的求导法则得

$$2x + y + xy' + 2yy' = 0$$

从而有

$$y' = -\frac{2x + y}{x + 2y}.$$

于是曲线在点 $(0,2)$ 处切线的斜率为

$$k_1 = y'\Big|_{\substack{x=0 \\ y=2}} = \left(-\frac{2x+y}{x+2y}\right)\Big|_{\substack{x=0 \\ y=2}} = -\frac{1}{2}$$

因此，切线方程为

$$y - 2 = -\frac{1}{2}(x - 0)$$

即

$$x + 2y - 4 = 0.$$

法线斜率为 $k_2 = -\frac{1}{k_1} = 2$，于是法线方程为

$$y - 2 = 2(x - 0)$$

即

$$2x - y + 2 = 0.$$

【例 2 - 34】 求由方程 $x - y + \frac{1}{2}\sin y = 0$ 所确定的隐函数 $y = f(x)$ 的二阶导数 $\frac{d^2 y}{dx^2}$.

解 方程两边分别对 x 求导，得

$$1 - \frac{dy}{dx} + \frac{1}{2}\cos y \cdot \frac{dy}{dx} = 0$$

从而有

$$\frac{dy}{dx} = \frac{2}{2 - \cos y}.$$

将上式两边再对 x 求导，得

$$\frac{d^2 y}{dx^2} = \frac{d}{dx}\left(\frac{2}{2-\cos y}\right) = \frac{d}{dy}\left(\frac{2}{2-\cos y}\right) \cdot \frac{dy}{dx} = \frac{-2\sin y \cdot \dfrac{dy}{dx}}{(2-\cos y)^2} = \frac{-4\sin y}{(2-\cos y)^3}.$$

二、对数求导法

对幂指函数或者是由多次乘除、乘方和开方运算得到的函数求导时，我们往往采用对数求导法. 所谓的对数求导法，就是先将函数的两边取自然对数，然后利用隐函数求导法求出 $\frac{dy}{dx}$. 下面通过例子来说明此方法的使用.

【例 2 - 35】 求 $y = x^x (x > 0)$ 的导数.

解 这个函数是幂指函数，我们采用对数求导法求其导数．先在等式两边取自然对数，得

$$\ln y = x \ln x$$

再对上式两边分别对 x 求导，得

$$\frac{1}{y} \cdot y' = \ln x + x \cdot \frac{1}{x}$$

于是有

$$y' = y(\ln x + 1) = x^x (\ln x + 1).$$

【例 2 - 36】 求函数 $y = \sqrt[3]{\dfrac{x^2}{x-1}}$ 的导数．$(x > 1)$

解 等式两边取自然对数，得

$$\ln y = \ln \sqrt[3]{\frac{x^2}{x-1}} = \frac{1}{3} \ln \frac{x^2}{x-1}$$

$$= \frac{1}{3} \big[2\ln x - \ln(x-1) \big]$$

再对上式两边分别对 x 求导，有

$$\frac{1}{y} \cdot y' = \frac{1}{3} \left(\frac{2}{x} - \frac{1}{x-1} \right) = \frac{x-2}{3x(x-1)}$$

于是有

$$y' = y \cdot \frac{x-2}{3x(x-1)} = \frac{x-2}{3x(x-1)} \sqrt[3]{\frac{x^2}{x-1}}.$$

【例 2 - 37】 设 $y = \sqrt{x^2 + 1} \cdot 3^x \cdot \cos x$，求 y'．

解 等式两边取自然对数，得

$$\ln y = \frac{1}{2} \ln(x^2 + 1) + x\ln 3 + \ln \cos x$$

再对上式两边分别对 x 求导，有

$$\frac{1}{y} \cdot y' = \frac{x}{x^2 + 1} + \ln 3 + \frac{-\sin x}{\cos x}$$

于是有

$$y' = \sqrt{x^2 + 1} \cdot 3^x \cdot \cos x \left(\frac{x}{x^2 + 1} + \ln 3 - \tan x \right).$$

三、由参数方程所确定的函数的导数

在某些情况下，函数 y 与自变量 x 是通过另一参变量 t 由形如

$$\begin{cases} x = \varphi(t) \\ y = \psi(t) \end{cases} \tag{2-1}$$

的方程给出的．例如

$$\begin{cases} x = r\cos\theta \\ y = r\sin\theta \end{cases}$$

表示以原点为圆心，r 为半径的圆的参数式方程．

一般地，由参数方程（2 - 1）确定 x 与 y 之间的函数关系，则称此函数为由参数方程

（2-1）所确定的函数．下面我们来研究这类函数的导数．

设 $x = \varphi(t)$ 具有单调连续的反函数 $t = \varphi^{-1}(x)$，则由参数方程（2-1）所确定的函数 y 可看作是由函数 $y = \psi(t)$，$t = \varphi^{-1}(x)$ 复合而成的复合函数

$$y = \psi[\varphi^{-1}(x)].$$

设 $\varphi'(t)$ 与 $\psi'(t)$ 都存在，且 $\varphi'(t) \neq 0$，则根据复合函数和反函数的求导法则，有

$$\frac{\mathrm{d}y}{\mathrm{d}x} = \frac{\mathrm{d}y}{\mathrm{d}t} \cdot \frac{\mathrm{d}t}{\mathrm{d}x} = \frac{\mathrm{d}y}{\mathrm{d}t} \cdot \frac{1}{\dfrac{\mathrm{d}x}{\mathrm{d}t}} = \frac{\psi'(t)}{\varphi'(t)}$$

即

$$\frac{\mathrm{d}y}{\mathrm{d}x} = \frac{\psi'(t)}{\varphi'(t)}.$$

上式也可写成

$$\frac{\mathrm{d}y}{\mathrm{d}x} = \frac{\dfrac{\mathrm{d}y}{\mathrm{d}t}}{\dfrac{\mathrm{d}x}{\mathrm{d}t}}$$

$$\frac{\mathrm{d}^2 y}{\mathrm{d}x^2} = \frac{\mathrm{d}}{\mathrm{d}x}\left(\frac{\mathrm{d}y}{\mathrm{d}x}\right) = \frac{\mathrm{d}}{\mathrm{d}t}\left(\frac{\mathrm{d}y}{\mathrm{d}x}\right) \cdot \frac{\mathrm{d}t}{\mathrm{d}x} = \frac{\mathrm{d}}{\mathrm{d}t}\left(\frac{\mathrm{d}y}{\mathrm{d}x}\right) \cdot \frac{1}{\dfrac{\mathrm{d}x}{\mathrm{d}t}}$$

这就是由参数方程（2-1）所确定的函数的导数公式．

【例 2 - 38】 已知曲线的参数方程为 $\begin{cases} x = 2\mathrm{e}^t \\ y = \mathrm{e}^{-t} \end{cases}$，求曲线在 $t = 0$ 处的切线方程．

解 当 $t = 0$ 时，曲线上的相应点的坐标是

$$x_0 = 2\mathrm{e}^0 = 2$$
$$y_0 = \mathrm{e}^0 = 1$$

曲线在点 $(2,1)$ 处的切线斜率为

$$k = \frac{\mathrm{d}y}{\mathrm{d}x}\bigg|_{t=0} = \frac{(\mathrm{e}^{-t})'}{(2\mathrm{e}^t)'}\bigg|_{t=0} = \frac{-\mathrm{e}^{-t}}{2\mathrm{e}^t}\bigg|_{t=0} = -\frac{1}{2}$$

于是点 $(2,1)$ 处的切线方程为

$$y - 1 = -\frac{1}{2}(x - 2)$$

即

$$x + 2y - 4 = 0.$$

【例 2 - 39】 求参数方程 $\begin{cases} x = a\cos t \\ y = b\sin t \end{cases}$，所确定的函数的二阶导数 $\dfrac{\mathrm{d}^2 y}{\mathrm{d}x^2}$．

解 $\dfrac{\mathrm{d}y}{\mathrm{d}x} = \dfrac{\dfrac{\mathrm{d}y}{\mathrm{d}t}}{\dfrac{\mathrm{d}x}{\mathrm{d}t}} = \dfrac{(b\sin t)'}{(a\cos t)'} = \dfrac{b\cos t}{-a\sin t} = -\dfrac{b}{a}\cot t$，在求 $\dfrac{\mathrm{d}^2 y}{\mathrm{d}x^2}$ 时，应对 $\begin{cases} x = a\cos t \\ \dfrac{\mathrm{d}y}{\mathrm{d}x} = -\dfrac{b}{a}\cot t \end{cases}$ 按

参数方程的求导方法计算，于是有

$$\frac{\mathrm{d}^2 y}{\mathrm{d}x^2} = \frac{\mathrm{d}}{\mathrm{d}t}\left(\frac{\mathrm{d}y}{\mathrm{d}x}\right) \cdot \frac{1}{\dfrac{\mathrm{d}x}{\mathrm{d}t}} = -\frac{b}{a}(-\csc^2 t) \cdot \frac{1}{-a\sin t}$$

$$= -\frac{b}{a^2}\csc^3 t.$$

习题 2 - 5

1. 求由下列方程所确定的隐函数的导数 $\dfrac{\mathrm{d}y}{\mathrm{d}x}$.

(1) $y = x + \ln y$；

(2) $y^3 - 3y + 2ax = 0$；

(3) $\mathrm{e}^y + xy - \mathrm{e}^2 = 0$；

(4) $x\ln y - y\ln x = 0$.

2. 设 y 是由方程 $x^y = y^x$ 所确定的隐函数，求：

(1) $y\Big|_{x=1}$；

(2) $\dfrac{\mathrm{d}y}{\mathrm{d}x}$；

(3) $\dfrac{\mathrm{d}y}{\mathrm{d}x}\Big|_{x=1}$.

3. 求曲线 $x^{\frac{2}{3}} + y^{\frac{2}{3}} = a^{\frac{2}{3}}$ 在点 $\left(\dfrac{\sqrt{2}}{4}a, \dfrac{\sqrt{2}}{4}a\right)$ 处的切线方程和法线方程.

4. 设 y 是由方程 $y^3 - x^2 y = 2$ 所确定的隐函数，求 $\dfrac{\mathrm{d}^2 y}{\mathrm{d}x^2}$.

5. 用对数求导法求下列函数的导数.

(1) $y = x^{\tan x}\left(x > 0, x \neq k\pi + \dfrac{\pi}{2}, k\ \text{为整数}, \text{且}\ k \geqslant 0\right)$；

(2) $y = \sqrt[5]{\dfrac{x-5}{\sqrt[5]{x^2+2}}}$；

(3) $y = x + x^x\ (x > 0)$.

6. 求下列参数方程所确定的函数的一阶导数 $\dfrac{\mathrm{d}y}{\mathrm{d}x}$ 和二阶导数 $\dfrac{\mathrm{d}^2 y}{\mathrm{d}x^2}$.

(1) $\begin{cases} x = \ln t + 1 \\ y = t^2 + 1 \end{cases}$；

(2) $\begin{cases} x = \ln(1 + t^2) \\ y = t - \arctan t \end{cases}$.

7. 求曲线 $\begin{cases} x = 2\sin t \\ y = \cos 2t \end{cases}$ 在 $t = \dfrac{\pi}{4}$ 相应点处的切线方程和法线方程.

第六节 微 分

一、微分的概念

通过前面的学习，我们已经知道，导数所描述的是函数在点 x 处相对于自变量变化的快慢程度. 但在许多实际问题中，有时还需要了解当自变量在某一点取得微小改变时，函数取得的相应改变量的大小. 所以要寻找一种便于计算函数增量的近似公式，使计算既简便，误差又符合要求. 在对这种问题研究的过程中，人们逐渐概括出了另一个重要的基本概念——微分.

先看一个例子. 半径为 x 的圆面积 y 为

$$y = \pi x^2$$

当半径 x 的增量 Δx 很小时，我们求圆面积 y 的增量 Δy. 实际上，Δy 就是内半径为 x，外

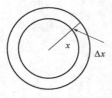

图 2-5

半径为 $x + \Delta x$ 的圆环的面积（见图 2-5），即

$$\Delta y = \pi (x + \Delta x)^2 - \pi x^2 = 2\pi x \Delta x + \pi (\Delta x)^2 .$$

可以看出，Δy 包含了两部分：第一部分 $2\pi x \Delta x$ 是 Δx 的线性函数；第二部分 $\pi (\Delta x)^2$，当 $\Delta x \to 0$ 时是比 Δx 高阶的无穷小，即 $\pi (\Delta x)^2 = o(\Delta x)(\Delta x \to 0)$. 显然，$2\pi x \Delta x$ 是容易计算的，它是半径 x 有增量 Δx 时，面积 Δy 的增量的主要部分，故当 Δx 很小时，Δy 可以近似地用 $2\pi x \Delta x$ 来代替，相差的仅是一个比 Δx 高阶的无穷小.

根据上面的讨论，Δy 可以表示为

$$\Delta y = A \Delta x + o(\Delta x)$$

其中的第一项 $2\pi x \Delta x$ 就叫作函数 $y = \pi x^2$ 的微分.

定义 2.3 设函数 $y = f(x)$ 在点 x_0 的某邻域内有定义，当自变量 x 在点 x_0 处取得增量 Δx（$x_0 + \Delta x$ 在此邻域内）时，如果函数 $y = f(x)$ 的相应的增量 Δy 可以写成

$$\Delta y = A \Delta x + o(\Delta x) \quad (\Delta x \to 0)$$

其中 A 不依赖于 Δx，则称函数 $y = f(x)$ 在点 x_0 处可微，并称 $A \Delta x$ 为函数 $y = f(x)$ 在点 x_0 处的微分，记作 $\mathrm{d}y$，即

$$\mathrm{d}y = A \Delta x .$$

在微分的定义中，我们可以看出，$\mathrm{d}y$ 是 Δy 的主要部分，而且又是 Δx 的线性函数，所以在 $f'(x_0) \neq 0$ 时，我们称 $\mathrm{d}y$ 是 Δy 的线性主部.

函数 $y = f(x)$ 在任意点 x 的微分称为函数的微分，记作 $\mathrm{d}y$ 或 $\mathrm{d}f(x)$.

定理 2.5 函数 $y = f(x)$ 在点 x 处可微的充分必要条件是函数 $y = f(x)$ 在点 x 处可导.

证 先证必要性. 函数 $y = f(x)$ 在点 x 处可微，由微分的定义有

$$\Delta y = A \Delta x + o(\Delta x) \quad (\Delta x \to 0)$$

成立，其中 A 不依赖于 Δx.

在上式两端同时除以 Δx，得

$$\frac{\Delta y}{\Delta x} = A + \frac{o(\Delta x)}{\Delta x}$$

于是有

$$\lim_{\Delta x \to 0} \frac{\Delta y}{\Delta x} = \lim_{\Delta x \to 0} \left[A + \frac{o(\Delta x)}{\Delta x} \right] = \lim_{\Delta x \to 0} A + \lim_{\Delta x \to 0} \frac{o(\Delta x)}{\Delta x} = A$$

即函数 $y = f(x)$ 在点 x 处可导，且 $A = f'(x)$.

再证充分性. 函数 $y = f(x)$ 在点 x 处可导，由导数定义有

$$\lim_{\Delta x \to 0} \frac{\Delta y}{\Delta x} = f'(x) .$$

由极限和无穷小的关系定理有

$$\frac{\Delta y}{\Delta x} = f'(x) + \alpha$$

其中 α 是 $\Delta x \to 0$ 时的无穷小.

上式两端同时乘以 Δx，得

$$\Delta y = f'(x) \Delta x + \alpha \Delta x .$$

此时 $f'(x)$ 不依赖于 Δx，又因当 $\Delta x \to 0$ 时，α 是无穷小，所以有

$$\lim_{\Delta x \to 0} \frac{\alpha \Delta x}{\Delta x} = \lim_{\Delta x \to 0} \alpha = 0$$

即 $\alpha \Delta x = o(\Delta x)(\Delta x \to 0)$．由微分定义知函数 $y = f(x)$ 在点 x 处可微．

从定理的证明可以看出，函数的微分 $\mathrm{d}y = f'(x)\Delta x$，显然函数的微分值与 x 和 Δx 都有关．

通常我们把自变量的增量 Δx 称为自变量的微分．这是因为当 $y = x$ 时，有

$$\mathrm{d}y = \mathrm{d}x = x'\Delta x = \Delta x.$$

因此，函数的微分又可作

$$\mathrm{d}y = f'(x)\mathrm{d}x.$$

于是又有

$$\frac{\mathrm{d}y}{\mathrm{d}x} = f'(x)$$

即：函数的导数等于函数的微分与自变量的微分的商．这也是导数的另一个名称——微商的由来．

【例 2-40】 求函数 $y = x^2$ 在 $x = 1$ 和 $x = 2$ 处的微分．

解 函数 $y = x^2$ 在 $x = 1$ 处的微分为

$$\mathrm{d}y = (x^2)'\Big|_{x=1} \mathrm{d}x = 2\mathrm{d}x.$$

函数 $y = x^2$ 在 $x = 2$ 处的微分为

$$\mathrm{d}y = (x^2)'\Big|_{x=2} \mathrm{d}x = 4\mathrm{d}x.$$

【例 2-41】 求函数 $y = x\sin 2x$ 当 $x = \dfrac{\pi}{4}$，$\Delta x = 0.1$ 时的微分．

解 因为 $\qquad y' = (x\sin 2x)' = \sin 2x + 2x\cos 2x$

所以 $\qquad \mathrm{d}y = y'\Delta x = (\sin 2x + 2x\cos 2x)\Delta x$

$$\mathrm{d}y\Big|_{\substack{x=\frac{\pi}{4}\\ \Delta x=0.1}} = \left(\sin\frac{\pi}{2} + 2\cos\frac{\pi}{2}\right) \cdot 0.1 = 0.1.$$

二、微分的几何意义

设函数 $y = f(x)$ 在点 x_0 处可导，过点 $M(x_0, f(x_0))$ 作曲线 $y = f(x)$ 的切线 MT，它和 x 轴的夹角为 α，从图 2-6 可以看出

$$QP = \tan\alpha \cdot MQ = f'(x_0)\Delta x$$

即

$$\mathrm{d}y = QP.$$

由此可见，函数 $y = f(x)$ 在点 x_0 处的微分 $\mathrm{d}y$，就是当横坐标由 x_0 变到 $x_0 + \Delta x$ 时，曲线 $y = f(x)$ 在点 $M(x_0, f(x_0))$ 处的切线上的点的纵坐标的相应增量．

从图 2-6 中还可以看出

$$QN = QP + PN.$$

这个等式与微分定义中的式子完全相当．因此，当

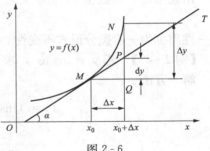

图 2-6

$PN = o(\Delta x)$. 这表明，在曲线 $y = f(x)$ 上点 M 的邻近曲线与切线非常接近；当 $|\Delta x|$ 很小时，我们用 $\mathrm{d}y$ 近似代替 Δy，就是在点 M 的邻近用切线段近似代替曲线段.

三、微分基本公式与微分运算法则

从函数微分的表达式

$$\mathrm{d}y = f'(x)\mathrm{d}x$$

可以看出，欲求函数的微分，只需先求函数的导数，再乘以自变量的微分就可以了. 由此，可得如下的微分公式和微分运算法则.

1. 微分基本公式

(1) $\mathrm{d}C = 0$（C 为常数）;

(2) $\mathrm{d}(x^{\mu}) = \mu x^{\mu-1}\mathrm{d}x$;

(3) $\mathrm{d}(\sin x) = \cos x\mathrm{d}x$;

(4) $\mathrm{d}(\cos x) = -\sin x\mathrm{d}x$;

(5) $\mathrm{d}(\tan x) = \sec^2 x\mathrm{d}x$;

(6) $\mathrm{d}(\cot x) = -\csc^2 x\mathrm{d}x$;

(7) $\mathrm{d}(\sec x) = \sec x\tan x\mathrm{d}x$;

(8) $\mathrm{d}(\csc x) = -\csc x\cot x\mathrm{d}x$;

(9) $\mathrm{d}(a^x) = a^x\ln a\mathrm{d}x$;

(10) $\mathrm{d}(\mathrm{e}^x) = \mathrm{e}^x\mathrm{d}x$;

(11) $\mathrm{d}(\log_a x) = \dfrac{1}{x\ln a}\mathrm{d}x$;

(12) $\mathrm{d}(\ln x) = \dfrac{1}{x}\mathrm{d}x$;

(13) $\mathrm{d}(\arcsin x) = \dfrac{1}{\sqrt{1-x^2}}\mathrm{d}x$;

(14) $\mathrm{d}(\arccos x) = -\dfrac{1}{\sqrt{1-x^2}}\mathrm{d}x$;

(15) $\mathrm{d}(\arctan x) = \dfrac{1}{1+x^2}\mathrm{d}x$;

(16) $\mathrm{d}(\mathrm{arccot}x) = -\dfrac{1}{1+x^2}\mathrm{d}x$.

2. 微分的四则运算法则

设 $f(x)$，$g(x)$ 都是可导函数，则

(1) $\mathrm{d}[f(x) \pm g(x)] = \mathrm{d}f(x) \pm \mathrm{d}g(x)$;

(2) $\mathrm{d}[cf(x)] = c\mathrm{d}f(x)$（$C$ 为常数）;

(3) $\mathrm{d}[f(x)g(x)] = g(x)\mathrm{d}f(x) + f(x)\mathrm{d}g(x)$;

(4) $\mathrm{d}\left[\dfrac{f(x)}{g(x)}\right] = \dfrac{g(x)\mathrm{d}f(x) - f(x)\mathrm{d}g(x)}{g^2(x)}$.

3. 复合函数的微分法则（一阶微分形式不变性）

设 $y = f(u)$ 及 $u = \varphi(x)$ 都可导，则复合函数 $y = f[\varphi(x)]$ 的微分为

$$\mathrm{d}y = \{f[\varphi(x)]\}'\mathrm{d}x = f'(u)\varphi'(x)\mathrm{d}x$$

因 $\varphi'(x)\mathrm{d}x = \mathrm{d}\varphi(x) = \mathrm{d}u$，所以复合函数 $y = f[\varphi(x)]$ 的微分也可以写为

$$\mathrm{d}y = f'(u)\mathrm{d}u.$$

由此可见，函数 $y = f(u)$ 无论 u 是自变量还是中间变量，它的微分形式都是

$$\mathrm{d}y = f'(u)\mathrm{d}u$$

这一性质称为一阶微分形式不变性.

【例 2 - 42】 若 $y = \ln\sin x$，求 $\mathrm{d}y$.

解 方法一：

$$\mathrm{d}y = (\ln\sin x)'\mathrm{d}x = \frac{1}{\sin x} \cdot (\sin x)'\mathrm{d}x$$

$$= \frac{1}{\sin x} \cdot \cos x\mathrm{d}x = \cot x\mathrm{d}x.$$

方法二：

函数 $y = \ln\sin x$ 是由 $y = \ln u$，$u = \sin x$ 复合而成的，由一阶微分形式不变性有

$$dy = f'(u)du = (\ln u)'du = \frac{1}{u}du$$

而

$$du = (\sin x)'dx = \cos x dx$$

故有

$$dy = \frac{1}{u}du = \frac{1}{u} \cdot \cos x dx = \frac{1}{\sin x} \cdot \cos x dx = \cot x dx .$$

【例 2 - 43】 若 $y = e^{-x}\sin 3x$，求 dy．

解　方法一：

$$dy = (e^{-x}\sin 3x)'dx = (-e^{-x}\sin 3x + e^{-x} \cdot 3\cos 3x)dx .$$

方法二：

应用积的微分法则，得

$$\begin{aligned}
dy &= \sin 3x\, de^{-x} + e^{-x}d\sin 3x \\
&= \sin 3x(e^{-x})'dx + e^{-x}(\sin 3x)'dx \\
&= -e^{-x}\sin 3x dx + 3e^{-x}\cos 3x dx \\
&= (-e^{-x}\sin 3x + 3e^{-x}\cos 3x)dx .
\end{aligned}$$

四、微分在近似计算中的应用

前面已经说过，如果函数 $y = f(x)$ 在点 x_0 处的导数 $f'(x_0) \neq 0$，并且当 $|\Delta x|$ 很小（即 $|\Delta x| \to 0$）时，我们有

$$\Delta y = f(x_0 + \Delta x) - f(x_0) \approx f'(x_0)\Delta x$$

或

$$f(x_0 + \Delta x) \approx f(x_0) + f'(x_0)\Delta x . \tag{2-2}$$

在式 (2-2) 中，若令 $x = x_0 + \Delta x$，则有

$$f(x) \approx f(x_0) + f'(x_0)(x - x_0) . \tag{2-3}$$

式 (2-2)、式 (2-3) 可用来计算函数 $y = f(x)$ 的增量的近似值和函数 $f(x)$ 的近似值．

注意：在求函数 $f(x)$ 的近似值时，要选取适当的 x_0，使 $f(x_0)$、$f'(x_0)$ 容易求得且 $|x - x_0|$ 较小．

【例 2 - 44】 利用微分计算 $\cos 61°$ 的近似值．

解　设 $f(x) = \cos x$，则 $f'(x) = -\sin x$，把 $61°$ 化为弧度，得 $61° = \frac{\pi}{3} + \frac{\pi}{180}$，取 $x_0 = \frac{\pi}{3}$，则

$$f(x_0) = f\left(\frac{\pi}{3}\right) = \cos\frac{\pi}{3} = \frac{1}{2}$$

$$f'(x_0) = f'\left(\frac{\pi}{3}\right) = -\sin\frac{\pi}{3} = -\frac{\sqrt{3}}{2}$$

且 $\Delta x = \frac{\pi}{180}$ 比较小，由式 (2-2) 得

$$\cos 61° = \cos\left(\frac{\pi}{3} + \frac{\pi}{180}\right) \approx \cos\frac{\pi}{3} + \left[-\sin\left(\frac{\pi}{3}\right)\right] \cdot \frac{\pi}{180}$$

$$= \frac{1}{2} - \frac{\sqrt{3}}{2} \cdot \frac{\pi}{180} \approx 0.485 .$$

在式（2-3）中取 $x_0 = 0$，且当 $|x|$ 较小时，有

$$f(x) \approx f(0) + f'(0)x. \tag{2-4}$$

应用式（2-4）可以推导如下的几个常用的近似公式（假定 $|x|$ 较小）：

(1) $\sin x \approx x$（x 用弧度作单位）；

(2) $\tan x \approx x$（x 用弧度作单位）；

(3) $e^x \approx 1 + x$；

(4) $\ln(1+x) \approx x$；

(5) $\sqrt[n]{1+x} \approx 1 + \dfrac{1}{n}x$.

证　(1) 取 $f(x) = \sin x$，则

$$f(0) = \sin 0 = 0 ,\ f'(0) = \cos x \Big|_{x=0} = \cos 0 = 1$$

代入式（2-4）可得　　　　　　　　　　　$\sin x \approx x$.

(2) 取 $f(x) = \tan x$，则

$$f(0) = \tan 0 = 0 ,\ f'(0) = \sec^2 x \Big|_{x=0} = 1$$

代入式（2-4）可得　　　　　　　　　　　$\tan x \approx x$.

(3) 取 $f(x) = e^x$，则

$$f(0) = e^0 = 1 ,\ f'(0) = e^x \Big|_{x=0} = 1$$

代入式（2-4）可得　　　　　　　　　　　$e^x \approx 1 + x$.

(4) 取 $f(x) = \ln(1+x)$，则

$$f(0) = \ln(1+0) = 0 ,\ f'(0) = \frac{1}{1+x} \Big|_{x=0} = 1$$

代入式（2-4）可得　　　　　　　　　　　$\ln(1+x) \approx x$.

(5) 取 $f(x) = \sqrt[n]{1+x}$，则

$$f(0) = \sqrt[n]{1+0} = 1 ,\ f'(0) = \frac{1}{n}(1+x)^{\frac{1}{n}-1} \Big|_{x=0} = \frac{1}{n}$$

代入式（2-4）可得　　　　　　　　　　　$\sqrt[n]{1+x} \approx 1 + \dfrac{1}{n}x$.

【例 2 - 45】 计算 $\sqrt[6]{65}$ 的近似值.

解　因为

$$\sqrt[6]{65} = \sqrt[6]{64+1} = 2 \cdot \sqrt[6]{1+\frac{1}{64}}$$

取 $x = \dfrac{1}{64}$，则 $|x| = \dfrac{1}{64}$ 较小，于是由公式（5）有

$$\sqrt[6]{65} = 2\left(1 + \frac{1}{6} \cdot \frac{1}{64}\right) = 2.005.$$

 习题 2 - 6

1. 函数 $y = f(x)$ 在点 x 处有增量 $\Delta x = 0.2$，对应的函数增量的主部等于 0.8，试求

函数 $y = f(x)$ 在点 x 处的导数.

2. 求下列函数的微分.

(1) $y = 5x^2 + 3x + 3$; (2) $y = 1 + xe^y$;

(3) $y = \dfrac{1}{x} + 2\sqrt{x}$; (4) $y = \ln^2(1-x)$;

(5) $y = \sqrt{1 + \sin^2 x}$; (6) $y = 5^{\arctan x}$.

3. 将适当的函数填入括号内, 使等式成立.

(1) $d(\quad) = 3dx$; (2) $d(\quad) = 2xdx$;

(3) $d(\quad) = \dfrac{1}{x^2}dx$; (4) $d(\quad) = \sin t dt$;

(5) $d(\quad) = \cos 5x dx$; (6) $d(\quad) = \dfrac{1}{1+x^2}dx$;

(7) $d(\quad) = e^{-5x}dx$; (8) $d(\quad) = \dfrac{3}{1-x}dx$.

4. 利用微分求下列函数值的近似值.

(1) $\ln 1.03$. (2) $\sin 30°30'$.

5. 设扇形的圆心角 $\alpha = 60°$, 半径 R＝100cm, 如果 R 不变, α 减少 $30'$, 问扇形面积大约改变了多少? 又如果 α 不变, R 增加 1cm, 问扇形面积大约改变了多少?

6. 设有一直径为 10cm 的钢球, 现要在其表面镀上一层厚度为 0.005cm 的铜, 求所用铜的体积的近似值.

小结与学习指导

一、小结

本章我们在函数与极限两个概念的基础上, 进一步学习了一元函数的导数与微分的概念, 还建立了一整套的微分法公式与法则, 从而为系统地解决初等函数的求导问题奠定了必要的基础.

1. 导数

(1) 导数是函数的一种特殊形式的极限. 导数作为变化率的概念, 在自然科学与工程技术中有着十分广泛的应用. 例如速度是位移对时间的变化率, 电流是电量对时间的变化率等. 上面的例子也说明了导数概念是物质世界中各种关系的反映. 导数的几何意义是曲线切线的斜率, 因此与曲线的切线斜率、法线等有关的问题都与导数有关.

(2) 由于可导函数一定连续, 而连续函数不一定可导, 因此可导函数一定是连续函数. 这从导数的定义也是容易看出的.

连续函数不一定可导. 在下这一结论时, 我们用了一个简单的例子 $y = |x|$. 这个例子告诉我们, 要否定一个结论, 只需举出一个与结论不符的例子就可以了, 即举反例. 虽然我们用的反例 $y = |x|$ 很简单, 但它却足以说明问题, 这就足够了.

函数的连续性只是可导的必要条件而不是充分条件. 函数 $f(x)$ 在 x_0 处可导的充分必要条件是左、右导数 $f'_-(x_0)$ 与 $f'_+(x_0)$ 存在且相等, 即

$$f'(x_0) = f'_-(x_0) = f'_+(x_0)$$

因此，要判定一个函数在某点处的可导性，可先判断函数在该点处是否连续，若不连续，则一定不可导；如果连续，再用下面的方法去判定：①用定义；②求其左、右导数，看它们是否存在且相等．当然，也可先不去判断连续性，直接用上面所说的方法去判定，但当函数不可导时，若先判断连续性，则更方便．

（3）关于计算导数的问题，由于在自然科学与工程技术中所使用的函数大多是初等函数，因此重点放在初等函数的求导上．在第二节中，我们根据导数的定义先求出了几个基本初等函数的导数，然后又通过求导的运算法则、复合函数的求导法则与反函数的求导法则求出了其余基本初等函数的导数．至此，初等函数的求导问题已经完全解决．

求导数的根本方法就是用定义来求．导数定义本身为我们提供了求导的三步法．基本导数表以及其它的求导法则，使得求初等函数的导数摆脱了求导三步法中最困难的第三步——求极限，而纯粹成了利用基本导数表与求导法则来运算，这是初等函数求导所独具的特色．

初等函数在它的定义区间上一般是可导的，但在个别点上可能例外．例如 $y = |x|$ 在 $x = 0$ 处不可导．还需进一步指出的是关于分段函数在分界点处的求导问题，需利用导数定义求分界点的左导数及右导数，再根据左导数及右导数的情况来判断函数在该点的导数是否存在．

2. 微分

（1）微分概念的产生主要是由于实际需要．计算函数的增量是自然科学技术中经常遇到的问题．有时由于函数比较复杂，计算增量常常感到困难，总希望能有一个比较简便的计算方法．对可导函数类我们得出了一个近似方法，这就是用微分 dy 去近似替代 Δy．

根据定义知，可导函数 $y = f(x)$ 在 x 关于 Δx 的微分是

$$dy = f'(x)\Delta x$$

它是函数增量 $\Delta y = f'(x)\Delta x + \alpha(\Delta x)\Delta x$ 的线性主部．关于 dy 有以下两个性质：

1）dy 是 Δx 的线性函数；

2）$\Delta y - dy$ 是 Δx 的高阶无穷小（$\Delta x \to 0$）．

当 $|\Delta x|$ 很小时，用 dy 近似代替 Δy，计算方便，近似程度也较好．

函数的导数与微分是两个不同的概念，但它们是密切相关的．可导函数一定可微，可微函数也一定可导．

（2）一阶微分形式不变性是微分的一个重要性质，即无论 u 是自变量还是中间变量，$dy = f'(u)du$ 都成立．这个性质是导数所不具备的．

二、学习指导

1. 本章要求

（1）理解导数和微分的概念．了解它的几何意义．掌握利用导数求曲线的切线方程和法线方程的方法．

（2）理解函数的可导性与连续性之间的关系．能用导数描述一些物理量．

（3）熟练掌握导数和微分的运算法则（包括微分形式不变性）和导数的基本公式．

（4）理解高阶导数概念．

（5）掌握隐函数的求导法、对数求导法和由参数式所确定的函数的求导法．

重点：

（1）导数的定义及其几何意义．微分的定义．

（2）函数求导的运算法则，复合函数的求导法则．

（3）初等函数的求导问题．

难点：

复合函数的求导法则．

2．对学习的建议

（1）透彻理解导数与微分两个概念及它们的联系与区别，牢固掌握它们的性质．

（2）求导的基本法则：四则运算法则、复合函数的求导法则、反函数的求导法则、隐函数的求导法则（包括对数求导法）、参数方程所确定函数的求导法则等要求熟练掌握并能灵活运用．

（3）熟记基本初等函数的导数公式、常见初等函数的导数公式及微分近似公式等．

（4）导数与微分运算是高等数学中非常重要的内容，要求计算时既要准确又要迅速，这就要求多做习题．

微 积 分 的 历 史

微积分学是微分学和积分学的统称，它是研究函数的导数与积分的性质和应用的一门数学分支学科．微积分的出现具有划时代意义，时至今日，它不仅成了学习高等数学各个分支必不可少的基础，而且是学习近代任何一门自然科学和工程技术的必备工具．在微积分历史中，牛顿和莱布尼茨分别进行了创造性的工作．

17世纪上半叶，随着函数观念的建立和对机械运动的规律的探求，许多实际问题摆到了数学家们的面前．这些问题主要分为四类：第一类是已知物体移动的距离表示为时间的函数，求物体在任意时刻的速度和加速度；反之，已知一个物体的加速度表示为时间的函数，求速度和距离．第二类是求曲线的切线．第三类是求函数的最大值和最小值．第四类是求曲线的弧长、曲线围成的面积、曲面围成的体积、物体的重心以及一个体积相当大的物体（例如行星）作用于另一物体上的引力等．几乎所有的科学大师都把自己的注意力集中到寻求解决这些难题的新的数学工具上来．在解决问题的过程中，逐步形成了"无限细分，无限求和"的微积分基本思想和基本方法．第一个真正值得注意的先驱工作，是费尔马1629年陈述的概念．1669年，巴罗对微分理论作出了重要的贡献，他用了微分三角形，很接近现代微分法．他是充分地认识到微分法为积分法的逆运算的第一人．

牛顿早在1665年，就创造了流数法（微分学），并发展到能求曲线上任意一点的切线和曲率半径．牛顿考虑了两种类型的问题，等价于现在的微分和解微分方程．他定义了流数（导数）、极大值、极小值、曲线的切线、曲率、拐点、凸性和凹性，并把它的理论应用于许多求积问题和曲线的求长问题．牛顿创立的微积分原理是同他的力学研究分不开的，他借此发现并研究了力学三大定律和万有引力定律，1687年出版了名著《自然哲学的数学原理》．这本书是研究天体力学的，包括了微积分的一些基本概念和原理．

　　莱布尼茨是在 1673 年到 1676 年之间，从几何学观点上独立发现微积分的．1676 年，他第一次用长写字母∫表示积分符号，像今天这样写微分和微商．1684 年至 1686 年，他发表了一系列微积分著作，力图找到普遍的方法来解决问题．今天课本中的许多微分的基本原则就是他推导出来的，如求两个函数乘积的 n 阶导数的法则，现在仍称作莱布尼茨法则．莱布尼兹的另一最大功绩是创造了反映事物本质的数字符号，数学分析中的基本概念的记号，例如微分 $\mathrm{d}x$，积分 $\int y\mathrm{d}x$，导数 $\dfrac{\mathrm{d}y}{\mathrm{d}x}$ 等都是他提出来的，并且沿用至今，非常方便．

　　牛顿与莱布尼茨的创造性工作有很大的不同．主要差别是牛顿把 x 和 y 的无穷小增量作为求导数的手段，当增量越来越小的时候，导数实际上就是增量比的极限，而莱布尼茨却直接用 x 和 y 的无穷小增量（就是微分）求出它们之间的关系．这个差别反映了他们研究方向的不同，在牛顿的物理学方向中，速度之类是中心概念；而在莱布尼茨的几何学方向中，却着眼于面积体积的计算．其他差别是，牛顿自由地用级数表示函数，采用经验的、具体和谨慎的工作方式，认为用什么记号无关紧要；而莱布尼茨则宁愿用有限的形式来表示函数，采用富于想象的、喜欢推广的、大胆的工作方式，花费很多时间来选择富有提示性的符号．

　　欧拉于 1748 年出版了《无穷小分析引论》，这部巨著与他随后发表的《微分学》《积分学》标志着微积分历史上的一个转折：以往的数学家们都以曲线作为微积分的主要研究对象，而欧拉则第一次把函数放到了中心的地位，并且是建立在函数的微分的基础之上．函数概念本身正是由于欧拉等人的研究而大大丰富了．

总复习题二

　　1. 判断下列结论是否正确．

　　(1) 若 $f(x)$ 在点 x_0 处可导，$g(x)$ 在 x_0 处不可导，则 $f(x)+g(x)$ 在 x_0 处必不可导． 　　　　（　）

　　(2) 若 $f(x)$ 在点 x_0 处可导，$g(x)$ 在 x_0 处不可导，则 $f(x)g(x)$ 在 x_0 处必不可导． 　　　　（　）

　　(3) 若 $f(x)+g(x)$ 在 x_0 处可导，则 $f(x)$ 和 $g(x)$ 在点 x_0 处必都可导． 　　（　）

　　(4) 若 $f(u)$ 在点 u_0 处可导，$u=g(x)$ 在点 x_0 处不可导，且 $u_0=g(x_0)$，则 $f[g(x)]$ 在点 x_0 处必不可导．

　　(5) 若 $f(x)$ 为 $(-l,l)$ 内可导的偶（奇）函数，则 $f'(x)$ 必为 $(-l,l)$ 内的奇（偶）函数． 　　　　（　）

　　(6) $f'(x_0)=\left[f(x_0)\right]'$． 　　　　　　　　　　　　　　　　（　）

　　(7) 周期函数的导数仍为周期函数． 　　　　　　　　　　　　　（　）

　　(8) 若 $f(x)=\begin{cases} x^2, & x>1 \\ \dfrac{2}{3}x^3, & x\leqslant 1 \end{cases}$，则 $f'(x)=\begin{cases} 2x, & x>1 \\ 2x^2, & x\leqslant 1 \end{cases}$． 　　（　）

2. 填空题.

(1) 设 $f(x)$ 在 x_0 处可导，且 $f'(x_0) = 2$，则当 $\Delta x \to 0$ 时，该函数在 x_0 处微分 dy 是关于 Δx 的_____无穷小.

(2) 已知 $f(x)$ 具有任意阶导数，且 $f'(x) = f^2(x)$，则当 $n > 2$ （n 为正整数）时，$f^{(n)}(x) = $ _____.

3. 选择题.

(1) 设 $f(x)$ 为奇函数，且 $f'(x_0) = 2$，则 $f'(-x_0) = ($　　$)$.

(A) -2；　　　　　(B) 2；　　　　　(C) $-\dfrac{1}{2}$；　　　　　(D) $\dfrac{1}{2}$.

(2) 设函数 $f(x) = x(x-1)(x-2)(x-3)(x-4)$，则 $f'(0) = ($　　$)$.

(A) 24；　　　　　(B) 36；　　　　　(C) 0；　　　　　(D) 48.

(3) 设 $f'(x) = g(x)$，则 $\dfrac{d}{dx} f(\sin^2 x) = ($　　$)$.

(A) $2g(x)\sin x$；　　(B) $g(x)\sin 2x$；　　(C) $g(\sin^2 x)$；　　(D) $g(\sin^2 x)\sin 2x$；

(4) 设 $f(x) = e^{\sqrt{x}}$，则 $\lim\limits_{\Delta x \to 0} \dfrac{f(1+\Delta x) - f(1)}{\Delta x} = ($　　$)$.

(A) $2e$；　　　　　(B) e；　　　　　(C) $\dfrac{1}{2}e$；　　　　　(D) $\dfrac{1}{4}e$.

(5) 若 $f(x)$ 为何微函数，当 $\Delta x \to 0$ 时，在点 x 处 $\Delta y - dy$ 是关于 Δx 的（　　）.

(A) 高阶无穷小；　　(B) 等价无穷小；　　(C) 低阶无穷小；　　(D) 不可比较.

4. 讨论下列函数在 $x = 0$ 处的连续性与可导性.

(1) $y = |\sin x|$；

(2) $y = \begin{cases} x\sin \dfrac{1}{x}, & x \neq 0 \\ 0, & x = 0 \end{cases}$.

5. 设函数 $f(x) = \begin{cases} x^3, & x \leqslant 1 \\ ax + b, & x > 1 \end{cases}$，$a, b$ 应取何值，函数 $f(x)$ 在 $x = 1$ 处连续且可导？

6. 已知 $f(x) = \begin{cases} \sin x, & x < 0 \\ x^2, & x \geqslant 0 \end{cases}$，求 $f'(x)$.

7. 求下列函数的导数.

(1) $y = e^{-\frac{x}{2}}\cos 3x$；

(2) $y = \ln\tan\dfrac{x^2}{3}$；

(3) $y = \dfrac{x}{2}\sqrt{a^2 - x^2} + \dfrac{a^2}{2}\arcsin\dfrac{x}{a}$　（$a > 0$）；

(4) $y = \left(\dfrac{x}{2+x}\right)^x$.

8. 求下列方程所确定的隐函数的导数.

(1) $\arctan\dfrac{y}{x} = \ln\sqrt{x^2 + y^2}$，求 $\dfrac{dy}{dx}$；　　　　(2) $\sqrt[3]{x} = \sqrt[x]{y}$，求 $\dfrac{d^2 y}{dx^2}\Big|_{\substack{x=1 \\ y=1}}$.

9. 求下列由参数方程所确定的函数的导数.

(1) $\begin{cases} x = f(t) - \pi \\ y = f(e^{2t} - 1) \end{cases}$，其中 $f(x)$ 可导且 $f'(0) \neq 0$，求 $\dfrac{dy}{dx}\Big|_{t=0}$；

(2) $\begin{cases} x = t - \ln(1 + t^2) \\ y = \arctan t \end{cases}$，求 $\dfrac{dy}{dx}$ 及 $\dfrac{d^2y}{dx^2}$.

10. 求曲线 $\begin{cases} x + t(1-t) = 0 \\ te^y + y + 1 = 0 \end{cases}$ 在 $t = 0$ 处的切线方程与法线方程.

11. 注水入深 8m 上顶直径 8m 的下圆锥形容器中，其速率为 $4\text{m}^3/\text{min}$. 当水深为 5m 时，其表面上升的速率为多少？

12. 已知 $y = f(1 - 2x) + \sin f(x)$，其中 $f(x)$ 可微，求 dy.

13. 利用函数的微分代替函数的增量求 $\sqrt[3]{1.03}$ 的近似值.

考研真题二

1. 填空题：

(1) 设 $y = (1 + \sin x)^x$，则 $dy\Big|_{x=\pi} = \underline{\qquad}$.

(2) 设函数 $y = y(x)$ 由方程 $y = 1 - xe^y$ 确定，则 $\dfrac{dy}{dx}\Big|_{x=0} = \underline{\qquad}$.

(3) 设函数 $f(x)$ 在 $x = 2$ 的某邻域内可导，且 $f'(x) = e^{f(x)}$，$f(2) = 1$，则 $f'''(2) = \underline{\qquad}$.

(4) 设方程 $e^{xy} + y^2 = \cos x$ 确定 y 为 x 的函数，则 $\dfrac{dy}{dx} = \underline{\qquad}$.

2. 选择题：

(1) 设函数 $y = y(x)$ 由参数方程 $\begin{cases} x = t^2 + 2t \\ y = \ln(1 + t) \end{cases}$ 确定，则曲线 $y = y(x)$ 在 $x = 3$ 处的法线与 x 轴交点的横坐标是 $\underline{\qquad}$.

(A) $\dfrac{1}{8}\ln 2 + 3$；　　(B) $-\dfrac{1}{8}\ln 2 + 3$；　　(C) $-8\ln 2 + 3$；　　(D) $8\ln 2 + 3$.

(2) 设函数 $f(x)$ 在 $x = 0$ 处连续，且 $\lim\limits_{h \to 0} \dfrac{f(h^2)}{h^2} = 1$，则 $\underline{\qquad}$.

(A) $f(0) = 0$ 且 $f'_-(0)$ 存在；　　　　(B) $f(0) = 1$ 且 $f'_-(0)$ 存在；

(C) $f(0) = 0$ 且 $f'_+(0)$ 存在；　　　　(D) $f(0) = 1$ 且 $f'_+(0)$ 存在.

(3) 设函数 $g(x)$ 可微，$h(x) = e^{1+g(x)}$，$h'(1) = 1$，$g'(1) = 2$，则 $g(1)$ 等于 $\underline{\qquad}$.

(A) $\ln 3 - 1$；　　(B) $-\ln 3 - 1$；　　(C) $-\ln 2 - 1$；　　(D) $\ln 2 - 1$.

(4) 设周期函数 $f(x)$ 在 $(-\infty, +\infty)$ 内可导，周期为 4，又 $\lim\limits_{x \to 0} \dfrac{f(1) - f(1-x)}{2x} = -1$，则曲线 $y = f(x)$ 在 $(5, f(5))$ 处切线的斜率为 $\underline{\qquad}$.

(A) $\dfrac{1}{2}$；　　(B) 0；　　(C) -1；　　(D) -2.

(5) 设 $f(x)$，$g(x)$ 是恒大于零的可导函数，且 $f'(x)g(x) - f(x)g'(x) < 0$，则当

$a < x < b$ 时，有_____．

　　(A) $f(x)g(b) > f(b)g(x)$ ；　　　　　　(B) $f(x)g(a) > f(a)g(x)$ ；

　　(C) $f(x)g(x) > f(b)g(b)$ ；　　　　　　(D) $f(x)g(x) > f(a)g(a)$．

3. 设 $f(t) = \lim\limits_{x \to \infty} t \left(\dfrac{x+t}{x-t} \right)^x$ ，求 $f'(t)$．

4. 曲线 $y = \dfrac{1}{\sqrt{x}}$ 的切线与 x 轴和 y 轴围成一个图形，记切点的横坐标为 a．试求切线方程和这个图形的面积；当切线沿曲线趋于无穷远时，该面积的变化趋势如何？

第三章　微分中值定理与导数的应用

在第二章中我们从实例出发引入了导数的概念，并且讨论了导数的计算方法．本章，我们将应用导数来研究函数的数值变化和性态方面一些更深刻的性质，并且解决一些有关的实际问题．因此，我们首先要介绍微分学的基本理论——微分中值定理，它是微分学的理论基础．

第一节　微 分 中 值 定 理

一、罗尔定理

罗尔定理　如果函数 $f(x)$ 满足下列条件：

(1) 在闭区间 $[a,b]$ 上连续；

(2) 在开区间 (a,b) 内可导；

(3) 在区间端点处的函数值相等，即

$$f(a) = f(b)$$

则在 (a,b) 内至少存在一点 $\xi(a < \xi < b)$，使得

$$f'(\xi) = 0.$$

罗尔定理指出，在定理的条件下，方程 $f'(x) = 0$ 在 (a,b) 内必有根，因此罗尔定理又是方程根的存在定理．

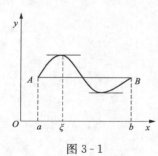

图 3-1

罗尔定理从几何上表示：如图 3-1 所示，如果连续曲线 $\overset{\frown}{AB}$ 在两个端点处的纵坐标相等，且除端点外处处具有不垂直于 x 轴的切线，那么在这段弧上至少存在一点 C，使曲线在该点处具有水平的切线．

证　因为函数 $f(x)$ 在闭区间 $[a,b]$ 上连续，由第一章定理 1.19 可知，函数 $f(x)$ 在 $[a,b]$ 上必定取得最大值 M 和最小值 m．下面我们分两种情况分别进行证明．

(1) 当 $M = m$ 时，易知，在闭区间 $[a,b]$ 上 $f(x) \equiv C$，此处 $C = M = m$，即 $f(x)$ 为在 $[a,b]$ 上的常数函数，于是有 $f'(x) = 0$，因此开区间 (a,b) 内任意一点均可作为 ξ，并且有 $f'(\xi) = 0$．

(2) 当 $M > m$ 时，由于区间端点处的函数值相等，即 $f(a) = f(b)$，因此 M 和 m 中至少有一个不等于端点处的函数值，不妨设 $m \neq f(a)$，则在开区间 (a,b) 内至少存在一点 ξ，使得 $f(\xi) = m$，下面我们来证明函数 $f(x)$ 在 ξ 点的导数 $f'(\xi) = 0$．

由条件 (2) 函数 $f(x)$ 在开区间 (a,b) 内可导与 $\xi \in (a,b)$ 可知，$f(x)$ 在 ξ 点的左导数与右导数都存在且相等，即 $f'_-(\xi) = f'_+(\xi) = f'(\xi)$，或

$$\lim_{\Delta x \to 0^-} \frac{f(\xi + \Delta x) - f(\xi)}{\Delta x} = \lim_{\Delta x \to 0^+} \frac{f(\xi + \Delta x) - f(\xi)}{\Delta x}.$$

因为 $f(\xi)=m$，所以对于闭区间 $[a,b]$ 内的任意一点 x 都有，$f(\xi)\leqslant f(x)$，因此有

$$f(\xi+\Delta x)-f(\xi)\geqslant 0.$$

于是，当 $\Delta x<0$ 时，有

$$\frac{f(\xi+\Delta x)-f(\xi)}{\Delta x}\leqslant 0$$

根据第一章定理 1.6 推论，有

$$f'_-(\xi)=\lim_{\Delta x\to 0^-}\frac{f(\xi+\Delta x)-f(\xi)}{\Delta x}\leqslant 0.$$

当 $\Delta x>0$ 时，同理有

$$f'_+(\xi)=\lim_{\Delta x\to 0^+}\frac{f(\xi+\Delta x)-f(\xi)}{\Delta x}\geqslant 0.$$

因为 $f'_-(\xi)=f'_+(\xi)=f'(\xi)$，于是有 $\qquad 0\leqslant f'(\xi)\leqslant 0$

即 $$f'(\xi)=0.$$

通常称导数等于零的点为函数的驻点（或称为稳定点，临界点）.

注意，罗尔定理的三个条件如果有一个不满足，那么就不能保证罗尔定理的结论一定成

立 . 例如，如下的三个函数：$f(x)=\begin{cases}\dfrac{1}{2}x+1, & 0\leqslant x<1 \\ 1, & x=1\end{cases}$，$g(x)=|x|(-1\leqslant x\leqslant 1)$，

$h(x)=x(0\leqslant x\leqslant 1)$，如图 3-2 所示，这三个函数分别在区间 $[0,1]$，$[-1,1]$ 和 $[0,1]$ 上不满足罗尔定理的条件（1），（2），（3），由图 3-2 可知，它们都没有罗尔定理结论中的水平切线 .

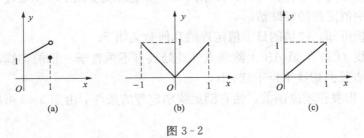

图 3-2

【例 3-1】 验证罗尔定理对函数 $f(x)=x^2-2x-3$ 在区间 $[-1,3]$ 上的正确性 .

证 显然函数 $f(x)$ 在闭区间 $[-1,3]$ 上连续，在开区间 $(-1,3)$ 内可导，且 $f'(x)=2x-2$，又 $f(-1)=f(3)=0$，即函数 $f(x)$ 满足罗尔定理的三个条件 . 在区间 $[-1,3]$ 内存在 $\xi=1$，使 $f'(\xi)=0$，罗尔定理的结论成立 .

【例 3-2】 不用求出函数 $f(x)=x(x-1)(x-2)(x-3)$ 的导数，说明方程 $f'(x)=0$ 有几个实根，并指出它们所在的区间 .

解 因为 $f(x)=x(x-1)(x-2)(x-3)$ 在 $[0,1]$、$[1,2]$、$[2,3]$ 上连续，在 $(0,1)$、$(1,2)$、$(2,3)$ 内可导，且 $f(0)=f(1)=f(2)=f(3)=0$.

所以由罗尔中值定理，至少有一点 $\xi_1\in(0,1)$、$\xi_2\in(1,2)$、$\xi_3\in(2,3)$.

使得 $f'(\xi_1)=f'(\xi_2)=f'(\xi_3)=0$，即方程 $f'(x)=0$ 至少有三个实根 .

又方程 $f'(x)=0$ 为三次方程，至多有三个实根 .

所以 $f'(x)=0$ 有 3 个实根，分别为 $\xi_1\in(0,1)$、$\xi_2\in(1,2)$、$\xi_3\in(2,3)$.

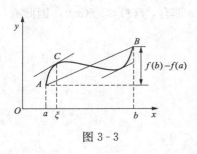

图 3 - 3

　　如果函数满足罗尔定理的条件，它的几何意义也可以这样说：如果连续曲线 $\widehat{AB}$ 在两个端点处的纵坐标相等，且除端点外处处具有不垂直于 x 轴的切线，那么在这段弧上至少存在一点 C，使曲线在该点处具有平行于弦 AB 的切线．罗尔定理的条件（3），很多函数不能满足，这个条件使它的应用受到了一定的限制，如果把此条件去掉，而保留其余两个条件，那么由图 3 - 3 可以看到，当 $f(a) \neq f(b)$ 时，弦 AB 不再是水平直线，那么在 (a,b) 内是否存在切线平行于弦 AB 的点呢？下面的拉格朗日中值定理给出了结论．

二、拉格朗日中值定理

　　拉格朗日中值定理　　如果函数 $f(x)$ 满足条件：

（1）在闭区间 $[a,b]$ 上连续；

（2）在开区间 (a,b) 内可导，则在区间 (a,b) 内至少存在一点 $\xi(a < \xi < b)$，使得

$$f(b) - f(a) = f'(\xi)(b - a) \tag{3-1}$$

或

$$f'(\xi) = \frac{f(b) - f(a)}{b - a}.$$

　　从图 3 - 3 可以看出，弦 AB 的斜率为 $\dfrac{f(b) - f(a)}{b - a}$，恰好等于点 $C(\xi, f(\xi))$ 处切线的斜率 $f'(\xi)$，这也说明了点 $C(\xi, f(\xi))$ 处的切线恰好平行于弦 AB，这样的点可能不止一个．显然，当两个端点处的纵坐标相等时，拉格朗日中值定理就变成了罗尔定理了．可见，罗尔定理是拉格朗日中值定理的特殊情形．

　　由以上的分析可知，拉格朗日中值定理的几何意义如下．

　　如果连续曲线 $f(x)$ 的弧 $\widehat{AB}$ 上除端点外处处具有不垂直于 x 轴的切线，则这弧上至少存在一点 C，该点处的切线平行于弦 AB．

　　证　　从 $f(x)$ 出发作辅助函数，使它满足罗尔定理的条件．由图 3 - 3 可看出，弦 AB 所在的直线方程为

$$y = f(a) + \frac{f(b) - f(a)}{b - a}(x - a)$$

将 $x = a$，$x = b$ 代入上式，对应的函数值相等，于是作辅助函数

$$\varphi(x) = f(x) - f(a) - \frac{f(b) - f(a)}{b - a}(x - a)$$

显然，函数 $\varphi(x)$ 满足罗尔定理的条件，于是由罗尔定理，存在 $\xi \in (a,b)$，使得

$$\varphi'(\xi) = f'(\xi) - \frac{f(b) - f(a)}{b - a} = 0$$

从而有

$$f'(\xi) = \frac{f(b) - f(a)}{b - a}$$

或

$$f(b) - f(a) = f'(\xi)(b - a).$$

　　显见，当 $b < a$ 时，公式（3 - 1）仍成立．公式（3 - 1）叫作拉格朗日中值公式．令

$\xi=a+(b-a)\theta(0<\theta<1)$，则拉格朗日中值公式可改写为

$$f(b)-f(a)=f'[a+\theta(b-a)](b-a)(0<\theta<1).$$

拉格朗日中值定理有下面两个重要推论：

推论 1　如果函数 $f(x)$ 在区间 I 上的导数恒为零，则 $f(x)$ 在区间 I 上是一个常数.

证　任取 $x_1,x_2\in I$，则函数 $f(x)$ 在以 x_1 和 x_2 为端点的区间上满足拉格朗日中值定理的条件，故由公式（3-1），得

$$f(x_2)-f(x_1)=f'(\xi)(x_2-x_1)$$

其中 ξ 介于 x_1 与 x_2 之间.由假设知 $f'(\xi)=0$，于是有 $f(x_2)-f(x_1)=0$，即

$$f(x_1)=f(x_2)$$

由 x_1 和 x_2 的任意性知，函数 $f(x)$ 在区间 I 上为常数.

推论 2　如果函数 $f(x)$ 和 $g(x)$ 在区间 I 上任一点的导数都相等，即 $f'(x)\equiv g'(x)$，则 $f(x)$ 和 $g(x)$ 在区间 I 上只相差一个常数，即 $f(x)=g(x)+C$，其中 C 为常数.

证　由假设知，任取 $x\in I$，都有 $f'(x)\equiv g'(x)$，即 $f'(x)-g'(x)=0$，进一步可写成

$$[f(x)-g(x)]'=0$$

由推论 1 可得

$$f(x)-g(x)=C（C\text{ 为常数}）$$

或

$$f(x)=g(x)+C（C\text{ 为常数}）.$$

【**例 3 - 3**】　证明：当 $x>1$ 时，$e^x>ex$.

证　设 $f(x)=e^x$，则 $f(x)$ 在闭区间 $[1,x]$ 上连续，在开区间 $(1,x)$ 内可导，且 $f'(x)=e^x$，由拉格朗日中值定理，在 $(1,x)$ 内至少存在一点 ξ，使得

$$f(x)-f(1)=f'(\xi)(x-1)$$

将 $f(x)=e^x,f(1)=e,f'(\xi)=e^\xi$ 代入上式，

$$e^x-e=e^\xi(x-1).$$

又由 $1<\xi<x$，有

$$e<e^\xi<e^x$$

$$e^x-e>e(x-1)$$

即

$$e^x>ex.$$

【**例 3 - 4**】　证明：$\arcsin x+\arccos x=\dfrac{\pi}{2},x\in[-1,1]$

证　任取 $x\in(-1,1)$，有

$$(\arcsin x+\arccos x)'=\frac{1}{\sqrt{1-x^2}}-\frac{1}{\sqrt{1-x^2}}=0.$$

由推论 1，有

$$\arcsin x+\arccos x=C$$

其中 C 是常数.

在 $(-1,1)$ 内任取一点，例如，取 $x=0$，有

$$\arcsin 0+\arccos 0=\frac{\pi}{2}=C$$

又 $x = -1$ 时，有 $\arcsin(-1) + \arccos(-1) = \dfrac{\pi}{2}$ ；$x = 1$ 时，有 $\arcsin 1 + \arccos 1 = \dfrac{\pi}{2}$

于是有
$$\arcsin x + \arccos x = \frac{\pi}{2}, x \in [-1, 1].$$

三、柯西中值定理

柯西中值定理　如果函数 $f(x)$，$g(x)$ 满足

(1) 在闭区间 $[a, b]$ 上连续；

(2) 在开区间 (a, b) 内可导；

(3) 在开区间 (a, b) 内 $g'(x) \neq 0$，

则在区间 (a, b) 内至少存在一点 $\xi (a < \xi < b)$，使得

$$\frac{f(b) - f(a)}{g(b) - g(a)} = \frac{f'(\xi)}{g'(\xi)}.$$

*证　首先证明 $g(b) - g(a) \neq 0$．反证，假设 $g(b) - g(a) = 0$，即 $g(b) = g(a)$，由罗尔定理，在 (a, b) 内至少存在一点 η，使得 $g'(\eta) = 0$，与已知条件矛盾．

作辅助函数

$$h(x) = f(x) - f(a) - \frac{f(b) - f(a)}{g(b) - g(a)}[g(x) - g(a)]$$

易知，$h(x)$ 在 $[a, b]$ 上连续，在 (a, b) 内可导，且

$$h'(x) = f'(x) - \frac{f(b) - f(a)}{g(b) - g(a)} \cdot g'(x)$$

又 $h(a) = h(b) = 0$，即 $h(x)$ 在 $[a, b]$ 满足罗尔定理的条件，于是由罗尔定理，在 (a, b) 内至少存在一点 ξ，使得 $h'(\xi) = 0$，于是有

$$h'(\xi) = f'(\xi) - \frac{f(b) - f(a)}{g(b) - g(a)} \cdot g'(\xi) = 0$$

即
$$\frac{f(b) - f(a)}{g(b) - g(a)} = \frac{f'(\xi)}{g'(\xi)}.$$

在柯西中值定理中，如果令 $g(x) = x$，那么柯西中值定理就变成了拉格朗日中值定理了，也就是说，柯西中值定理是拉格朗日中值定理的一个推广．

习题 3 - 1

1. 验证 $f(x) = x^2 - 4x + 3$ 在区间 $[1, 3]$ 上满足罗尔定理条件，并求出定理结论中的 ξ．

2. 验证拉格朗日中值定理对函数 $f(x) = \sin x$ 在 $\left[0, \dfrac{\pi}{2}\right]$ 上的正确性．

3. 证明以下不等式．

(1) 当 $x > 0$ 时，$\dfrac{x}{1 + x} < \ln(1 + x) < x$；

(2) $|\sin x - \sin y| \leqslant |x - y|$；

(3) 当 $a > b > 0, n > 1$ 时，$nb^{n-1}(a - b) < a^n - b^n < na^{n-1}(a - b)$．

4. 证明题.

(1) $\arctan x + \text{arccot} x = \dfrac{\pi}{2}$, $x \in (-\infty, +\infty)$;

(2) $\arcsin x = \arctan \dfrac{x}{\sqrt{1-x^2}}$, $x \in (-1,1)$.

5. 试证方程 $x^3 - 3x^2 + c = 0$ 在区间 $(0,1)$ 内不可能有两个不同的实根.

6. 设函数 $f(x)$ 在 $[0,1]$ 上连续，在 $(0,1)$ 可导，且 $f(0) = f(1) = 0$ ，$f\left(\dfrac{1}{2}\right) = 1$. 证明：必有一点 $\xi \in (0,1)$ ，使得 $f'(\xi) = 1$ 成立.

第二节　泰 勒 中 值 定 理

微分的定义告诉我们，当 $f(x)$ 在点 x_0 的某邻域可导时，有
$$\Delta y = f(x_0 + \Delta x) - f(x_0) = f'(x_0)\Delta x + o(\Delta x)$$
其中 $o(\Delta x)$ 是比 Δx 高阶的无穷小.

当 $|\Delta x|$ 较小时，有近似计算的公式
$$f(x_0 + \Delta x) \approx f(x_0) + f'(x_0)\Delta x$$
或
$$f(x) \approx f(x_0) + f'(x_0)(x - x_0) .$$

即在 x_0 附近，用一次多项式 $p_1(x) = f(x_0) + f'(x_0)(x - x_0)$ 逼近函数 $f(x)$ 时，其误差为 $o(x - x_0)$.

然而，在很多场合，取一次多项式逼近是不够的，往往需要用二次或高于二次的多项式去逼近，并要求误差为 $o(x - x_0)^n$ ，其中 n 为多项式次数. 为此，有如下的 n 次多项式：
$$p_n(x) = a_0 + a_1(x - x_0) + \cdots + a_n(x - x_0)^n$$
为使 $p_n(x) = a_0 + a_1(x - x_0) + \cdots + a_n(x - x_0)^n$ 与 $f(x)$ 在 x_0 点具有相同的各阶导数值，显然：
$$a_0 = p_n(x_0) , a_1 = \frac{p'_n(x_0)}{1!} , a_2 = \frac{p''_n(x_0)}{2!} , \cdots, a_n = \frac{p_n^{(n)}(x_0)}{n!} （多项式的系数由其各阶$$
导数在 x_0 的取值唯一确定）.

泰勒中值定理　设 $f(x)$ 在含有 x_0 的某个开区间 (a,b) 内具有直到 $n+1$ 阶导数，则对开区间 (a,b) 内的任意一点 x ，都有等式
$$f(x) = f(x_0) + f'(x_0)(x - x_0) + \frac{f''(x_0)}{2!}(x - x_0)^2 + \cdots$$
$$+ \frac{f^{(n)}(x_0)}{n!}(x - x_0)^n + R_n(x) \tag{3-2}$$

其中 $R_n(x) = \dfrac{f^{(n+1)}(\xi)}{(n+1)!}(x - x_0)^{n+1}$ （ξ 介于 x_0 与 x 之间），称为拉格朗日余项，公式 (3-2) 称为泰勒公式.

若在公式 (3-2) 中，令 $n = 0$ ，则有
$$f(x) = f(x_0) + f'(\xi)(x - x_0) （\xi 介于 x_0 与 x 之间）$$
这就是拉格朗日中值定理.

称 $p_n(x) = f(x_0) + f'(x_0)(x-x_0) + \dfrac{f''(x_0)}{2!}(x-x_0)^2 + \cdots + \dfrac{f^{(n)}(x_0)}{n!}(x-x_0)^n$ 为

$f(x)$ 在 x_0 处的 n 次泰勒多项式. 由 $R_n(x) = \dfrac{f^{(n+1)}(\xi)}{(n+1)!}(x-x_0)^{n+1}$（$\xi$ 介于 x_0 与 x 之间）可知,

$R_n(x) = o[(x-x_0)^n]$，称为皮亚诺余项. 于是式（3-2）又可写成

$$f(x) = f(x_0) + f'(x_0)(x-x_0) + \frac{f''(x_0)}{2!}(x-x_0)^2 + \cdots$$
$$+ \frac{f^{(n)}(x_0)}{n!}(x-x_0)^n + o[(x-x_0)^n]$$

此式称为函数 $f(x)$ 带有皮亚诺余项的 n 阶泰勒公式.

在泰勒公式（3-2）中，当 $x_0 = 0$ 时，有

$$f(x) = f(0) + f'(0)x + \frac{f''(0)}{2!}x^2 + \cdots + \frac{f^{(n)}(0)}{n!}x^n + \frac{f^{(n+1)}(\theta x)}{(n+1)!}x^{n+1}\ (0 < \theta < 1)$$

$$(3\text{-}3)$$

称为麦克劳林（Maclaurin）公式.

数学中，泰勒公式是一个用函数在某点的信息描述其附近取值的公式. 如果函数足够光滑的话，在已知函数在某一点的各阶导数值的情况之下，泰勒公式可以用这些导数值的相应倍数作为系数构建一个多项式来近似函数在这一点的邻域中的值. 带拉格朗日余项的泰勒公式还给出了这个多项式和实际的函数值之间的偏差. 泰勒公式得名于英国数学家布鲁克·泰勒.

【例 3-5】 写出函数 $f(x) = \mathrm{e}^x$ 的 n 阶麦克劳林公式.

解 因为

$$f(x) = f'(x) = f''(x) = \cdots = f^{(n)}(x) = \mathrm{e}^x$$

所以

$$f(0) = f'(0) = f''(0) = \cdots = f^{(n)}(0) = \mathrm{e}^0 = 1$$

代入式（3-3），有

$$\mathrm{e}^x = 1 + x + \frac{x^2}{2!} + \cdots + \frac{x^n}{n!} + \frac{\mathrm{e}^{\theta x}}{(n+1)!}x^{n+1}\ (0 < \theta < 1).$$

【例 3-6】 写出 $f(x) = \sin x$ 的 n 阶麦克劳林公式.

解 因为

$$f^{(n)}(x) = \sin\left(x + \frac{n\pi}{2}\right),\ (n = 1, 2, \cdots)$$

$$f(0) = 0$$

$$f^{(k)}(0) = \sin\frac{k\pi}{2} = \begin{cases} 0, & k = 2m \\ (-1)^{m-1}, & k = 2m-1 \end{cases} \quad (m = 1, 2, \cdots)$$

代入式（3-3），有

$$\sin x = x - \frac{x^3}{3!} + \frac{x^5}{5!} - \cdots + (-1)^{m-1}\frac{x^{2m-1}}{(2m-1)!} + (-1)^m\frac{x^{2m+1}}{(2m+1)!}\cos\theta x,\ (0 < \theta < 1).$$

此外，带 Lagrange 型余项的 Maclaurin 公式还有：

$$\cos x = 1 - \frac{x^2}{2!} + \frac{x^4}{4!} - \cdots + (-1)^m\frac{x^{2m}}{(2m)!} + (-1)^{m+1}\frac{\cos\theta x}{(2m+2)!}x^{2m+2} \quad x \in R,\ \theta \in (0,1)$$

$$\ln(1+x) = x - \frac{x^2}{2} + \frac{x^3}{3} + \cdots + (-1)^{n-1}\frac{x^n}{n} + (-1)^n\frac{x^{n+1}}{(n+1)(1+\theta x)^{n+1}} \quad x > 1, \theta \in (0,1)$$

$$(1+x)^\alpha = 1 + \alpha x + \frac{\alpha(\alpha-1)}{2!}x^2 + \cdots + \frac{\alpha(\alpha-1)\cdots(\alpha-n+1)}{n!}x^n$$

$$+ \frac{\alpha(\alpha-1)\cdots(\alpha-n)}{n!}(1+\theta x)^{\alpha-n-1}x^{n+1} \quad x > 1, \theta \in (0,1)$$

$$\frac{1}{1-x} = 1 + x + x^2 + \cdots + x^n + \frac{x^{n+1}}{(1-\theta x)^{n+2}} \quad x < 1, \theta \in (0,1)$$

【例 3 - 7】　求极限 $\lim\limits_{x \to 0}\dfrac{a^x + a^{-x} - 2}{x^2}$, $(a > 0)$.

解　$a^x = e^{x\ln a} = 1 + x\ln a + \dfrac{x^2}{2}\ln^2 a + o(x^2)$

$a^{-x} = 1 - x\ln a + \dfrac{x^2}{2}\ln^2 a + o(x^2)$

$a^x + a^{-x} - 2 = x^2\ln^2 a + o(x^2)$

有　$\lim\limits_{x \to 0}\dfrac{a^x + a^{-x} - 2}{x^2} = \lim\limits_{x \to 0}\dfrac{x^2\ln^2 a + o(x^2)}{x^2} = \ln^2 a$.

【例 3 - 8】　求 e 精确到 0.000001 的近似值.

解　$e = 1 + 1 + \dfrac{1}{2!} + \dfrac{1}{3!} + \cdots + \dfrac{1}{n!} + \dfrac{e^\xi}{(n+1)!}$, $0 < \xi < 1$. 注意到 $0 < \xi < 1, \Rightarrow 0 < e^\xi$ $< e < 3$, 有 $|R_n(1)| \leqslant \dfrac{3}{(n+1)!}$. 为使 $\dfrac{3}{(n+1)!} < 0.000001$, 只要取 $n \geqslant 9$. 现取 $n = 9$, 即得数 e 的精确到 0.000001 的近似值为

$$e \approx 1 + 1 + \frac{1}{2!} + \frac{1}{3!} + \cdots + \frac{1}{9!} \approx 2.718281.$$

 习题 3 - 2

1. 将函数 $f(x) = x^4 + x^3 + 2x^2 + 1$ 展开为 $x - 1$ 的多项式.

2. 写出函数 $f(x) = \cos x$ 的 n 阶麦克劳林公式.

3. 写出函数 $f(x) = \ln(1+x)$ 的 n 阶麦克劳林公式.

4. 应用三次泰勒多项式计算 $\sqrt{e}$ 的近似值, 并估计误差.

5. 用泰勒展开式求极限 $\lim\limits_{x \to 0}\dfrac{\cos x - e^{-\frac{x^2}{2}}}{x^4}$.

第三节　洛必达法则

如果当 $x \to x_0$（或 $x \to \infty$）时, 函数 $f(x)$ 和 $g(x)$ 都趋向于零或都趋向于无穷大, 那么极限 $\lim\limits_{\substack{x \to x_0 \\ (x \to \infty)}}\dfrac{f(x)}{g(x)}$ 可能存在也可能不存在, 通常把这种极限叫作未定式, 简记为 $\dfrac{0}{0}$ 或 $\dfrac{\infty}{\infty}$.

在第一章中讨论过的重要极限 $\lim\limits_{x \to 0}\dfrac{\sin x}{x}$ 就是 $\dfrac{0}{0}$ 型未定式的一个例子, 对于这类极限, 即使

它存在也不能用"商的极限等于极限之商"这一法则. 其他形式的未定式还有：$0 \cdot \infty, \infty - \infty, 0^0, 1^\infty, \infty^0$. 未定式的极限问题，是我们这一章的一个主要问题，解决这类问题最简便有效的方法就是洛必达法则.

一、$\dfrac{0}{0}$ 型未定式

关于 $x \to x_0$ 时的 $\dfrac{0}{0}$ 型未定式有如下定理.

定理 3.1 设

(1) 当 $x \to x_0$ 时，函数 $f(x)$ 与 $F(x)$ 都趋于零；

(2) 在点 x_0 的某去心邻域内，$f'(x)$ 与 $F'(x)$ 都存在，且 $F'(x) \neq 0$；

(3) $\lim\limits_{x \to x_0} \dfrac{f'(x)}{F'(x)} = A$（或 ∞），

那么

$$\lim_{x \to x_0} \frac{f(x)}{F(x)} = \lim_{x \to x_0} \frac{f'(x)}{F'(x)}.$$

定理 3.1 所给的解决 $\dfrac{0}{0}$ 型未定式极限问题的方法称为洛必达法则.

*证　由于 $\lim\limits_{x \to x_0} \dfrac{f(x)}{F(x)}$ 与 $f(x_0)$ 及 $F(x_0)$ 无关，而定理的条件中并没有说明 $f(x)$ 与 $F(x)$ 在 x_0 点的情况，我们可以对其补充或改变定义，令 $f(x_0) = F(x_0) = 0$，这样做不会影响到 $\lim\limits_{x \to x_0} \dfrac{f(x)}{F(x)}$. 由条件（1）、（2）可知，$f(x)$ 与 $F(x)$ 在点 x_0 的某邻域内连续. 在该邻域内任取一点 x，则 $f(x)$ 与 $F(x)$ 在以 x_0 及 x 为端点的区间上满足柯西中值定理的条件，于是由柯西中值定理有

$$\frac{f(x) - f(x_0)}{F(x) - F(x_0)} = \frac{f'(\xi)}{F'(\xi)} \quad (\xi \text{ 介于 } x_0 \text{ 与 } x \text{ 之间})$$

将 $f(x_0) = F(x_0) = 0$ 代入上式有

$$\frac{f(x)}{F(x)} = \frac{f'(\xi)}{F'(\xi)}$$

于是有

$$\lim_{x \to x_0} \frac{f(x)}{F(x)} = \lim_{x \to x_0} \frac{f'(\xi)}{F'(\xi)} = \lim_{\xi \to x_0} \frac{f'(\xi)}{F'(\xi)}$$

即

$$\lim_{x \to x_0} \frac{f(x)}{F(x)} = \lim_{x \to x_0} \frac{f'(x)}{F'(x)}.$$

【例 3 - 9】 求 $\lim\limits_{x \to 0} \dfrac{\sin 3x}{\sin 4x}$.

解 所求极限为 $\dfrac{0}{0}$ 型，由洛必达法则有　$\lim\limits_{x \to 0} \dfrac{\sin 3x}{\sin 4x} = \lim\limits_{x \to 0} \dfrac{3\cos 3x}{4\cos 4x} = \dfrac{3}{4}$.

【例 3 - 10】 求 $\lim\limits_{x \to 0} \dfrac{\ln(1 + x)}{x}$.

解　$\lim\limits_{x \to 0} \dfrac{\ln(1 + x)}{x} = \lim\limits_{x \to 0} \dfrac{\dfrac{1}{1 + x}}{1} = 1$.

【例 3 - 11】 求 $\lim\limits_{x \to 1} \dfrac{x^3 - 3x^2 + 2}{x^2 - 4x + 3}$.

解　$\lim\limits_{x \to 1} \dfrac{x^3 - 3x^2 + 2}{x^2 - 4x + 3} = \lim\limits_{x \to 1} \dfrac{3x^2 - 6x}{2x - 4} = \lim\limits_{x \to 1} \dfrac{3x}{2} = \dfrac{3}{2}$.

【例 3 - 12】　求 $\lim\limits_{x \to 0} \dfrac{x - \sin x}{x^3}$.

解　$\lim\limits_{x \to 0} \dfrac{x - \sin x}{x^3} = \lim\limits_{x \to 0} \dfrac{1 - \cos x}{3x^2} = \lim\limits_{x \to 0} \dfrac{\sin x}{6x} = \dfrac{1}{6}$.

在 ［例 3 - 12］ 中，我们用了两次洛必达法则，这表明：如果 $\dfrac{f'(x)}{F'(x)}$ 满足定理 3.1 的条件，则可对其应用洛必达法则．有时在一题中我们可能需多次应用洛必达法则，但需注意，每次应用洛必达法则时，都需验证其是否满足定理 3.1 的条件，如 ［例 3 - 11］ 中 $\lim\limits_{x \to 1} \dfrac{3x^2 - 6x}{2x - 4}$ 已不是未定式，不能对它应用洛必达法则．

【例 3 - 13】　求 $\lim\limits_{x \to 0} \dfrac{1 - \dfrac{\sin x}{x}}{1 - \cos x}$.

解　$\lim\limits_{x \to 0} \dfrac{1 - \dfrac{\sin x}{x}}{1 - \cos x} = \lim\limits_{x \to 0} \dfrac{x - \sin x}{x(1 - \cos x)}$.由于当 $x \to 0$ 时，$1 - \cos x \sim \dfrac{x^2}{2}$，因此

$$\lim\limits_{x \to 0} \dfrac{x - \sin x}{x(1 - \cos x)} = \lim\limits_{x \to 0} \dfrac{x - \sin x}{\dfrac{x^3}{2}} = 2\lim\limits_{x \to 0} \dfrac{1 - \cos x}{3x^2} = 2\lim\limits_{x \to 0} \dfrac{\dfrac{x^2}{2}}{3x^2} = \dfrac{1}{3}.$$

【例 3 - 14】　求 $\lim\limits_{x \to 0} \dfrac{\tan x - x}{x^3}$.

解　方法一：

$$\lim\limits_{x \to 0} \dfrac{\tan x - x}{x^3} = \lim\limits_{x \to 0} \dfrac{\sec^2 x - 1}{3x^2} = \lim\limits_{x \to 0} \dfrac{2\sec^2 x \tan x}{6x}$$

$$= \lim\limits_{x \to 0} \dfrac{4\sec^2 x \tan^2 x + 2\sec^4 x}{6} = \dfrac{1}{3}.$$

方法二：

$$\lim\limits_{x \to 0} \dfrac{\tan x - x}{x^3} = \lim\limits_{x \to 0} \dfrac{\sec^2 x - 1}{3x^2} = \lim\limits_{x \to 0} \dfrac{\sec x - 1}{3x^2} \cdot \lim\limits_{x \to 0}(\sec x + 1)$$

$$= \lim\limits_{x \to 0} \dfrac{1 - \cos x}{3x^2 \cos x} \cdot 2 = 2\lim\limits_{x \to 0} \dfrac{\dfrac{1}{2}x^2}{3x^2 \cos x} = \dfrac{1}{3}.$$

使用洛必达法则前先整理求极限的函数，可以简化求导运算．如利用无穷小等价代换、进行代数运算等方法，都可以有效地简化求导运算．

对于自变量 x 的其他变化趋势的 $\dfrac{0}{0}$ 型未定式，也都有相应的洛必达法则．下面仅对于 $x \to \infty$ 时的 $\dfrac{0}{0}$ 型给出推论.

推论　设

(1) 当 $x \to \infty$ 时，函数 $f(x)$ 与 $F(x)$ 都趋于零；

(2) $\exists M > 0$，当 $|x| > M$ 时，$f'(x)$ 与 $F'(x)$ 都存在，且 $F'(x) \neq 0$；

(3) $\lim\limits_{x \to \infty} \dfrac{f'(x)}{F'(x)} = A$（或 ∞），那么

$$\lim_{x \to \infty} \frac{f(x)}{F(x)} = \lim_{x \to \infty} \frac{f'(x)}{F'(x)}.$$

【例 3 - 15】　求 $\lim\limits_{x \to +\infty} \dfrac{\dfrac{\pi}{2} - \arctan x}{\dfrac{1}{x}}$.

解　$\lim\limits_{x \to +\infty} \dfrac{\dfrac{\pi}{2} - \arctan x}{\dfrac{1}{x}} = \lim\limits_{x \to +\infty} \dfrac{-\dfrac{1}{1+x^2}}{-\dfrac{1}{x^2}} = \lim\limits_{x \to +\infty} \dfrac{x^2}{1+x^2} = 1.$

二、$\dfrac{\infty}{\infty}$ 型未定式

对于 $x \to x_0$ 时的 $\dfrac{\infty}{\infty}$ 型未定式，有如下定理.

定理 3.2　设

(1) 当 $x \to x_0$ 时，函数 $f(x)$ 与 $F(x)$ 都趋于无穷大；

(2) 在点 x_0 的某去心邻域内，$f'(x)$ 与 $F'(x)$ 都存在，且 $F'(x) \neq 0$；

(3) $\lim\limits_{x \to x_0} \dfrac{f'(x)}{F'(x)} = A$（或 ∞），那么

$$\lim_{x \to x_0} \frac{f(x)}{F(x)} = \lim_{x \to x_0} \frac{f'(x)}{F'(x)}.$$

【例 3 - 16】　求 $\lim\limits_{x \to \frac{\pi}{2}} \dfrac{\tan x}{\tan 3x}$.

解　$\lim\limits_{x \to \frac{\pi}{2}} \dfrac{\tan x}{\tan 3x} = \lim\limits_{x \to \frac{\pi}{2}} \dfrac{\sec^2 x}{3 \sec^2 3x} = \dfrac{1}{3} \lim\limits_{x \to \frac{\pi}{2}} \dfrac{\cos^2 3x}{\cos^2 x}$

$$= \frac{1}{3} \lim_{x \to \frac{\pi}{2}} \frac{-6\cos 3x \sin 3x}{-2\cos x \sin x} = \lim_{x \to \frac{\pi}{2}} \frac{\sin 6x}{\sin 2x} = \lim_{x \to \frac{\pi}{2}} \frac{6\cos 6x}{2\cos 2x} = 3.$$

推论　设

(1) 当 $x \to \infty$ 时，函数 $f(x)$ 与 $F(x)$ 都趋于无穷大；

(2) $\exists M > 0$，当 $|x| > M$ 时，$f'(x)$ 与 $F'(x)$ 都存在，且 $F'(x) \neq 0$；

(3) $\lim\limits_{x \to \infty} \dfrac{f'(x)}{F'(x)} = A$（或 ∞），那么

$$\lim_{x \to \infty} \frac{f(x)}{F(x)} = \lim_{x \to \infty} \frac{f'(x)}{F'(x)}.$$

【例 3 - 17】　求 $\lim\limits_{x \to +\infty} \dfrac{\ln x}{x^\alpha} (\alpha > 0)$.

解　所求极限为 $\dfrac{\infty}{\infty}$ 型，由洛必达法则有

$$\lim_{x \to +\infty} \frac{\ln x}{x^{\alpha}} = \lim_{x \to +\infty} \frac{\frac{1}{x}}{\alpha x^{\alpha-1}} = \lim_{x \to +\infty} \frac{1}{\alpha x^{\alpha}} = 0 .$$

在用洛必达法则求未定型时，应注意以下几点.

（1）在 $\frac{0}{0}$ 或 $\frac{\infty}{\infty}$ 未定型中，$\lim\limits_{\substack{x \to x_0 \\ (x \to \infty)}} \frac{f'(x)}{g'(x)}$ 不存在，不能断言 $\lim\limits_{\substack{x \to x_0 \\ (x \to \infty)}} \frac{f(x)}{g(x)}$ 不存在！$\lim\limits_{x \to \infty} \frac{\sin x - x}{x} =$

-1，但若用洛必达法则：$\lim\limits_{x \to \infty} \frac{(\sin x - x)'}{x'} = \lim\limits_{x \to \infty} \frac{\cos x - 1}{1}$，极限不存在.

（2）连续多次使用洛比达法则时，每次都要检查是否满足定理条件. 只有未定型才能用洛必达法则，否定会得到荒谬的结果. 例如

$$\lim_{x \to \infty} \frac{x - \sin x}{x + \sin x} = \lim_{x \to \infty} \frac{1 - \cos x}{1 + \cos x} = \lim_{x \to \infty} \left(-\frac{\sin x}{\sin x} \right) = -1 .$$

事实上 $\qquad \lim\limits_{x \to \infty} \frac{x - \sin x}{x + \sin x} = \lim\limits_{x \to \infty} \frac{1 - \dfrac{\sin x}{x}}{1 + \dfrac{\sin x}{x}} = 1 .$

（3）谁放分子，谁放分母是有讲究的，例如

$$\lim_{x \to +\infty} x e^{-x} = \lim_{x \to +\infty} \frac{e^{-x}}{\dfrac{1}{x}} = \lim_{x \to +\infty} \frac{-e^{-x}}{-\dfrac{1}{x^2}} = \cdots$$

就不能得到任何结果.

（4）极限存在的因子可先分离出来.

（5）运用洛必达法则常结合等价无穷小代换.

三、其他类型的未定式举例

对于除 $\frac{0}{0}$ 型和 $\frac{\infty}{\infty}$ 型的未定式以外的其他形式的未定式均可化为这两种形式再进行计算，下面我们看几个例子.

【例 3 - 18】 求 $\lim\limits_{x \to 0^+} x \ln x$. （$0 \cdot \infty$）

解 $\lim\limits_{x \to 0^+} x \ln x = \lim\limits_{x \to 0^+} \dfrac{\ln x}{\dfrac{1}{x}} = \lim\limits_{x \to 0^+} \dfrac{\dfrac{1}{x}}{-\dfrac{1}{x^2}} = \lim\limits_{x \to 0^+} (-x) = 0 .$

【例 3 - 19】 求 $\lim\limits_{x \to 1} \left(\dfrac{1}{\ln x} - \dfrac{1}{x-1} \right)$. （$\infty - \infty$）

解 $\lim\limits_{x \to 1} \left(\dfrac{1}{\ln x} - \dfrac{1}{x-1} \right) = \lim\limits_{x \to 1} \dfrac{x - 1 - \ln x}{(x-1)\ln x} = \lim\limits_{x \to 1} \dfrac{1 - \dfrac{1}{x}}{\ln x + \dfrac{x-1}{x}}$

$$= \lim_{x \to 1} \frac{x - 1}{x \ln x + x - 1} = \lim_{x \to 1} \frac{1}{\ln x + x \cdot \dfrac{1}{x} + 1}$$

$$= \lim_{x \to 1} \frac{1}{\ln x + 2} = \frac{1}{2} .$$

【例 3 - 20】 求 $\lim\limits_{x\to 0^+} x^x$. （0^0）

解 应用 ［例 3 - 17］ 的结果可知

$$\lim_{x\to 0^+} x\ln x = 0$$

于是有

$$\lim_{x\to 0^+} x^x = \lim_{x\to 0^+}\mathrm{e}^{\ln x^x} = \lim_{x\to 0^+}\mathrm{e}^{x\ln x} = \mathrm{e}^{\lim\limits_{x\to 0^+} x\ln x} = \mathrm{e}^0 = 1 .$$

【例 3 - 21】 求 $\lim\limits_{x\to 0} (\cos x)^{\frac{1}{\ln(1+x^2)}}$. （1^∞）

解 $\lim\limits_{x\to 0} (\cos x)^{\frac{1}{\ln(1+x^2)}} = \lim\limits_{x\to 0}\mathrm{e}^{\ln(\cos x)\frac{1}{\ln(1+x^2)}} = \mathrm{e}^{\lim\limits_{x\to 0}\frac{\ln\cos x}{\ln(1+x^2)}} = \mathrm{e}^{\lim\limits_{x\to 0}\frac{\frac{-\sin x}{\cos x}}{\frac{2x}{1+x^2}}} = \mathrm{e}^{-\frac{1}{2}} .$

【例 3 - 22】 求 $\lim\limits_{x\to 0^+}\left(\ln\dfrac{1}{x}\right)^x$. （∞^0）

解 $\lim\limits_{x\to 0^+}\left(\ln\dfrac{1}{x}\right)^x = \lim\limits_{x\to 0^+}\mathrm{e}^{x\ln(\ln\frac{1}{x})} = \mathrm{e}^{\lim\limits_{x\to 0^+}\frac{\ln(\ln\frac{1}{x})}{\frac{1}{x}}} = \mathrm{e}^{\lim\limits_{x\to 0^+}\frac{\frac{x}{\ln\frac{1}{x}}\left(-\frac{1}{x^2}\right)}{-\frac{1}{x^2}}} = \mathrm{e}^{\lim\limits_{x\to 0^+}\frac{x}{-\ln x}} = \mathrm{e}^0 = 1 .$

注意，当 $\dfrac{f'(x)}{F'(x)}$ 的极限不存在且不为无穷大时，$\dfrac{f(x)}{F(x)}$ 的极限可能存在，这种情况不能使用洛必达法则，而需选取其他方法去求解问题．

【例 3 - 23】 求 $\lim\limits_{x\to\infty}\dfrac{x+\sin x}{x-\sin x}$.

解 如果我们应用洛必达法则，则有 $\lim\limits_{x\to\infty}\dfrac{x+\sin x}{x-\sin x} = \lim\limits_{x\to\infty}\dfrac{1+\cos x}{1-\cos x}$ ，而此时因为 $\cos x$ 的极限不存在而求不出结果，但是如果我们采用其他方法，如

$$\lim_{x\to\infty}\frac{x+\sin x}{x-\sin x} = \lim_{x\to\infty}\frac{1+\dfrac{\sin x}{x}}{1-\dfrac{\sin x}{x}} = 1$$

则所求极限存在且为 1.

求极限的方法小结.

（1）单调有界序列必有极限；

（2）用夹逼定理；

（3）用极限运算法则；

（4）用函数的连续性；

（5）用两个重要极限；

（6）无穷小乘有界函数仍是无穷小；

（7）等价无穷小替换；

（8）用洛必达法则．

 习题 **3 - 3**

1. 利用洛必达法则求下列极限．

（1）$\lim\limits_{x\to 0}\dfrac{\sin ax}{\sin bx}$ ；

（2）$\lim\limits_{x\to 0}\dfrac{\mathrm{e}^x-\mathrm{e}^{-x}}{x}$ ；

（3）$\lim\limits_{x\to 1}\dfrac{\sqrt{x}-1}{x-1}$ ；

（4）$\lim\limits_{x\to 0}\dfrac{1-\cos x}{x^2}$ ；

(5) $\lim\limits_{x \to a} \dfrac{\sin x - \sin a}{x - a}$;

(6) $\lim\limits_{x \to +\infty} \dfrac{\ln x}{\sqrt{x}}$;

(7) $\lim\limits_{x \to 0^+} \dfrac{\ln \tan(2x)}{\ln \tan(3x)}$;

(8) $\lim\limits_{x \to 1}(1-x)\tan \dfrac{\pi x}{2}$;

(9) $\lim\limits_{x \to 0}\left(\dfrac{1}{x} - \dfrac{1}{\mathrm{e}^x - 1} \right)$;

(10) $\lim\limits_{x \to 1}\left(\dfrac{2}{x^2 - 1} - \dfrac{1}{x - 1} \right)$;

(11) $\lim\limits_{x \to 0^+}(\sin x)^x$;

(12) $\lim\limits_{x \to 1} x^{\frac{1}{x-1}}$.

2. 验证极限 $\lim\limits_{x \to +\infty} \dfrac{\mathrm{e}^x - \mathrm{e}^{-x}}{\mathrm{e}^x + \mathrm{e}^{-x}}$ 存在，但不能用洛必达法则求出.

第四节 函数的单调性和极值

一、函数的单调性

在第一章中我们给出了函数的单调性（单调增加、单调减少）的定义，那么在这一节我们将介绍利用导数判定函数单调性的方法.

如图 3 - 4 所示，当曲线上各点处切线与 x 轴正方向的夹角都是锐角，即当斜率 $\tan\alpha = f'(x) > 0$ 时，曲线是上升的，即函数是单调增加的；当曲线上各点处切线与 x 轴正方向的夹角都是钝角，即当斜率 $\tan\alpha = f'(x) < 0$ 时，曲线是下降的，即函数是单调减少的，于是得到下面的函数单调性的判定定理.

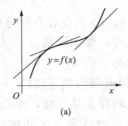 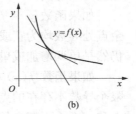

图 3 - 4

定理 3.3（函数单调性的判定法） 设函数 $y = f(x)$ 在闭区间 $[a,b]$ 上连续，在 (a,b) 内可导.

（1）如果在 (a,b) 内 $f'(x) > 0$，那么函数 $y = f(x)$ 在闭区间 $[a,b]$ 上单调增加；

（2）如果在 (a,b) 内 $f'(x) < 0$，那么函数 $y = f(x)$ 在闭区间 $[a,b]$ 上单调减少.

证 任取 $x_1, x_2 \in (a,b)$，且 $x_1 < x_2$. 由假设知函数 $y = f(x)$ 在 $[x_1, x_2]$ 上满足拉格朗日中值定理的条件，于是有
$$f(x_2) - f(x_1) = f'(\xi)(x_2 - x_1)(x_1 < \xi < x_2).$$

（1）由假设知，$f'(\xi) > 0$，故有
$$f(x_2) - f(x_1) = f'(\xi)(x_2 - x_1) > 0$$

即
$$f(x_2) > f(x_1).$$

由 x_1, x_2 的任意性和函数单调性的定义知，函数 $y = f(x)$ 在闭区间 $[a,b]$ 上单调增加.

（2）由假设知，$f'(\xi) < 0$，故有
$$f(x_2) - f(x_1) = f'(\xi)(x_2 - x_1) < 0$$

即 $$f(x_2) < f(x_1).$$

由 x_1,x_2 的任意性和函数单调性的定义知，函数 $y = f(x)$ 在闭区间 $[a,b]$ 上单调减少.

如果把定理 3.3 中的闭区间换成其他各种区间，定理 3.3 中的结论仍成立.

【例 3 - 24】 讨论函数 $y = x^3 - x^2 - x$ 的单调性.

解 函数 $y = x^3 - 3x$ 在定义域 $(-\infty, +\infty)$ 内连续、可导，且

$$y' = 3x^2 - 2x - 1 = (3x+1)(x-1)$$

又因为当 $x > 1$ 或 $x < -\frac{1}{3}\left[$ 即 $x \in \left(-\infty, -\frac{1}{3}\right) \cup (1, +\infty)\right]$ 时，$y' > 0$，所以函数 $y = x^3 - x^2 - x$ 在 $\left(-\infty, -\frac{1}{3}\right] \cup [1, +\infty)$ 上单调增加；当 $-\frac{1}{3} < x < 1\left[$ 即 $x \in \left(-\frac{1}{3}, 1\right)\right]$ 时，$y' < 0$，所以函数 $y = x^3 - x^2 - x$ 在 $\left[-\frac{1}{3}, 1\right]$ 上单调减少.

我们把使函数单调增加（或单调减少）的区间叫作函数的单调区间. 在 ［例 3 - 24］中，$(-\infty, -1], [1, +\infty)$ 和 $[-1, 1]$ 都是函数 $y = x^3 - 3x$ 的单调区间.

【例 3 - 25】 讨论函数 $y = x^3$ 的单调性.

解 函数 $y = x^3$ 在定义域 $(-\infty, +\infty)$ 内连续、可导，且

$$y' = 3x^2$$

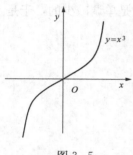

图 3 - 5

当 $x \neq 0$ 时，$y' = 3x^2 > 0$，所以函数 $y = x^3$ 在 $(-\infty, 0]$ 和 $[0, +\infty)$ 内都是单调增加的. 因此在整个定义域 $(-\infty, +\infty)$ 内都单调增加，如图 3 - 5 所示.

如果函数 $y = f(x)$ 在 (a, b) 内仅在有限点处导数为零，而在其余点处导数均为正或均为负时，那么函数 $y = f(x)$ 在区间 $[a, b]$ 上仍然是单调增加或单调减少的.

如果函数 $f(x)$ 在定义域或所给的定义区间上连续，并且除去有限个导数不存在的点外导数均存在且连续，那么只要用 $f'(x) = 0$ 的点和 $f'(x)$ 不存在的点将定义域或定义区间进行划分，就能保证函数 $f(x)$ 在每个部分区间上单调.

【例 3 - 26】 确定函数 $y = (x-1)x^{\frac{1}{3}}$ 的单调区间.

解 函数 $y = (x-1)x^{\frac{1}{3}}$ 在定义域 $(-\infty, +\infty)$ 内连续，且

$$y' = \frac{4x-1}{3\sqrt[3]{x^2}} \quad (x \neq 0)$$

由 $y' = 0$，解得 $x_1 = \frac{1}{4}$，且当 $x_2 = 0$ 时，$f'(x)$ 不存在. 用 x_1, x_2 将 $(-\infty, +\infty)$ 分成三个部分区间，见表 3 - 1.

表 3 - 1

x	$(-\infty, 0)$	0	$(0, \frac{1}{4})$	$\frac{1}{4}$	$(\frac{1}{4}, +\infty)$
y'	$-$	不存在	$-$	0	$+$
y	↘		↘		↗

所以函数 $y=(x-1)x^{\frac{1}{3}}$ 在 $\left(-\infty,\dfrac{1}{4}\right]$ 内单调减少，在 $\left[\dfrac{1}{4},+\infty\right)$ 内单调增加.

利用函数的单调性，可以证明不等式，请看下面的例子.

【例 3 - 27】 证明：当 $x>0$ 时，$\mathrm{e}^x>1+x$.

证　令 $f(x)=\mathrm{e}^x-x-1$.则问题就变成了证明当 $x>0$ 时，$f(x)>0$.显然函数 $f(x)$ 在区间 $[0,+\infty)$ 上连续，在 $(0,+\infty)$ 内可导，且

$$f'(x)=\mathrm{e}^x-1>0$$

因此函数 $f(x)$ 在区间 $[0,+\infty)$ 上单调增加.于是，当 $x>0$ 时，就有

$$f(x)>f(0)=0$$

即

$$\mathrm{e}^x>1+x\ (x>0).$$

二、函数的极值

为介绍函数的极值，我们首先给出函数极值的定义.

定义 3.1　设函数 $f(x)$ 在区域 D 内有定义，如果在 D 内存在点 x_0 的某个邻域 $U(x_0)\subset D$，使得对于任意 $x\in\mathring{U}(x_0)$，都有 $f(x)<f(x_0)\,[$或 $f(x)>f(x_0)]$，则称 $f(x_0)$ 是函数 $f(x)$ 的一个极大值（或极小值），称 x_0 为极大值点（或极小值点）.极大值、极小值统称为极值，极大值点、极小值点统称为极值点.

由极值的定义可知，极值是一个局部性的概念，在整个定义域上，极大值不一定是最大值，极小值也不一定是最小值，并且极大值不一定大于极小值.

在图 3-6 中，函数 $y=(x)$ 有四个极值，其中包括两个极大值：$f(x_1)$ 和 $f(x_3)$，两个极小值：$f(x_2)$ 和 $f(x_4)$.其中极大值 $f(x_1)$ 比极小值 $f(x_4)$ 还小.从图 3-6 中还可以看出，两个极大值都不是最大值.极值点处的切线均是水平切线，但注意，反之不一定成立，比如函数 $y=x^3$（见图 3-5）在 $x=0$ 处具有水平切线，但 $x=0$ 所对应的点却不是极值点.

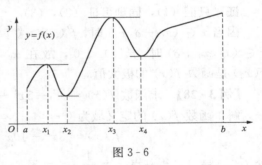

图 3-6

定理 3.4（极值存在的必要条件）　如果函数 $y=f(x)$ 在点 x_0 处可导，且在 x_0 处取得极值，则 $f'(x_0)=0$.

证　不妨设 $f(x_0)$ 是极大值，则由极值定义可知，对于 x_0 的某个邻域内异于 x_0 的任意点 x，都有 $f(x)<f(x_0)$.因此，当 $x>x_0$ 时，有

$$\frac{f(x)-f(x_0)}{x-x_0}<0$$

于是由第一章定理 1.6 推论，有

$$\lim_{x\to x_0^+}\frac{f(x)-f(x_0)}{x-x_0}\leqslant 0.$$

当 $x<x_0$ 时，有

$$\frac{f(x)-f(x_0)}{x-x_0}>0$$

于是由第一章定理 1.6 推论，有

$$\lim_{x \to x_0^-} \frac{f(x) - f(x_0)}{x - x_0} \geqslant 0 .$$

因为函数 $y = f(x)$ 在点 x_0 处可导，所以有

$$f'(x_0) = 0 .$$

注意，$f'(x_0) = 0$ 是可导点 x_0 为极值点的必要条件，而非充分条件．我们把使 $f'(x_0) = 0$ 的点称为函数的驻点．因此定理 3.4 就是说：可导函数的极值点一定是它的驻点，但反之未必成立．例如，函数 $y = x^3$（见图 3-5），$x = 0$ 是它的驻点，却不是它的极值点．导数不存在的点也可能是极值点，例如，绝对值函数 $y = |x|$ 在 $x = 0$ 处导数不存在，但 $x = 0$ 却是它的极值点．

由以上分析可知，函数的极值点一定是函数的驻点或导数不存在的点，但驻点和导数不存在的点不一定是函数的极值点．下面我们来研究判定函数极值的具体方法．

定理 3.5（第一充分条件） 设函数 $f(x)$ 在点 x_0 的某邻域 $U(x_0, \delta)$ 内可导，且 $f'(x_0) = 0$．

（1）若当 $x \in (x_0 - \delta, x_0)$ 时，$f'(x) > 0$；当 $x \in (x_0, x_0 + \delta)$ 时，$f'(x) < 0$，则函数 $f(x)$ 在 x_0 处取得极大值；

（2）若当 $x \in (x_0 - \delta, x_0)$ 时，$f'(x) < 0$；当 $x \in (x_0, x_0 + \delta)$ 时，$f'(x) > 0$，则函数 $f(x)$ 在 x_0 处取得极小值；

（3）若对任意 $x \in U(x_0, \delta)$，$f'(x)$ 的符号不变，则函数 $f(x)$ 在 x_0 处没有极值．

证 只证（1），同理可证（2），（3）．

因当 $x \in (x_0 - \delta, x_0)$ 时，$f'(x) > 0$，故在 x_0 左侧，函数 $f(x)$ 是单调增加的；又当 $x \in (x_0, x_0 + \delta)$ 时，$f'(x) < 0$，故在 x_0 右侧，函数 $f(x)$ 是单调减少的，这就证明了 $f(x_0)$ 是函数 $f(x)$ 的极大值．

【例 3-28】 求函数 $f(x) = x^3 - 5x^2 + 3x + 5$ 的极值．

解 函数 $f(x)$ 的定义域为 $(-\infty, +\infty)$．

$$f'(x) = 3x^2 - 10x + 3 = (3x - 1)(x - 3)$$

令 $f'(x) = 0$，得驻点 $x = \dfrac{1}{3}$，$x = 3$．

列表 3-2．

表 3-2

x	$\left(-\infty, \dfrac{1}{3}\right)$	$\dfrac{1}{3}$	$\left(\dfrac{1}{3}, 3\right)$	3	$(3, +\infty)$
$f'(x)$	$+$	0	$-$	0	$+$
$f(x)$	↗	极大值	↘	极小值	↗

由表 3-2 可知，在 $x = \dfrac{1}{3}$ 处函数 $f(x)$ 有极大值 $f\left(\dfrac{1}{3}\right) = 5\dfrac{13}{27}$，在 $x = 3$ 处有极小值 $f(3) = -4$．事实上，导数不存在的点也可能是函数的极值点，并且仍可用定理 3.5 进行判别，请看下例．

【例 3-29】 求函数 $f(x) = (x-1)x^{\frac{2}{3}}$ 的极值．

解 函数 $f(x)$ 的定义域为 $(-\infty, +\infty)$.

$$f'(x) = \frac{5x - 2}{3\sqrt[3]{x}}$$

令 $f'(x) = 0$，得驻点 $x = \dfrac{2}{5}$，且 $x = 0$ 为函数 $f(x)$ 的不可导点.

列表 3-3.

表 3-3

x	$(-\infty, 0)$	0	$\left(0, \dfrac{2}{5}\right)$	$\dfrac{2}{5}$	$\left(\dfrac{2}{5}, +\infty\right)$
$f'(x)$	$+$	不存在	$-$	0	$+$
$f(x)$	↗	极大值	↘	极小值	↗

由表 3-3 可知，在 $x = 0$ 处函数有极大值 $f(0) = 0$，在 $x = \dfrac{2}{5}$ 处函数有极小值 $f\left(\dfrac{2}{5}\right) = -\dfrac{3}{5}\sqrt[3]{\dfrac{4}{25}}$，如图 3-7 所示.

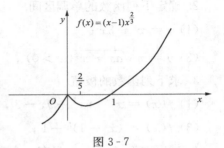

图 3-7

由以上两例可以看出，求函数 $f(x)$ 极值的步骤如下：

（1）求出函数的导数 $f'(x)$；

（2）求出函数 $f(x)$ 的全部驻点和导数不存在的点；

（3）对于每个驻点及导数不存在的点，用定理 3 进行判别；

（4）求出各极值点处的函数值就得到函数 $f(x)$ 的全部极值.

如果函数 $f(x)$ 在驻点处的二阶导数存在且不为零，此时函数 $f(x)$ 在该驻点处是否有极值也可由下面定理来判定.

定理 3.6（第二充分条件） 设函数 $f(x)$ 在点 x_0 处具有二阶导数且 $f'(x_0) = 0$，$f''(x_0) \neq 0$，那么

（1）当 $f''(x_0) < 0$ 时，函数 $f(x)$ 在 x_0 处取得极大值；

（2）当 $f''(x_0) > 0$ 时，函数 $f(x)$ 在 x_0 处取得极小值.

证 （1）由二阶导数的定义及假定，有

$$f''(x_0) = \lim_{x \to x_0} \frac{f'(x) - f'(x_0)}{x - x_0} = \lim_{x \to x_0} \frac{f'(x)}{x - x_0} < 0$$

根据第一章定理 1.6 可知，存在点 x_0 的某去心邻域 $\mathring{U}(x_0, \delta)$，当 x 在该邻域内时，有

$$\frac{f'(x)}{x - x_0} < 0$$

由此可知，当 $x \in \mathring{U}(x_0, \delta)$，且 $x < x_0$ 时，有 $f'(x) > 0$；当 $x \in \mathring{U}(x_0, \delta)$，且 $x > x_0$ 时，有 $f'(x) < 0$，由定理 3.5 知，$f(x_0)$ 为函数 $f(x)$ 的极大值.

同理可证（2）.

【例 3-30】 求函数 $f(x) = x^2 - \ln x^2$ 的极值.

解 函数 $f(x)$ 的定义域为 $(-\infty, 0) \bigcup (0, +\infty)$.

$$f'(x) = 2x - \frac{2}{x} = \frac{2(x^2-1)}{x}$$

令 $f'(x) = 0$，得驻点 $x = \pm 1$. 且

$$f''(x) = 2 + \frac{2}{x^2} > 0$$

故 $f''(\pm 1) > 0$，由定理 3.6，函数 $f(x)$ 在 $x = \pm 1$ 处都有极小值 $f(\pm 1) = 1$.

 **习题 3-4**

1. 判定下列函数的单调性.

(1) $y = x^3 + 2x - 3$；

(2) $y = \ln(1 + x^2) - x$.

2. 确定下列函数的单调区间.

(1) $y = x^3 - 3x$；

(2) $y = 2x^2 - \ln x$；

(3) $y = x \sqrt{ax - x^2} (a > 0)$；

(4) $y = (x-1)(x+1)^3$.

3. 求下列函数的极值.

(1) $f(x) = x^3 - 6x^2 + 9x - 3$；

(2) $f(x) = \arctan x - x$；

(3) $f(x) = (x^2-1)^3 + 1$；

(4) $f(x) = 1 - (x-2)^{\frac{2}{3}}$.

4. 试证方程 $\sin x = x$ 只有一个实根.

5. 证明以下不等式.

(1) 当 $x > 1$ 时，$2\sqrt{x} > 3 - \frac{1}{x}$；

(2) 当 $0 < x < \frac{\pi}{2}$ 时，$\tan x > x$.

6. 已知函数 $f(x) = a\sin x + \frac{1}{3}\sin 3x$ 在点 $x = \frac{\pi}{3}$ 处取得极值，试确定 a 的值，并指出此极值是极大值还是极小值.

第五节　函数的最大值、最小值

在生产实践和科学实验中，常常需要解决在一定条件下，怎样使"投入最小""产量最大""成本最低""效益最大"等问题，这些问题反映在数学上就是求某一函数（通常称为目标函数）的最大值和最小值问题.

假定函数 $f(x)$ 在闭区间 $[a, b]$ 上连续，根据闭区间上连续函数的性质，函数 $f(x)$ 在闭区间 $[a, b]$ 上必有最大值和最小值. 函数 $f(x)$ 在此区间上取得最大值和最小值的点有可能是区间的端点，也有可能是区间内部的点，如果是区间内部的点，则该点必是函数 $f(x)$ 的极值点. 因此，如果函数 $f(x)$ 在闭区间 $[a, b]$ 上连续，在开区间 (a, b) 内除有限个点外可导，且 $f(x)$ 在开区间 (a, b) 内只有有限个驻点，设 $x_1, x_2, \cdots, x_n$ 为函数 $f(x)$ 在开区间 (a, b) 内的所有不可导点和驻点，则 $f(a), f(b), f(x_1), f(x_2), \cdots, f(x_n)$ 中最大的就是函数 $f(x)$ 在闭区间 $[a, b]$ 上的最大值，最小的就是函数 $f(x)$ 在闭区间 $[a, b]$ 上的最小值.

【例 3-31】 求函数 $f(x) = x^3 - 3x + 3$ 在闭区间 $[-3,1]$ 上的最大值和最小值.

解 函数 $f(x)$ 在闭区间 $[-3,1]$ 上连续,且

$$f'(x) = 3x^2 - 3 = 3(x+1)(x-1)$$

令 $f'(x) = 0$,得驻点 $x_1 = -1$,$x_2 = 1$,且只有 x_1 在开区间 $(-3,1)$ 内. 由于

$$f(-1) = 5,\ f(-3) = -15,\ f(1) = 1$$

所以函数 $f(x)$ 在 $[-3,1]$ 上的最大值是 $f(-1) = 5$,最小值是 $f(-3) = -15$.

在实际问题中,如果函数 $f(x)$ 在区间 I(有限或无限,开或闭)内可导,且只有一个驻点 x_0,而且最大值或最小值一定在区间 I 的内部取得,则一般来说,$f(x_0)$ 就是我们所要求的最大值或最小值.

【例 3-32】 将一块边长为 a 的正方形铁皮的四角各截去一个大小相同的小正方形,然后将四边折起来,做成一个无盖的方盒,问截掉的小正方形的边长为多大时,所得的方盒的容积最大?

解 如图 3-8 所示,设剪掉的小正方形的边长为 x,则盒子的容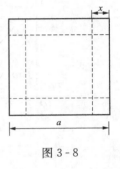积为

$$V(x) = x(a-2x)^2 \left(0 < x < \frac{a}{2}\right)$$

于是有

$$V'(x) = (a-2x)(a-6x).$$

令 $V'(x) = 0$,得驻点 $x_1 = \dfrac{a}{6}$,$x_2 = \dfrac{a}{2}$.

由于函数 $V(x)$ 在定义域内只有一个驻点 $x_1 = \dfrac{a}{6}$,而且 $V(x)$ 的最

图 3-8

大值一定在定义域内取得,所以当 $x = \dfrac{a}{6}$ 时,所得的方盒容积最大.

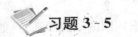 **习题 3-5**

1. 求下列函数在给定区间上的最大值和最小值.

(1) $f(x) = x^4 - 2x^2 + 5$,$[-2,2]$;

(2) $f(x) = x + 2\sqrt{x}$,$[0,4]$;

(3) $f(x) = x^5 - 5x^4 + 5x^3 + 1$,$[-1,2]$.

2. 铁路 AB 段的距离为 100km,工厂 C 距 A 为 20km,AC 垂直 AB(见图 3-9),今要在 AB 间一点 D 向式厂修一条公路,使从原料供应站 B 运货到工厂所用运费最省,问 D 应选择在何处(已知货运每一公里铁路和公路运费之比为 $3:5$)?

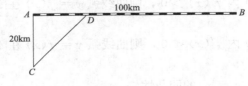

图 3-9

3. 把一根长为 a 的铝丝切成两段,一段围成正方形,一段围成圆形. 问这两段铝丝各

为多长时，正方形面积与圆面积之和最小？

4. 设某企业在生产一种产品 x 件时的总收益为 $R(x) = 100x - x^2$，总成本函数为 $C(x) = 200 + 50x + x^2$，求企业生产该产品为多少时，企业获得利润最大为多少万元？

第六节　曲线的凹凸性与拐点

讨论函数 $y = f(x)$ 的性态，仅仅研究函数的单调性与极值还不够，若想更加准确地把函数图形描绘出来，还必须掌握曲线的凹凸性．

如图 3-10（a）所示，在曲线弧上任取两点，连接这两点的弦总位于这两点间的弧段的上方，图 3-10（b）的情形恰好相反．曲线的这种性质就是曲线的凹凸性．下面给出曲线凹凸性的定义．

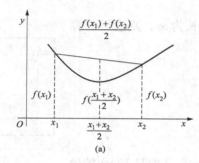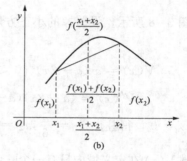

图 3-10

定义 3.2　设 $f(x)$ 在区间 I 上连续，如果对于 I 上任意两点 x_1，x_2，恒有

$$f\left(\frac{x_1 + x_2}{2}\right) < \frac{f(x_1) + f(x_2)}{2}$$

则称 $f(x)$ 在 I 上的图形是（向上）凹的（或凹弧）；如果恒有

$$f\left(\frac{x_1 + x_2}{2}\right) > \frac{f(x_1) + f(x_2)}{2}$$

则称 $f(x)$ 在 I 上的图形是（向上）凸的（或凸弧）.

事实上，（向上）凹的曲线 $y = f(x)$ 的切线的斜率总是随自变量 x 的增大而增大，即 $f'(x)$ 随 x 的增大而增大，因而有 $f''(x) > 0$；（向上）凸的曲线 $y = f(x)$ 的切线的斜率总是随自变量 x 的增大而减小，即 $f'(x)$ 随 x 的增大而减小，因而有 $f''(x) < 0$，由此可得曲线凹凸的判定法．

定理 3.7　设函数 $f(x)$ 在闭区间 $[a,b]$ 上连续，在开区间 (a,b) 内具有二阶导数，那么

（1）若在开区间 (a,b) 内 $f''(x) > 0$，则曲线弧 $y = f(x)$ 在闭区间 $[a,b]$ 上是（向上）凹的（凹弧）；

（2）若在开区间 (a,b) 内 $f''(x) < 0$，则曲线弧 $y = f(x)$ 在闭区间 $[a,b]$ 上是（向上）凸的（凸弧）.

【例 3-33】　判断曲线 $y = x^2$ 的凹凸性．

解　因为

$$y' = 2x, \quad y'' = 2 > 0$$

所以曲线在 $(-\infty,+\infty)$ 内都是凹的.

连续曲线弧上凹弧与凸弧的分界点称为该曲线的拐点.

【例 3-34】 判定曲线 $y=x^3$ 的凹凸性.

解 因为
$$y'=3x^2,\ y''=6x$$
当 $x<0$ 时，$y''<0$，所以曲线在 $(-\infty,0]$ 上是凸的；当 $x>0$ 时，$y''>0$，所以曲线在 $[0,+\infty)$ 上是凹的. 点 $(0,0)$ 是曲线的拐点.

对于给定曲线 $y=f(x)$，如何找到它的拐点呢? 根据拐点的定义我们知道，它的左右两侧邻近处的二阶导数的符号相反，由此我们推断，二阶导数为零的点以及二阶导数不存在的点都有可能是拐点. 只要找到这样的点，然后再判断其左右两侧邻近处的二阶导数的符号就可判断出它是不是拐点了.

确定曲线 $y=f(x)$ 的凹凸区间和拐点的步骤如下.

(1) 确定函数 $y=f(x)$ 的定义域；

(2) 求出二阶导数 $f''(x)$；

(3) 求使二阶导数为零的点和使二阶导数不存在的点；

(4) 判断或列表判断，确定出曲线凹凸区间和拐点.

【例 3-35】 求曲线 $y=\ln(x^2+1)$ 的凹凸区间及拐点.

解 函数 $y=\ln(x^2+1)$ 的定义域为 $(-\infty,+\infty)$.
$$y'=\frac{2x}{x^2+1},\ y''=\frac{2(x^2+1)-2x\cdot 2x}{(x^2+1)^2}=\frac{-2(x+1)(x-1)}{(x^2+1)^2}$$
令 $y''=0$ 得 $x=\pm 1$. 列表 3-4.

表 3-4

x	$(-\infty,-1)$	-1	$(-1,1)$	1	$(1,+\infty)$
y''	$-$	0	$+$	0	$-$
$y=f(x)$	凸	有拐点	凹	有拐点	凸

所以曲线在 $(-\infty,-1)$ 和 $(1,+\infty)$ 上是凸的，在 $(-1,+1)$ 上是凹的，拐点为 $(\pm 1,\ln 2)$.

习题 3-6

1. 判定下列曲线的凹凸性.

(1) $y=\ln x$；　　　　　　　　　　(2) $y=x\arctan x$.

2. 求下列曲线的凹凸区间及拐点.

(1) $y=3x^2-x^3$；　　　　　　　　(2) $y=x^{\frac{1}{3}}$；

(3) $y=x^3-3x^2+1$；　　　　　　　(4) $y=x^4$.

第七节　函数图形的描绘

由函数的一阶导数的符号，可以确定函数的单调区间及极值点，由函数的二阶导数的符号，可以确定曲线的凹凸区间及拐点，知道了这些之后，我们就可以比较准确地将函数的图形描绘出来了.

利用导数描绘函数图形的基本步骤如下.

(1) 确定函数 $y = f(x)$ 的定义域及函数所具有的特性（对称性、奇偶性、周期性等），并求出函数的一阶导数 $f'(x)$ 和二阶导数 $f''(x)$.

(2) 求出方程 $f'(x) = 0$ 和 $f''(x) = 0$ 在函数定义域内的全部实根，用这些根和导数不存在的点，把函数的定义域划分成几个部分区间.

(3) 确定这些部分区间内 $f'(x)$ 和 $f''(x)$ 的符号，并由此确定函数的单调性、极值点与曲线的凹凸性和拐点.

(4) 确定函数图形的水平、铅直渐近线及其他变化趋势.

(5) 描出一些特殊的点（一阶导数、二阶导数为零的点及导数不存在的点，曲线与坐标轴的交点等关键的辅助点），然后结合前几步得到的结果，联结这些点做出函数的图形.

水平渐近线与铅直渐近线在第一章就已经介绍过，这里不再重复. 如果 $\lim\limits_{x \to \infty} \dfrac{f(x)}{x} = k$，$\lim\limits_{x \to \infty}[f(x) - kx] = b$，则直线 $y = kx + b$ 是曲线 $y = f(x)$ 的斜渐近线.

【例 3 - 36】 描绘函数 $y = 3x - x^3$ 的图形.

解 (1) 所给函数 $y = f(x)$ 的定义域为 $(-\infty, +\infty)$，且函数是奇函数，图形关于原点对称，故只需讨论 $(0, +\infty)$ 部分即可，且
$$y' = 3 - 3x^2,\ y'' = -6x.$$

(2) 由 $f'(x) = 0$ 得 $x = -1$ 和 $x = 1$，由 $f''(x) = 0$ 得 $x = 0$. $x = -1$，$x = 0$ 和 $x = 1$ 将定义域 $(-\infty, +\infty)$ 划分成四个部分区间：
$$(-\infty, -1], [-1, 0], [0, 1], [1, +\infty).$$

(3) 列表 3 - 5.

表 3 - 5

x	0	$(0,1)$	1	$(1, +\infty)$
$f'(x)$	+	+	0	—
$f''(x)$	0	—	—	—
$f(x)$	0	⌒	极大值	⌒↘

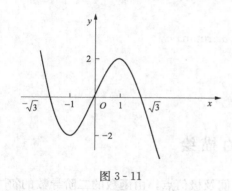
图 3 - 11

这里记号 ⌒↗ 表示曲线弧上升而且是凸的，⌒↘ 表示曲线弧是下降并且是凸的，⌣↘ 表示曲线弧下降而且是凹的，⌣↗ 表示曲线弧上升而且是凹的.

(4) 曲线无渐近线.

(5) $f(-1) = -2$，$f(0) = 0$，$f(1) = 2$，曲线与坐标轴的交点是 $(0,0)$，$(\sqrt{3}, 0)$，且由函数可知当 $x \to +\infty$ 时，$y \to -\infty$. 结合前几步即可画出函数 $y = 3x - x^3$ 的图形（见图 3 - 11）.

【例 3 - 37】　描绘函数 $f(x) = \dfrac{(x-3)^2}{4(x-1)}$ 的图形.

解　（1）所给函数的定义域为 $(-\infty, 1) \bigcup (1, +\infty)$. 且

$$f'(x) = \frac{(x+1)(x-3)}{4(x-1)^2}, \quad f''(x) = \frac{2}{(x-1)^3}.$$

（2）由 $f'(x) = 0$ 得 $x = -1$，$x = 3$，$f''(x) = 0$ 无解，故 $x = -1$，$x = 3$ 将定义域划分成四个部分区间 $(-\infty, -1], [-1, 1), (1, 3], [3, +\infty)$.

（3）列表 3 - 6.

表 3 - 6

x	$(-\infty, -1)$	-1	$(-1, 1)$	$(1, 3)$	3	$(3, +\infty)$
$f'(x)$	$+$	0	$-$	$-$	0	$+$
$f''(x)$	$-$	$-$	$-$	$+$	$+$	$+$
$f(x)$	↗	极大值	↘	↘	极小值	↗

（4）因为 $\lim\limits_{x \to 1} f(x) = \lim\limits_{x \to 1} \dfrac{(x-3)^2}{4(x-1)} = \infty$，所以 $x = 1$ 是曲线的一条铅直渐近线.

因为 $\lim\limits_{x \to \infty} \dfrac{f(x)}{x} = \lim\limits_{x \to \infty} \dfrac{(x-3)^2}{4x(x-1)} = \dfrac{1}{4}$，

$\lim\limits_{x \to \infty} \left[f(x) - \dfrac{1}{4}x \right] = \lim\limits_{x \to \infty} \left[\dfrac{(x-3)^2}{4(x-1)} - \dfrac{1}{4}x \right] = -\dfrac{5}{4}$，

所以 $y = \dfrac{1}{4}x - \dfrac{5}{4}$ 是曲线的一条斜渐近线.

（5）极大值 $f(-1) = -2$，极小值 $f(3) = 0$，补充点 $\left(0, -\dfrac{9}{4}\right)$，$\left(2, \dfrac{1}{4}\right)$. 结合前几步即可画出此函数的图形（见图 3 - 12）.

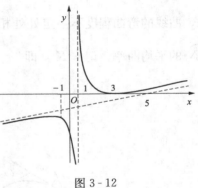

图 3 - 12

 习题 3 - 7

描绘下列函数的图形.

（1）$y = \dfrac{1}{3}x^3 - x + \dfrac{2}{3}$；　　　　　　　　（2）$y = \dfrac{2x}{1+x^2}$；

（3）$y = \dfrac{1}{\sqrt{2\pi}} \mathrm{e}^{-\frac{x^2}{2}}$；　　　　　　　　（4）$y = \dfrac{\ln x}{x}$.

*第八节　曲　　　率

曲线的弯曲程度是一个重要问题. 例如，材料力学中梁在外力的作用下要产生弯曲变形，因此，对于允许的弯曲程度，也是设计中应该考虑的一个因素. 本节我们将应用导数来

研究平面曲线的弯曲程度问题.

一、曲率的概念

设函数 $f(x)$ 在区间 (a,b) 内具有连续的一阶导数，即曲线 $y=f(x)$ 上每一点处都具有

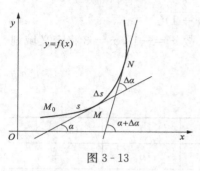

图 3-13

切线，且切线随切点的移动而连续转动，这样的曲线称为光滑曲线. 为研究方便起见，我们先在曲线 $y=f(x)$ 上选定一点 M_0 作为度量弧长的基点，并设曲线上点 M 对应于弧 s（s 的绝对值等于弧段 $\widehat{M_0M}$ 的长度，当 $\widehat{M_0M}$ 的方向与曲线正向一致时 $s>0$，相反时 $s<0$），曲线上另一点 N 对应于弧 $s+\Delta s$，点 M 与点 N 处切线的倾角分别为 α 和 $\alpha+\Delta\alpha$（见图 3-13），那么，弧段 $\widehat{MN}$ 的长度为 $|\Delta s|$，当动点从点 M 移到点 N 时切线转动过的角度为 $|\Delta\alpha|$.

容易看出，对于同样的弧长，如果切线转过的角度较大，那么曲线的弯曲程度也较大（见图 3-14），这说明曲线的弯曲程度可以看作与切线转过的角度成正比，但是切线转过的角度还不能完全反映曲线的弯曲程度，从图 3-15 可以看出，切线转过的角度相同的两个弧段，较短的弧段的弯曲程度较大，这说明曲线的弯曲程度可以看作与曲线的长度成反比. 因此，通常用比值 $\left|\dfrac{\Delta\alpha}{\Delta s}\right|$ 来表示 $\widehat{MN}$ 的弯曲程度. 一般说来，曲线的弯曲程度不一定处处相同，比值 $\left|\dfrac{\Delta\alpha}{\Delta s}\right|$ 只表示弧段的平均弯曲程度，称为弧段 $\widehat{MN}$ 的平均曲率，记作 $\bar{K}$，即

$$\bar{K}=\left|\frac{\Delta\alpha}{\Delta s}\right|. \tag{3-4}$$

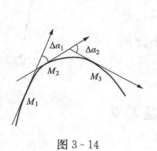

图 3-14

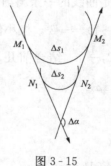

图 3-15

与从平均速度引进瞬时速度的方法类似，为了能精确地反映曲线在每一点处的弯曲程度，我们令 $\Delta s\to 0$，如果弧段 $\widehat{MN}$ 的平均曲率的极限存在，那么这个极限值就称为曲线在点 M 处的曲率，记作 K，即

$$K=\lim_{\Delta s\to 0}\left|\frac{\Delta\alpha}{\Delta s}\right|.$$

在 $\lim\limits_{\Delta s\to 0}\dfrac{\Delta\alpha}{\Delta s}=\dfrac{\mathrm{d}\alpha}{\mathrm{d}s}$ 存在的条件下，K 也可表示为

$$K=\left|\frac{\mathrm{d}\alpha}{\mathrm{d}s}\right|. \tag{3-5}$$

【例 3 - 38】　求半径为 R 的圆的曲率.

解　如图 3 - 16 所示，对于圆周上任一弧段 $\overset{\frown}{MN}$，由于在点 M,N 处圆的切线的夹角 $\Delta\alpha$ 等于中心角 $\angle MCN$，于是有

$$\bar{K} = \left|\frac{\Delta\alpha}{\Delta s}\right| = \frac{\frac{\Delta s}{R}}{\Delta s} = \frac{1}{R}$$

故

$$K = \lim_{\Delta s \to 0} \bar{K} = \frac{1}{R}.$$

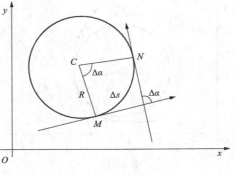

图 3 - 16

上题结果表明，圆的曲率处处相同，且等于该圆的半径的倒数，这个结论与直观上的看法是一致的：同一个圆的弯曲程度处处相同，不同的圆，半径大的弯曲的程度小，半径小的弯曲程度大.

二、曲率的计算公式

设已知曲线的方程为 $y = f(x)$，且 $f(x)$ 具有二阶导数.由于 α 是曲线上点 M 处的切线的倾角，因而 $\tan\alpha = y'$，于是

$$\alpha = \arctan y'.$$

已知 y' 是 x 的函数，两端对 x 求导，有

$$\frac{\mathrm{d}\alpha}{\mathrm{d}x} = (\arctan y')' \cdot y'' = \frac{y''}{1 + y'^2}$$

故

$$\mathrm{d}\alpha = \frac{y''}{1 + y'^2}\mathrm{d}x.$$

可以证明 $\mathrm{d}s = \sqrt{1 + y'^2}\,\mathrm{d}x$，故

$$K = \frac{|y''|}{(1 + y'^2)^{\frac{3}{2}}}. \tag{3 - 6}$$

上式即为曲率的计算公式.

【例 3 - 39】　求抛物线 $y^2 = 4x$ 在点 $(1,2)$ 处的曲率.

解　因为点 $(1,2)$ 在抛物线的上半支，故取 $y = 2\sqrt{x}$，于是有

$$y'\big|_{x=1} = \frac{1}{\sqrt{x}}\bigg|_{x=1} = 1$$

$$y''\big|_{x=1} = -\frac{1}{2x\sqrt{x}}\bigg|_{x=1} = -\frac{1}{2}$$

于是抛物线 $y^2 = 4x$ 在点 $(1,2)$ 处的曲率为

$$K = \frac{\left|-\dfrac{1}{2}\right|}{(1 + 1^2)^{\frac{3}{2}}} = \frac{1}{4\sqrt{2}}.$$

三、曲率圆与曲率半径

由［例 3 - 38］可以看到圆上任一点处的曲率等于该圆的半径的倒数，即圆的曲率的倒数就是圆的半径.

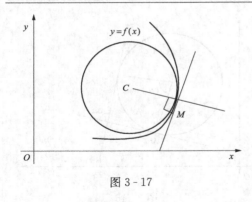

图 3-17

一般地，我们把曲线 $y = f(x)$ 在点 M 处的曲率 $K(K \neq 0)$ 的倒数称为曲线在点 M 处的曲率半径（见图 3-17），记作 ρ，即

$$\rho = \frac{1}{K} = \frac{(1 + y'^2)^{\frac{3}{2}}}{|y''|}$$

而把以 ρ 为半径，与曲线在点 M 处相切，且在点 M 邻近与曲线有相同凹向的圆称为曲线在点 M 处的曲率圆．曲率圆的圆心 C 称为曲线在点 M 处的曲率中心．在实际问题中，常常用曲率圆在点 M 邻近的一段圆弧来近似代替曲线弧，这样可以使问题得到简化.

习题 3-8

1. 求双曲线 $xy = 1$ 在点 $(1,1)$ 处的曲率.

2. 求曲线 $y = \ln(\sec x)$ 在点 (x, y) 处的曲率及曲率半径.

*第九节　导数在经济分析中的应用

一、边际函数

在经济问题中，常常会用到平均变化率和瞬时变化率的概念．平均变化率就是函数 $y = f(x)$ 的增量 Δy 与自变量的增量 Δx 之比，而当 $x = x_0$ 处的瞬时变化率就是

$$\lim_{\Delta x \to 0} \frac{f(x_0 + \Delta x) - f(x_0)}{\Delta x} = f'(x_0).$$

上式表示了 y 关于 x 在"在边际上" x_0 处的变化率，即 x 从 $x = x_0$ 起作微小变化时 y 关于 x 的变化率．因为当 x 从 x_0 处改变一个"单位"，且改变的"单位"很小时，有

$$\Delta y \Big|_{\substack{x = x_0 \\ \Delta x = 1}} \approx \mathrm{d}y \Big|_{\substack{x = x_0 \\ \Delta x = 1}} = f'(x) \Delta x \Big|_{\substack{x = x_0 \\ \Delta x = 1}} = f'(x_0)$$

所以在经济研究中，把函数 $y = f(x)$ 的导数 $f'(x)$ 称为边际函数，$f'(x)$ 在 x_0 处的值 $f'(x_0)$ 称为边际函数值，它表示在 $x = x_0$ 处，当 x 改变一个单位时，y（近似地）改变 $f'(x_0)$ 个单位.

要对经济与企业的经营管理进行数量分析，"边际"是个重要的概念，下面以大家较易理解的几个经济函数为例说明如下.

1. 边际成本

设产品的总成本 c 是产量 x 的函数 $c = c(x)$，称 $c(x)$ 为总成本函数，而称它的导数

$$c'(x) = \lim_{\Delta x \to 0} \frac{c(x + \Delta x) - c(x)}{\Delta x}$$

为边际成本.

边际成本的经济意义是：当产量达到 x 个单位时，再增加一个单位的产量，即 $\Delta x = 1$ 时，总成本将增加 $c'(x)$ 个单位（近似值）.

一般情况下，总成本 $c(x)$ 由固定成本 c_0 和可变成本 $c_1(x)$ 组成，即

$$c(x) = c_0 + c_1(x)$$

此时，边际成本为

$$c'(x) = [c_0 + c_1(x)]' = c'_1(x).$$

由此可知，边际成本与固定成本无关.

【例 3 - 40】 设总成本函数 $c(x) = 0.001x^3 - 0.3x^2 + 40x + 1000$. 求边际成本函数和 $x = 50$ 单位时的边际成本，并解释后者的经济意义.

解 边际成本函数为

$$c'(x) = 0.003x^2 - 0.6x + 40.$$

$x = 50$ 单位时的边际成本为

$$c'(x)|_{x=50} = (0.003x^2 - 0.6x + 40)|_{x=50} = 17.5.$$

这表示在生产 50 个单位时再生产一个单位产品所需的成本为 17.5.

【例 3 - 41】 已知某产品的成本函数为 $c(x) = 100 + \dfrac{x^2}{4}$，试求：（1）$x = 10$ 时的总成本、平均成本及边际成本；

（2）产量为多少时，平均成本最小？

解 （1）由 $c(x) = 100 + \dfrac{x^2}{4}$，得

$$\bar{c} = \frac{c(x)}{x} = \frac{100}{x} + \frac{x}{4}$$

$$c' = \frac{x}{2}$$

故当 $x = 10$ 时，总成本为 $c(10) = 125$，平均成本为 $\bar{c}(10) = 12.5$，边际成本为 $c'(10) = 5$.

（2）$\bar{c}' = -\dfrac{100}{x^2} + \dfrac{1}{4}$.

令 $\bar{c}' = 0$，得驻点 $x = 20$（负值舍去）. 由题意可知 $\bar{c}$ 一定存在最小值，且驻点唯一，所以 $x = 20$ 时平均成本最小.

2. 边际收益

设总收益 R 是销售量 x 的函数 $R = R(x)$，称 $R(x)$ 为总收益函数，称它的导数

$$R'(x) = \lim_{\Delta x \to 0} \frac{R(x + \Delta x) - R(x)}{\Delta x}$$

为边际收益. 实际上，$R'(x)$ 就是销量为 x 个单位时总收益的变化率，它表示若已销售了 x 个单位产品，再销售一个单位产品所增加的总收益.

一般情况下，销售 x 单位产品的总收益为销售量 x 与价格 P 之积，即

$$R(x) = xP = x\varphi(x).$$

这里 $P = \varphi(x)$ 是需求函数 $x = f(P)$ 的反函数，也称为需求函数. 于是有

$$R'(x) = [x\varphi(x)]' = \varphi(x) + x\varphi'(x).$$

可见，如果销售价格 P 与销售量 x 无关，即价格 $P = \varphi(x)$ 是常数时，则边际收益就等

于价格.

【例 3 - 42】 设某产品的需求函数为 $x = 100 - 5P$，其中 x 为销售量，P 为价格，求销售量为 15 个单位时的总收益、平均收益与边际收益，并求销售量从 15 个单位增加到 20 个单位时收益的平均变化率.

解 $R = xP = x(20 - \dfrac{x}{5}) = 20x - \dfrac{x^2}{5}$

故销售量为 15 个单位时，总收益为

$$R(15) = 20 \times 15 - \frac{15^2}{5} = 255$$

平均收益为

$$\bar{R}(15) = 17$$

边际收益为

$$R'(15) = \left(20 - \frac{2}{5}x\right)\Big|_{x=15} = 14.$$

当销售量从 15 个单位增加到 20 个单位时收益的平均变化率为

$$\frac{\Delta R}{\Delta x} = \frac{R(20) - R(15)}{20 - 15} = \frac{320 - 255}{5} = 13.$$

3. 边际利润

设产品的总利润 L 是产量 x 的函数 $L = L(x)$，称 $L(x)$ 为总利润函数，称它的导数

$$L'(x) = \lim_{\Delta x \to 0} \frac{L(x + \Delta x) - L(x)}{\Delta x}$$

为边际利润. 它表示若已生产了 x 个单位产品，再生产一个单位产品所增加的利润.

一般情况下，总利润函数可看成总收益函数与总成本函数之差，即

$$L(x) = R(x) - c(x).$$

显然，边际利润为

$$L'(x) = R'(x) - c'(x).$$

可见，边际利润可由边际收益和边际成本所确定.

【例 3 - 43】 某工厂生产某种产品，年产量为 x（单位：百台），总成本为 c（单位：万元），其中固定成本为 2 万元，每生产 1 百台成本增加 1 万元. 若市场上每年可销售 400 台，其销售总收益 R 是 x 的函数 $R = R(x) = \begin{cases} 4x - \dfrac{1}{2}x^2, & 0 \leqslant x \leqslant 4 \\ 8, & x > 4 \end{cases}$，问每年生产多少台，总利润最大？

解 因总成本函数为

$$c = c(x) = 2 + x$$

从而得总利润函数为

$$L = L(x) = R(x) - c(x) = \begin{cases} 3x - \dfrac{1}{2}x^2 - 2, & 0 \leqslant x \leqslant 4 \\ 6 - x, & x > 4 \end{cases}$$

$$L'(x) = \begin{cases} 3 - x, 0 \leqslant x \leqslant 4 \\ -1, \quad x > 4 \end{cases}$$

令 $L'(x) = 0$，得驻点 $x = 3$．根据题意，L 一定有最大值，且驻点唯一，故每年生产 300 台时总利润最大．

二、函数的弹性

在经济学中，有时需要研究某种变量对另一种变量的反应程度，但这种反应程度不是变化速度的快慢，而是变化的幅度、灵敏度．因此，在这类问题中，研究的不是函数的绝对改变量与自变量的绝对改变量之比，而是函数的相对改变量与自变量的相对改变量之比及其极限，这种特殊的极限就是弹性．

定义 3.3　设函数 $y = f(x)$ 在点 x 处可导，函数的相对改变量 $\dfrac{\Delta y}{y} = \dfrac{f(x + \Delta x) - f(x)}{f(x)}$

与自变量的相对改变量 $\dfrac{\Delta x}{x}$ 之比 $\dfrac{\Delta y / y}{\Delta x / x}$ 称为函数 $f(x)$ 从 x 到 $x + \Delta x$ 两点间的弹性．当 $\Delta x \to 0$

时，$\dfrac{\Delta y / y}{\Delta x / x}$ 的极限称为函数 $f(x)$ 在点 x 处的弹性，记作

$$\frac{Ey}{Ex} \text{ 或 } \frac{E}{Ex} f(x)$$

即

$$\frac{Ey}{Ex} = \lim_{\Delta x \to 0} \frac{\Delta y / y}{\Delta x / x} = y' \cdot \frac{x}{y}.$$

由于 $\dfrac{Ey}{Ex}$ 也是 x 的函数，故也称它为 $f(x)$ 的弹性函数．

函数 $f(x)$ 在点 x 处的弹性 $\dfrac{E}{Ex} f(x)$ 反映了函数 $f(x)$ 随 x 的变化而变化的变化幅度的大小，也就是 $f(x)$ 对 x 的变化反应的强烈程度或灵敏度．

$\dfrac{E}{Ex} f(x_0) = \dfrac{E}{Ex} f(x) \Big|_{x = x_0}$，表示在点 $x = x_0$ 处，当自变量 x 产生 1 % 的改变时，函数 y 变动的百分数．

用 $x = f(P)$ 表示需求量，P 表示价格，ΔP 表示价格的改变量，Δx 表示当价格变化 ΔP 而引起的需求量的必变量，则

$$\overline{\eta} = \frac{\Delta x / x}{\Delta P / P}$$

称为在 P 到 $P + \Delta P$ 两点间的需求弹性．而

$$\eta = \lim_{\Delta P \to 0} \frac{\Delta x / x}{\Delta P / P} = f'(P) \frac{P}{f(P)}$$

称为 $f(x)$ 在点 x 处的需求弹性．

类似地，若将需求函数相应地换成供给函数、总成本函数等，就可以得到供给弹性、成本弹性等．

【例 3-44】　某市对服装的需求函数可表示为 $x = aP^{-0.66}$，求服装的需求弹性，并说明其经济意义．

解
$$x' = -0.66aP^{-0.66-1}$$

$$\eta = -0.66aP^{-0.66-1} \cdot \frac{P}{aP^{-0.66}} = -0.66.$$

这表明服装价格若提高（或降低）1%，服装的需求量则减少（或增加）0.66%.

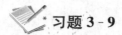 习题 3-9

1. 某工厂生产 x 个单位产品的总成本为 $c(x) = 3000 + \frac{1}{4}x^2$（元），且已知其需求函数为 $P = 200 - \frac{x}{2}$（元），求边际收益、边际利润.

2. 设某产品的需求函数为 $Q = 125 - 5P$（Q 表示需求量，P 表示价格），若生产的固定成本为 100（百元），每多生产一个产品成本增加 2（百元），且工厂自产自销，产销平衡，问如何定价才能使工厂获得最大利润？

3. 某商品的需求函数为 $Q = 75 - P^2$，求：

（1）$P = 4$ 时的边际需求和需求弹性，并说明其经济意义；

（2）P 为多少时，总收益最大？

小结与学习指导

一、小结

本章内容是以导数为主要工具，结合极限、连续等概念，来进一步研究函数的单调性、极值、最大值与最小值、曲线的凹凸、拐点等性质. 微分学中值定理是用导数来研究函数本身性质的重要工具，也是解决实际问题的理论基础，这也是本章首先阐明的问题.

1. 中值定理

利用导数对函数进行研究的理论基础是罗尔定理、拉格朗日中值定理与柯西中值定理. 这三个定理有相同的几何背景，即在 $[a,b]$ 上连续，在 (a,b) 内处处具有不垂直于 x 轴的切线的弧段 $\overset{\frown}{AB}$ 上，至少有一条切线平行于弦 AB.

当弧段 $\overset{\frown}{AB}$ 由方程 $y = f(x)$ $(x \in [a,b])$ 给出，且 $f(a) = f(b)$ 时，由几何图形得出

$$f'(\xi) = 0, \xi \in (a,b) \tag{1}$$

这就是罗尔定理的结论.

当弧段 $\overset{\frown}{AB}$ 由方程 $y = f(x)$ $(x \in [a,b])$ 给出，且 $f(a) \neq f(b)$ 时，那么从几何图形得出

$$f(b) - f(a) = f'(\xi)(b-a) \text{ 或 } f'(\xi) = \frac{f(b)-f(a)}{b-a}, \xi \in (a,b) \tag{2}$$

这就是拉格朗日中值定理的结论.

当弧段 $\overset{\frown}{AB}$ 由参数方程 $x = g(t), y = f(t), t \in (\alpha,\beta)$ 给出，点 A 与 B 分别对应于参数 α 与 β，且 $g'(t) \neq 0$ 时，那么从几何图形得出

$$\frac{f(b)-f(a)}{g(b)-g(a)} = \frac{f'(\xi)}{g'(\xi)}, \xi \in (a,b) \tag{3}$$

这就是柯西中值定理的结论.

　　从以上三个式子可以看出，拉格朗日中值定理是柯西中值定理的特殊情形，罗尔定理是拉格朗日中值定理的特殊情形．或者说，拉格朗日中值定理是罗尔定理的推广，柯西中值定理是拉格朗日中值定理的推广．它们是我们用导数去判定函数的各种性态的桥梁．

　　在高等数学范围内，罗尔定理的主要作用在于用它来证明拉格朗日中值定理与柯西中值定理；柯西中值定理的主要作用在于用它来证明洛必达法则和泰勒中值定理；拉格朗日中值定理的主要作用在于用它来推得下面三种函数性态的判定法：①函数单调性的判别法；②函数极值的判别法；③曲线凹凸性的判别法．

　　2. 洛必达法则

　　在求 $\frac{0}{0}$ 型和 $\frac{\infty}{\infty}$ 型未定式的极限时，我们可以使用洛必达法则，而对其他型的未定式：$0 \cdot \infty, \infty - \infty, 0^0, 1^\infty, \infty^0$，我们可以先将其化为能用洛必达法则求极限的形式，再去求其极限．

　　3. 函数的极值与最值．

　　最大值与最小值是全局性的概念，所以最大值一定大于或等于最小值；而极值是局部性的概念，所以极小值可能比极大值大．这是最值与极值之间的区别．

　　我们可以用函数极值的判别法来判断函数的驻点与不可导点是否是函数的极值．求闭区间 $[a,b]$ 上连续函数 $y = f(x)$ 的最大值与最小值的方法是计算出函数的所有极值，再把端点处的函数值求出，比较这些值的大小，其中最大的就是最大值，最小的就是最小值．求实际问题的最大值或最小值，首先要根据实际问题的具体情况，建立目标函数，并确定其区间，然后按上述方法求出最大值或最小值．此时需注意，对于实际问题，我们可以考虑其实际意义，使问题简化．

二、学习指导

　　1. 本章要求

　　(1) 理解罗尔定理、拉格朗日中值定理，了解柯西中值定理．

　　(2) 熟练掌握洛必达法则．

　　(3) 掌握函数单调性的判定方法，极值的概念及求法．

　　(4) 会求较简单的最大值与最小值的应用问题．

　　(5) 掌握曲线凹凸性的判定方法，会求曲线的拐点．

　　(6) 掌握函数作图的主要步骤．

　　重点：

　　(1) 罗尔定理，拉格朗日中值定理．

　　(2) 洛必达法则．

　　(3) 函数极值的求法．函数的最大值与最小值及其应用问题．

　　难点：

　　函数的最大值与最小值及其应用问题．

　　2. 对学习的建议

　　(1) 掌握微分中值定理，首先要弄清它们的条件与结论，以及它们在利用导数解决实际问题与函数性态研究方面所起的作用．

　　(2) 洛必达法则是求未定式极限的有效方法，但不是"万能"的方法．在应用此法则的过程中，有时会出现循环交替的现象，因而求不出极限；有时越算越复杂，无法继续进行运算；有时一个极限存在的未定式，使用法则后，反而导致导数之比的极限不存在的结果，这时一定注意，切不可轻易下结论说极限不存在，而应另找方法去解决．

使用洛必达法则应注意以下几点．

1) 每次使用洛必达法则，必须首先检验是不是 $\dfrac{0}{0}$ 型或 $\dfrac{\infty}{\infty}$ 型未定式．

2) 使用洛必达法则时，不是对整个式子求导，而是分子、分母分别求导．

3) 在每次使用法则后，需先化简，以简化运算．

4) 根据具体情况，考虑是否需要作适当的变量替换，以简化运算．

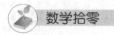 数学拾零

数 学 家 简 介

拉格朗日（1736—1813），法国数学家（见图 3-18）．在数学、力学和天文学三个学科中都有重大历史性贡献，但他主要是数学家，研究力学和天文学的目的是表明数学分析的威力．全部著作、论文、学术报告记录、学术通讯超过 500 篇．他是数学分析的开拓者．牛顿和莱布尼兹以后的欧洲数学分裂为两派．英国仍坚持牛顿在《自然哲学中的数学原理》中的几何方法，进展缓慢；欧洲大陆则按莱布尼兹创立的分析方法（当时包括代数方法），进展很快，当时叫分析学（analysis）．拉格朗日是仅次于欧拉的最大开拓者，在 18 世纪创立的主要分支中都有开拓性贡献．

（1）变分法．这是拉格朗日最早研究的领域，以欧拉的思路和结果为依据，但从纯分析方法出发，得到更完善的结果．他的第一篇论文"极大和极小的方法研究"是他研究变分法的序幕；1760 年发表的"关于确定不定积分式的极大极小的

图 3-18

一种新方法"是用分析方法建立变分法的代表作．发表前写信给欧拉时，称此文中的方法为"变分方法"（themethod of variation）．欧拉肯定了，并在他自己的论文中正式将此方法命名为"变分法"（the calculus of variation）．变分法这个分支才真正建立起来．

（2）微分方程．早在都灵时期，拉格朗日就对变系数常微分方程研究做出重大成果．他在降阶过程中提出了以后所称的伴随方程，并证明了非齐次线性变系数方程的伴随方程的伴随方程，就是原方程的齐次方程．他还把欧拉关于常系数齐次方程的结果推广到变系数情况，证明了变系数齐次方程的通解可用一些独立特解乘上任意常数相加而成；而且在知道方程的 m 个特解后，可以把方程降低 m 价．

（3）方程论．18 世纪的代数学从属于分析，方程论是其中的活跃领域．拉格朗日在柏林的前十年，大量时间花在代数方程和超越方程的解法上．

（4）函数和无穷级数．同 18 世纪的其他数学家一样，拉格朗日也认为函数可以展开为无穷级数，而无穷级数则是多项式的推广．他还试图用代数建立微积分的基础．在他的《解析函数论》中，书名上加的小标题"含有微分学的主要定理，不用无穷小，或

正在消失的量，或极限与流数等概念，而归结为代数分析艺术"，表明了他的观点．由于回避了极限和级数收敛性问题，当然就不可能建立真正的级数理论和函数论，但是他们的一些处理方法和结果仍然有用，他们的观点也在发展．

　　近百余年来，数学中的许多成就都直接或间接地溯源于他的工作，他是对分析数学产生全面影响的数学家之一．

总复习题三

1. 填空题.

(1) 函数 $g(x) = 2x^2 - x - 3$ 在区间 $[0,1]$ 上满足拉格朗日中值定理中的 $\xi =$ _____ .

(2) 函数 $f(x) = \ln(1 - x^2)$ 在 _____ 内单调增加，在 _____ 内单调减少.

(3) 设 $y = 2x^2 + ax + 3$ 在点 $x = 1$ 取得极小值，则 $a =$ _____ .

(4) 函数 $y = x^2 + 2x + 3$ 在 $[-3, 4]$ 上的最小值为_____ .

(5) 曲线 $y = \ln\left(3 - \dfrac{e}{x}\right)$ 水平渐近线为_____ ，铅直渐近线为_____ .

(6) 曲线 $y = e^{-x^2}$ 的拐点个数为_____ .

2. 单项选择题.

(1) 设函数 $f(x)$ 在闭区间 $[0,1]$ 上连续，在开区间 $(0,1)$ 内可导，且 $f'(x) > 0$ ，则_____ .

(A) $f(0) < 0$ ；　　　　　　　　(B) $f(1) > 0$ ；

(C) $f(1) > f(0)$ ；　　　　　　　(D) $f(1) < f(0)$.

(2) 若 x_0 为函数 $y = f(x)$ 的极值点，则下列命题_____正确 .

(A) $f'(x_0) = 0$ ；　　　　　　　(B) $f'(x_0) \neq 0$ ；

(C) $f'(x_0) = 0$ 或 $f'(x_0)$ 不存在；　(D) $f'(x_0)$ 不存在 .

(3) 下列哪些点不可能成为最值点_____ .

(A) 拐点；　　　(B) 驻点；　　　(C) 不可导点；　　　(D) 区间端点 .

(4) 曲线 $y = \dfrac{4x - 1}{(x - 1)^2}$ ，_____ .

(A) 仅有垂直渐近线；　　　　　　(B) 仅有水平渐近线；

(C) 无渐近线；　　　　　　　　　(D) 既有垂直渐近线又有水平渐近线 .

(5) 设 $f(x) = \dfrac{1}{3}x^3 - x$ ，则 $x = 1$ 为 $f(x)$ 在 $[-2, 2]$ 上的_____ .

(A) 极小值点，但不是最小值点；　(B) 极小值点，也是最小值点；

(C) 极大值点，但不是最大值点；　(D) 极大值点，也是最大值点 .

*(6) 曲线 $y = e^x$ 在 $(0,1)$ 点的曲率为_____ .

(A) $2\sqrt{2}$ ；　　　(B) $\dfrac{1}{2\sqrt{2}}$ ；　　　(C) $\sqrt{2}$ ；　　　(D) $\dfrac{\sqrt{2}}{2}$.

3. 计算下列各题.

(1) $\displaystyle\lim_{x \to \frac{\pi}{2}} \frac{\ln\sin x}{(\pi - 2x)^2}$ ；　　(2) $\displaystyle\lim_{x \to 0^+} \left(\frac{1}{x}\right)^{\tan x}$ ；　　(3) $\displaystyle\lim_{x \to 0}\left(\frac{1}{x^2} - \frac{1}{x\tan x}\right)$.

4. 讨论函数 $y = \sqrt{3}\arctan x - 2\arctan\dfrac{x}{\sqrt{3}}$ 的单调性，并求其极值.

5. 求 $y = 2x^3 - 6x^2 - 18x + 7$ 在 $[-1,4]$ 上的最大值与最小值.

6. 求曲线 $y = (x-1)\sqrt[3]{x^5}$ 的凹凸区间及拐点.

7. 证明：当 $x > 0$ 时，$\dfrac{x}{1+x^2} < \arctan x < x$.

8. 设 $f(x)$ 在 $[0,a]$ 上连续，在 $(0,a)$ 内可导，且 $f(a) = 0$. 证明存在一点 $\xi \in (0,a)$，使 $\xi f'(\xi) + f(\xi) = 0$.

9. 证明：方程 $x = \sin x$ 有且仅有一个实根.

考研真题 三

1. 填空题.

(1) 曲线 $y = \dfrac{x + 4\sin x}{5x - 2\cos x}$ 的水平渐近线为_____.

(2) $\lim\limits_{x \to 0}(\cos x)^{\frac{1}{\ln(1+x^2)}} = $_____.

(3) 设函数 $y(x)$ 由参数方程 $\begin{cases} x = t^3 + 3t + 1 \\ y = t^3 - 3t + 1 \end{cases}$ 确定，则曲线 $y(x)$ 向上凸的 x 取值范围为_____.

2. 选择题.

(1) 设函数 $f(x)$ 在闭区间 $[a,b]$ 上有定义，在开区间 (a,b) 内可导，则_____.

(A) 当 $f(a)f(b) < 0$ 时，存在 $\xi \in (a,b)$，使 $f(\xi) = 0$；

(B) 对任何 $\xi \in (a,b)$，有 $\lim\limits_{x \to \xi}[f(x) - f(\xi)] = 0$；

(C) 当 $f(a) = f(b)$ 时，存在 $\xi \in (a,b)$，使 $f(\xi) = 0$；

(D) 存在 $\xi \in (a,b)$，使 $f(b) - f(a) = f'(\xi)(b-a)$.

(2) 设 $f'(x_0) = f''(x_0) = 0, f'''(x_0) > 0$，则下列选项正确的是_____.

(A) $f'(x_0)$ 是 $f'(x)$ 的极大值；　　　　(B) $f(x_0)$ 是 $f(x)$ 的极大值；

(C) $f(x_0)$ 是 $f(x)$ 的极小值；　　　　(D) $(x_0, f(x_0))$ 是曲线 $y = f(x)$ 的拐点.

3. 计算题.

(1) $\lim\limits_{x \to \infty}\left[x - x^2\ln\left(1 + \dfrac{1}{x}\right)\right]$；

(2) $\lim\limits_{x \to 0}\left[\dfrac{a}{x} - \left(\dfrac{1}{x^2} - a^2\right)\ln(1 + ax)\right](a \neq 0)$.

4. 设函数 $f(x)$ 在闭区间 $[a,b]$ 上连续，在开区间 (a,b) 内可导. 证明：在 (a,b) 内至少存在一点 ξ，使 $\dfrac{bf(b) - af(a)}{b-a} = f(\xi) + \xi f'(\xi)$.

5. 证明：当 $0 < x < \pi$ 时，$\sin\dfrac{x}{2} > \dfrac{x}{\pi}$.

第四章 不 定 积 分

在第三章中，我们讨论了已知函数求导的问题，本章将讨论与之相反的问题，即要寻求一个可导函数，使它的导数等于已知函数，这是微积分的基本问题之一．

第一节 不定积分的概念与性质

一、原函数与不定积分的概念

定义 4.1 如果在区间 I 上，可导函数 $F(x)$ 的导函数为 $f(x)$，即对任意的 $x \in I$，都有

$$F'(x) = f(x) \quad \text{或} \quad \mathrm{d}F(x) = f(x)\mathrm{d}x$$

则称函数 $F(x)$ 为函数 $f(x)$ 在区间 I 上的一个原函数．

例如，因 $(\sin x)' = \cos x$，故 $\sin x$ 是 $\cos x$ 在区间 $(-\infty, +\infty)$ 上的一个原函数．

又如，$(x^2)' = 2x$，$(x^2 + 3)' = 2x$，有 x^2、$x^2 + 3$ 是 $2x$ 在区间 $(-\infty, +\infty)$ 上的一个原函数，等等诸多例子．

由前面的讨论，我们知道函数可导必须具备一定的条件，对原函数的研究的首要问题就是一个函数具备怎样的条件能保证它的原函数一定存在？在这里我们先介绍一个结论．

定理 4.1（原函数存在定理） 如果函数 $f(x)$ 在区间 I 上连续，那么在区间 I 上存在可导函数 $F(x)$，使对任意 $x \in I$，都有

$$F'(x) = f(x).$$

简单地说：连续函数一定有原函数．

我们知道，初等函数在其定义区间内连续，所以初等函数在其定义区间内一定有原函数．

由前面的例子，我们可以得出结论：如果函数 $f(x)$ 有一个原函数 $F(x)$，那么与 $F(x)$ 相差任意一个常数的函数 $F(x) + C$ 都是函数 $f(x)$ 的原函数．

定理 4.2 在区间 I 上，如果函数 $f(x)$ 有一个原函数 $F(x)$，那么 $F(x) + C$ 是 $f(x)$ 在 I 的全体原函数，其中 C 为任意常数．

证 已知 $F'(x) = f(x)$，所以有 $[F(x) + C]' = F'(x) = f(x)$，即 $F(x) + C$ 是函数 $f(x)$ 的原函数．

若函数 $G(x)$ 也是 $f(x)$ 在区间 I 上的一个原函数，则一定是 $F(x) + C$ 的形式，事实上，当 $x \in I$ 时，有

$$[G(x) - F(x)]' = G'(x) - F'(x) = f(x) - f(x) = 0$$

由拉格朗日中值定理的推论知

$$G(x) - F(x) = C_0 \qquad (C_0 \text{ 为某一常数})$$

也就是

$$G(x) = F(x) + C_0$$

这就证明了 $F(x)+C$ 是 $f(x)$ 的全体原函数.

定义 4.2 函数 $f(x)$ 在区间 I 上的全部原函数称为 $f(x)$ 在区间 I 上的不定积分,记作

$$\int f(x)\mathrm{d}x \qquad x \in I$$

其中符号 $\int$ 称为积分号, $f(x)$ 称为被积函数, $f(x)\mathrm{d}x$ 称为被积表达式, x 称为积分变量.

注 1：$\int f(x)\mathrm{d}x$ 是一个整体记号;

注 2：不定积分与原函数是总体与个体的关系, 即若 $F(x)$ 是 $f(x)$ 的一个原函数, 则 $f(x)$ 的不定积分是一个函数族 $\{F(x)+C\}$, 其中 C 是任意常数, 于是,

$$\int f(x)\mathrm{d}x = F(x)+C$$

此时称 C 为积分常数, 它可取任意实数. 故有

$$\left[\int f(x)\mathrm{d}x\right]' = f(x) \qquad \text{——先积后导正好还原}$$

或

$$\mathrm{d}\left[\int f(x)\mathrm{d}x\right] = f(x)\mathrm{d}x$$

$$\int f'(x)\mathrm{d}x = f(x)+C \text{——先导后积分还原后需加上一个常数（不能完全还原）}$$

或

$$\int \mathrm{d}f(x) = f(x)+C.$$

以后为简单起见, 常常不注明积分变量的区间, 这时应理解为使等式成立的最大区间.

【例 4-1】 求 $\int 2x\mathrm{d}x$.

解 由于 $(x^2)' = 2x$, 所以 x^2 是 $2x$ 的一个原函数, 因此

$$\int 2x\mathrm{d}x = x^2 + C.$$

【例 4-2】 求 $\int \dfrac{1}{x}\mathrm{d}x$.

解 当 $x>0$ 时, $(\ln x)' = \dfrac{1}{x}$, 所以 $\ln x$ 是 $\dfrac{1}{x}$ 在 $(0,+\infty)$ 内的一个原函数.

当 $x<0$ 时, 即 $-x>0$ 时, $[\ln(-x)]' = \dfrac{1}{-x}(-1) = \dfrac{1}{x}$, 所以 $\ln(-x)$ 是 $\dfrac{1}{x}$ 在 $(-\infty,0)$ 内的一个原函数.

因此, 当 $x\neq 0$ 时, $\ln|x|$ 是 $\dfrac{1}{x}$ 的一个原函数. 从而有

$$\int \frac{1}{x}\mathrm{d}x = \ln|x|+C.$$

二、不定积分的几何意义

在几何上, 我们通常把 $f(x)$ 的一个原函数 $F(x)$ 的图像称为 $f(x)$ 的一条积分曲线. 于是, 不定积分 $\int f(x)\mathrm{d}x$ 在几何上表示的是一族曲线. $F(x)+C$ 称为积分曲线族, 这一族曲线有两个特点: 其一是横坐标相同点处的切线平行, 并且斜率都等于 $f(x)$; 其二是曲线族

当中的任意两条曲线只差一个常数（见图 4 - 1）.

在问题的讨论中，有时要从积分曲线族 $F(x) + C$ 中确定一个通过定点 (x_0, y_0) 的一条积分曲线，即确定满足初始条件 $F(x_0) = y_0$ 的原函数. 那么这样的曲线是唯一的. 这时，只要在等式 $y = F(x) + C$ 中代入初始条件 (x_0, y_0) 即可.

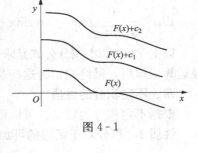

图 4 - 1

【例 4 - 3】 设曲线过点 $(0, -1)$，且曲线上任一点处的切线斜率等于该点横坐标的余弦值，求曲线方程.

解 设所求的曲线为 $y = f(x)$，(x, y) 为曲线上任一点. 由题设条件可得

$$y' = f'(x) = \cos x$$

求得

$$y = \int \cos x \, dx = \sin x + C.$$

又因为所求曲线 $f(x)$ 过点 $(0, -1)$，所以有 $f(0) = -1$，即 $-1 = 0 + C$ 故 $C = -1$，则所求的曲线方程为

$$y = \sin x - 1.$$

三、基本积分公式表

既然积分运算与微分运算是互逆的，那么可以把基本导数公式表或微分公式表反过来，得到下面的基本积分公式表.

1. $\displaystyle\int k \, dx = kx + C$

2. $\displaystyle\int x^\alpha \, dx = \frac{x^{\alpha+1}}{\alpha+1} + C \quad (\alpha \neq -1, x > 0)$

3. $\displaystyle\int \frac{1}{x} \, dx = \ln|x| + C$

4. $\displaystyle\int a^x \, dx = \frac{a^x}{\ln a} + C \quad (a > 0, a \neq 1)$

5. $\displaystyle\int e^x \, dx = e^x + C$

6. $\displaystyle\int \sin x \, dx = -\cos x + C$

7. $\displaystyle\int \cos x \, dx = \sin x + C$

8. $\displaystyle\int \frac{1}{\cos^2 x} \, dx = \int \sec^2 x \, dx = \tan x + C$

9. $\displaystyle\int \frac{1}{\sin^2 x} \, dx = \int \csc^2 x \, dx = -\cot x + C$

10. $\displaystyle\int \sec x \cdot \tan x \, dx = \sec x + C$

11. $\displaystyle\int \csc x \cdot \cot x \, dx = -\csc x + C$

12. $\displaystyle\int \frac{1}{1+x^2}\mathrm{d}x = \arctan x + C$

13. $\displaystyle\int \frac{1}{\sqrt{1-x^2}}\mathrm{d}x = \arcsin x + C$

以上 13 个基本积分公式是求不定积分的基础，大家要熟记，因为其他函数的不定积分经运算变形后，最终归结为这些基本不定积分的计算问题．

四、不定积分的性质

根据不定积分的定义，可以得到如下两个性质，以下设 $f(x)$ 和 $g(x)$ 存在原函数．

性质 1　积分对于函数的可加性，即

$$\int [f(x) + g(x)]\mathrm{d}x = \int f(x)\mathrm{d}x + \int g(x)\mathrm{d}x.$$

性质 1 可以推广到任意有限多个函数的代数和的情形，即

$$\int [f_1(x) \pm f_2(x) \pm \cdots \pm f_n(x)]\mathrm{d}x = \int f_1(x)\mathrm{d}x \pm \int f_2(x)\mathrm{d}x \pm \cdots \pm \int f_n(x)\mathrm{d}x.$$

性质 2　积分对于函数的齐次性，即

$$\int kf(x)\mathrm{d}x = k\int f(x)\mathrm{d}x \quad (k\ 为常数, k \neq 0).$$

综合性质 1 和性质 2，可以得出不定积分的线性性质：

$$\int [k_1 f_1(x) + k_2 f_2(x) \cdots + k_n f_n(x)]\mathrm{d}x = k_1\int f_1(x)\mathrm{d}x + k_2\int f_2(x)\mathrm{d}x + \cdots + k_n\int f_n(x)\mathrm{d}x$$

其中 $k_1, k_2, \cdots, k_n$ 不全为零．

以上两个性质，可以通过对右边的关系式求导数而等于左边的被积函数的方法来验证．

利用不定积分的性质和基本积分公式，可以求一些简单函数的不定积分．

【例 4 - 4】　求 $\displaystyle\int \frac{3}{x^2}\mathrm{d}x$．

解　$\displaystyle\int \frac{3}{x^2}\mathrm{d}x = 3\int x^{-2}\mathrm{d}x = 3\frac{x^{-2+1}}{-2+1} + C = -\frac{3}{x} + C.$

【例 4 - 5】　求 $\displaystyle\int x^2\sqrt[3]{x}\mathrm{d}x$．

解　$\displaystyle\int x^2\sqrt[3]{x}\mathrm{d}x = \int x^{\frac{7}{3}}\mathrm{d}x = \frac{3}{10}x^{\frac{10}{3}} + C.$

以上两个例子表明，当被积函数是以分式或根式表示的幂函数时，应先把它化为 x^a 的形式，然后应用基本积分公式表来求不定积分．

【例 4 - 6】　求 $\displaystyle\int \left(1 - \frac{1}{\sqrt{x}}\right)^2 \mathrm{d}x$．

解　$\displaystyle\int \left(1 - \frac{1}{\sqrt{x}}\right)^2 \mathrm{d}x = \int \left(1 - \frac{2}{\sqrt{x}} + \frac{1}{x}\right)\mathrm{d}x = \int 1\mathrm{d}x - 2\int \frac{1}{\sqrt{x}}\mathrm{d}x + \int \frac{1}{x}\mathrm{d}x$

$$= x - 4\sqrt{x} + \ln|x| + C.$$

注：在分项积分后，每个不定积分的结果都含有任意常数．由于任意常数的代数和仍为任意常数，故只需在最后一个积分符号消失的同时，加上一个积分常数就可以了．

【例 4 - 7】　求 $\displaystyle\int \frac{1}{x^2(1+x^2)}\mathrm{d}x$．

解 被积函数不能直接用公式，可以用加项减项方法，先将被积函数变形再积分，即

$$\frac{1}{x^2(1+x^2)} = \frac{1}{x^2} - \frac{1}{1+x^2}$$

于是

$$\int \frac{1}{x^2(1+x^2)}dx = \int \left(\frac{1}{x^2} - \frac{1}{1+x^2}\right)dx = -\frac{1}{x} - \arctan x + C.$$

【例 4 - 8】 求 $\int \dfrac{x^4}{1+x^2}dx$.

解 $\int \dfrac{x^4}{1+x^2}dx = \int \dfrac{x^4-1+1}{1+x^4}dx = \int \left(x^2-1+\dfrac{1}{1+x^2}\right) = \dfrac{1}{3}x^3 - x + \arctan x + C.$

【例 4 - 9】 求 $\int(\cos x - 5e^x)dx$.

解 $\int(\cos x - 5e^x)dx = \int \cos x dx - 5\int e^x dx = \sin x - 5e^x + C.$

【例 4 - 10】 求 $\int 2^x e^{-x}dx$.

解 因为

$$2^x e^{-x} = (2e^{-1})^x$$

所以可以把 $2e^{-1}$ 看作 a ，利用积分公式 4 ，可求得

$$\int 2^x e^{-x}dx = \int(2e^{-1})^x dx = \frac{1}{\ln(2e^{-1})}(2e^{-1})^x + C = \frac{2^x e^{-x}}{\ln 2 - 1} + C.$$

还有一些积分，被积函数可以利用三角恒等式化成基本积分公式表中存在的类型的积分，然后再进行积分.

【例 4 - 11】 求 $\int \cos^2 \dfrac{x}{2}dx$.

解 $\int \cos^2 \dfrac{x}{2}dx = \dfrac{1}{2}\int(\cos x + 1)dx = \dfrac{1}{2}(\sin x + x) + C.$

【例 4 - 12】 求 $\int \cos \dfrac{x}{2}\sin \dfrac{x}{2}dx$.

解 $\int \cos \dfrac{x}{2}\sin \dfrac{x}{2}dx = \dfrac{1}{2}\int \sin x dx = -\dfrac{1}{2}\cos x + C.$

【例 4 - 13】 求 $\int \dfrac{dx}{\sin^2 x \cos^2 x}$.

解 $\int \dfrac{dx}{\sin^2 x \cos^2 x} = \int \dfrac{\sin^2 x + \cos^2 x}{\sin^2 x \cos^2 x}dx = \int \dfrac{1}{\cos^2 x}dx + \int \dfrac{1}{\sin^2 x}dx$

$$= \tan x - \cot x + C.$$

习题 4 - 1

1. 解答下列问题.

(1) 若 $\int f(x)dx = 2^x + \cos x + C$ ，求 $f(x)$.

(2) 若 $f(x)$ 的一个原函数为 x^4 ，求 $f(x)$.

（3）若 $f(x)$ 的一个原函数的 $\sin x$，求 $\int f'(x)\mathrm{d}x$.

2. 求下列不定积分.

（1）$\int \sqrt[n]{x^m}\mathrm{d}x$;

（2）$\int (\cos x - 2\sin x)\mathrm{d}x$;

（3）$\int \dfrac{5^x - 2^x}{3^x}\mathrm{d}x$;

（4）$\int \left(2^x + \dfrac{3}{\sqrt{1-x^2}}\right)\mathrm{d}x$;

（5）$\int \left(\dfrac{2}{x} + \dfrac{1}{\cos^2 x} - 5\mathrm{e}^x\right)\mathrm{d}x$;

（6）$\int (1-2x)^2 \sqrt{x}\,\mathrm{d}x$;

（7）$\int \dfrac{x^2 - 2x - 1}{x^2}\mathrm{d}x$;

（8）$\int \dfrac{(1-x)^3}{x^2}\mathrm{d}x$;

（9）$\int \dfrac{(1-x)^2}{\sqrt[3]{x}}\mathrm{d}x$;

（10）$\int \dfrac{(x-\sqrt{x})(1+\sqrt{x})}{\sqrt[3]{x}}\mathrm{d}x$;

（11）$\int \dfrac{x^2 + 7x + 12}{x+4}\mathrm{d}x$;

（12）$\int \dfrac{x^2}{1+x^2}\mathrm{d}x$;

（13）$\int \sin^2 \dfrac{x}{2}\mathrm{d}x$;

（14）$\int \tan^2 x\,\mathrm{d}x$;

（15）$\int (2^x \mathrm{e}^x + 3^{2x})\mathrm{d}x$;

（16）$\int \dfrac{\cos 2x}{\cos^2 x \sin^2 x}\mathrm{d}x$;

（17）$\int \mathrm{e}^{x+1}\mathrm{d}x$;

（18）$\int (\mathrm{e}^x + \sqrt[3]{x})\mathrm{d}x$;

（19）$\int \dfrac{1}{\sin^2 \frac{x}{2} \cos^2 \frac{x}{2}}\mathrm{d}x$;

（20）$\int (2^x + 3^x)^2 \mathrm{d}x$.

3. 已知曲线 $y = f(x)$ 过点 $(0,0)$，且在点 (x,y) 处的切线斜率为 $k = 3x^2 + 1$，求曲线方程.

4. 求满足下列条件的函数 $F(x)$：$F'(x) = \left(\sin \dfrac{x}{2} + \cos \dfrac{x}{2}\right)^2$，$F\left(\dfrac{\pi}{4}\right) = 0$.

第二节 换元积分法

利用基本积分公式和积分性质所能计算的积分非常有限，因此，有必要进一步研究不定积分的求法. 本节我们把复合函数的微分法反过来用于求不定积分，利用中间变量的代换，得到复合函数的积分法，称为换元积分法，简称换元法. 利用这方法，通过适当选择变量代换，使原来的被积函数化成基本积分表中的形式，再结合不定积分的性质求出不定积分.

一、第一类换元积分法

引例 求 $\int \cos 2x\mathrm{d}x$.

解 因为被积函数 $\cos 2x$ 是一个复合函数，所以基本积分公式里

$$\int \cos x\mathrm{d}x = \sin x + C$$

在这里不能直接应用，为了套用这个公式，需要先把原积分作下列变形，然后作变量代换

$u=2x$ ，之后再进行计算

$$\int\cos2x\mathrm{d}x=\frac{1}{2}\int\cos2x\mathrm{d}2x=\frac{1}{2}\int\cos u\mathrm{d}u=\frac{1}{2}\sin u+C=\frac{1}{2}\sin2x+C$$

由于 $(\frac{1}{2}\sin2x+C)'=\cos2x$ ，所以 $\int\cos2x\mathrm{d}x=\frac{1}{2}\sin2x+C$ 是正确的.

由此可以得出结论，如果不定积分不能用基本积分公式直接求出，但被积表达式具有形式

$$f[\varphi(x)]\varphi'(x)\mathrm{d}x=f[\varphi(x)]\mathrm{d}\varphi(x)$$

则作变量代换 $u=\varphi(x)$ ，得

$$\int f[\varphi(x)]\varphi'(x)\mathrm{d}x=\int f(u)\mathrm{d}u$$

而积分 $\int f(u)\mathrm{d}u$ 可以求出，不妨设

$$\int f(u)\mathrm{d}u=F(u)+C$$

则

$$\int f[\varphi(x)]\varphi'(x)\mathrm{d}x=\int f[\varphi(x)]\mathrm{d}\varphi(x)=\int f(u)\mathrm{d}u=F(u)+C=F[\varphi(x)]+C.$$

事实上，设 $f(u)$ 具有原函数 $F(u)$ ，则 $\int f(u)=F(u)+C$.

如果 u 是中间变量：$u=\varphi(x)$ ，且设 $\varphi(x)$ 可微，根据复合函数的微分法，有

$$\mathrm{d}F[\varphi(x)]=f[\varphi(x)]\varphi'(x)\mathrm{d}x$$

从而根据不定积分的定义得

$$\int f[\varphi(x)]\varphi'(x)\mathrm{d}x=F[\varphi(x)]+C=\left[\int f(u)\mathrm{d}u\right]_{u=\varphi(x)}.$$

于是有下述定理.

定理 4.3（第一换元法） 设 $f(u)$ 具有原函数，$u=\varphi(x)$ 可导，则有换元公式

$$\int f[\varphi(x)]\varphi'(x)\mathrm{d}x=\left[\int f(u)\mathrm{d}u\right]_{u=\varphi(x)}.$$

这里将 $\int f[\varphi(x)]\varphi'(x)\mathrm{d}x$ 利用中间变量 u 化为 $\int f(u)\mathrm{d}u$ ，可直接（或稍微变形就可）应用基本积分公式求得结果，再将 u 还原成 $\varphi(x)$ 的积分法，称为第一换元积分法，也叫凑微分法.

第一换元积分法主要分为以下两个步骤.

(1) 把被积函数分解为两部分因式相乘的形式，其中一部分是 $\varphi(x)$ 的函数 $f[\varphi(x)]$ ，另一部分是 $\varphi(x)$ 的导数 $\varphi'(x)$.

(2) 凑微分 $\varphi'(x)\mathrm{d}x=\mathrm{d}\varphi(x)$ ，并作变量代换 $u=\varphi(x)$ ，从而把关于积分变量 x 的不定积分转化为关于新积分变量 u 的不定积分. 这样就可化难为易，化未知为已知.

【例 4 - 14】 求 $\int\dfrac{1}{a+bx}\mathrm{d}x\,(b\neq0)$.

解 把被积函数中的 $a+bx$ 看作新变量 u ，即 $u=a+bx$ ，且 $\mathrm{d}u=b\mathrm{d}x$ ，所以令 $u=a+bx$ 作代换，得

$$\int\frac{1}{a+bx}\mathrm{d}x=\frac{1}{b}\int\frac{1}{u}\mathrm{d}u=\frac{1}{b}\ln|u|+C=\frac{1}{b}\ln|a+bx|+C.$$

【例 4 - 15】 求 $\int \dfrac{a^{\frac{1}{x}}}{x^2}\mathrm{d}x$.

解 把被积函数中的 $\dfrac{1}{x}$ 看作新变量 u，使所给积分化为基本积分 $\int a^x \mathrm{d}x$ 形式. 为此，令 $u = \dfrac{1}{x}$，则 $\mathrm{d}u = -\dfrac{\mathrm{d}x}{x^2}$，于是

$$\int \frac{a^{\frac{1}{x}}}{x^2}\mathrm{d}x = -\int a^u \mathrm{d}u = -\frac{a^u}{\ln a} + C = -\frac{a^{\frac{1}{x}}}{\ln a} + C.$$

为简便起见，令 $u = \dfrac{1}{x}$ 这一过程可以不写出来，解题过程可以写成下面形式

$$\int \frac{a^{\frac{1}{x}}}{x^2}\mathrm{d}x = -\int a^{\frac{1}{x}} \mathrm{d}\Big(\frac{1}{x}\Big) = -\frac{a^{\frac{1}{x}}}{\ln a} + C \quad \Big[\frac{\mathrm{d}x}{x^2} = -\mathrm{d}\Big(\frac{1}{x}\Big) \text{ 称为凑微分}\Big].$$

【例 4 - 16】 求 $\int \sin 2x \mathrm{d}x$.

解 方法一：$\int \sin 2x \mathrm{d}x = \dfrac{1}{2}\int \sin 2x \mathrm{d}(2x) = -\dfrac{1}{2}\cos 2x + C.$

方法二：$\int \sin 2x \mathrm{d}x = \int 2\sin x \cos x \mathrm{d}x = 2\int \sin x \mathrm{d}(\sin x) = \sin^2 x + C.$

方法三：$\int \sin 2x \mathrm{d}x = \int 2\sin x \cos x \mathrm{d}x = -2\int \cos x \mathrm{d}(\cos x) = -\cos^2 x + C.$

这就表明，同一个不定积分，选择不同的积分方法，得到的结果形式不同，这是完全正常的，我们可以用求导验证它们的正确性. 同时，也可以看出这些积分结果表达式之间只相差一个常数.

【例 4 - 17】 求 $\int \dfrac{2x+3}{x^2+2x+2}\mathrm{d}x$.

$$\int \frac{2x+3}{x^2+2x+2}\mathrm{d}x = \int \frac{(2x+2)+1}{x^2+2x+2}\mathrm{d}x = \int \frac{1}{x^2+2x+2}\mathrm{d}(x^2+2x+2) + \int \frac{1}{x^2+2x+2}\mathrm{d}x$$

$$= \ln(x^2+2x+2) + \int \frac{1}{(x+1)^2+1}\mathrm{d}(x+1)$$

$$= \ln(x^2+2x+2) + \arctan(x+1) + C.$$

【例 4 - 18】 求 $\int x\sqrt{3-x^2}\mathrm{d}x$.

解 令中间变量为 $3-x^2$，则有

$$\int x\sqrt{3-x^2}\mathrm{d}x = -\frac{1}{2}\int \sqrt{3-x^2}\mathrm{d}(3-x^2) = -\frac{1}{2}\frac{1}{\frac{1}{2}+1}(3-x^2)^{\frac{3}{2}} + C$$

$$= -\frac{1}{3}(3-x^2)\sqrt{3-x^2} + C.$$

【例 4 - 19】 求 $\int \dfrac{x^3}{4+x^2}\mathrm{d}x$.

解 $\displaystyle\int \frac{x^3}{4+x^2}\mathrm{d}x = \frac{1}{2}\int \frac{x^2}{4+x^2}\mathrm{d}(x^2) = \frac{1}{2}\int \Big(1 - \frac{4}{4+x^2}\Big)\mathrm{d}(x^2)$

$$= \frac{1}{2}\int \mathrm{d}(x^2) - 2\int \frac{1}{4+x^2}\mathrm{d}(4+x^2)$$

$$= \frac{1}{2}x^2 - 2\ln(4+x^2) + C.$$

【例 4 - 20】 求 $\int \frac{1+\ln x}{x\ln x}\mathrm{d}x$.

解 $\int \frac{1+\ln x}{x\ln x}\mathrm{d}x = \int \frac{1+\ln x}{\ln x}\mathrm{d}(\ln x) = \int \left(\frac{1}{\ln x}+1\right)\mathrm{d}(\ln x) = \ln|\ln x| + \ln x + C.$

【例 4 - 21】 求 $\int \frac{1}{a^2+x^2}\mathrm{d}x$.

解 $\int \frac{1}{a^2+x^2}\mathrm{d}x = \frac{1}{a^2}\int \frac{1}{1+\left(\frac{x}{a}\right)^2}\mathrm{d}x = \frac{1}{a}\int \frac{1}{1+\left(\frac{x}{a}\right)^2}\mathrm{d}\left(\frac{x}{a}\right) = \frac{1}{a}\arctan\frac{x}{a} + C.$

【例 4 - 22】 求 $\int \frac{1}{\sqrt{a^2-x^2}}\mathrm{d}x \ (a>0)$.

解 $\int \frac{1}{\sqrt{a^2-x^2}}\mathrm{d}x = \int \frac{1}{a\sqrt{1-\left(\frac{x}{a}\right)^2}}\mathrm{d}x = \int \frac{1}{\sqrt{1-\left(\frac{x}{a}\right)^2}}\mathrm{d}\left(\frac{x}{a}\right) = \arcsin\frac{x}{a} + C.$

【例 4 - 23】 求 $\int \frac{1}{x^2-a^2}\mathrm{d}x$.

解 $\int \frac{1}{x^2-a^2}\mathrm{d}x = \frac{1}{2a}\int \left(\frac{1}{x-a}-\frac{1}{x+a}\right)\mathrm{d}x = \frac{1}{2a}\left[\int \frac{1}{x-a}\mathrm{d}(x-a) - \int \frac{1}{x+a}\mathrm{d}(x+a)\right]$

$$= \frac{1}{2a}[\ln|x-a| - \ln|x+a|] + C$$

$$= \frac{1}{2a}\ln\left|\frac{x-a}{x+a}\right| + C.$$

下面的例子中被积函数都含有三角函数部分,这一类型的积分在运算过程中通常要用到一些三角恒等式.

【例 4 - 24】 求 $\int \tan x\mathrm{d}x$.

解 $\int \tan x\mathrm{d}x = \int \frac{\sin x}{\cos x}\mathrm{d}x = -\int \frac{1}{\cos x}\mathrm{d}(\cos x) = -\ln|\cos x| + C$

类似可得 $\int \cot x\mathrm{d}x = \ln|\sin x| + C.$

【例 4 - 25】 求 $\int \sin^3 x \cos^2 x\mathrm{d}x$.

解 $\int \sin^3 x \cos^2 x\mathrm{d}x = \int \sin^2 x \cos^2 x\sin x\mathrm{d}x$

$$= -\int \sin^2 x \cos^2 x\mathrm{d}(\cos x)$$

$$= \int (\cos^2 x - 1)\cos^2 x\mathrm{d}(\cos x)$$

$$= \frac{1}{5}\cos^5 x - \frac{1}{3}\cos^3 x + C.$$

通常,对于 $\cos^{2l-1}x \sin^n x$ 或 $\cos^n x \sin^{2l-1}x$ ($l \in N^+$) 型函数的积分,可依次对积分表达式作变换 $u=\sin x$ 或 $u=\cos x$,求得出结果.

【例 4 - 26】　求 $\displaystyle\int \sin^2 x \mathrm{d}x$.

解　$\displaystyle\int \sin^2 x \mathrm{d}x = \int \frac{1 - \cos 2x}{2} \mathrm{d}x$

$\displaystyle\qquad\qquad = \frac{1}{2} \int \mathrm{d}x - \frac{1}{2} \cdot \frac{1}{2} \int \cos 2x \mathrm{d}(2x)$

$\displaystyle\qquad\qquad = \frac{1}{2} x - \frac{1}{4} \sin 2x + C$.

通常，对于 $\cos^{2l} x \sin^{2k} x\, (k, l \in N)$ 型函数的积分，可利用三角恒等 $\sin^2 x = \dfrac{1 - \cos 2x}{2}$ ，

$\cos^2 x = \dfrac{1 + \cos 2x}{2}$ 化成 $\cos 2x$ 的多项式，求得出结果．

【例 4 - 27】　求 $\displaystyle\int \sec^4 x \mathrm{d}x$.

解　$\displaystyle\int \sec^4 x \mathrm{d}x = \int \sec^2 x \sec^2 x \mathrm{d}x = \int (1 + \tan^2 x) \mathrm{d}(\tan x) = \tan x + \frac{1}{3} \tan^3 x + C$.

【例 4 - 28】　求 $\displaystyle\int \tan^3 x \sec^4 x \mathrm{d}x$.

解　$\displaystyle\int \tan^3 x \sec^4 x \mathrm{d}x = \int \tan^2 x \sec^3 x \tan x \sec x \mathrm{d}x$

$\displaystyle\qquad\qquad = \int (\sec^2 x - 1) \sec^3 x \mathrm{d}(\sec x)$

$\displaystyle\qquad\qquad = \int (\sec^5 x - \sec^3 x) \mathrm{d}(\sec x)$

$\displaystyle\qquad\qquad = \frac{1}{6} \sec^6 x - \frac{1}{4} \sec^4 x + C$.

通常，对于 $\tan^{2l-1} x \sec^n x$ 或 $\tan^n x \sec^{2l} x\, (l \in N^+)$ 型函数的积分，可依次对积分表达式作变换 $u = \sec x$ 或 $u = \tan x$ ，求得出结果．

【例 4 - 29】　求 $\displaystyle\int \sec x \mathrm{d}x$.

解　$\displaystyle\int \sec x \mathrm{d}x = \int \frac{\sec x (\sec x + \tan x)}{\sec x + \tan x} \mathrm{d}x$

$\displaystyle\qquad\qquad = \int \frac{\sec x \tan x + \sec^2 x}{\sec x + \tan x} \mathrm{d}x = \int \frac{\mathrm{d}(\sec x + \tan x)}{\sec x + \tan x}$

$\displaystyle\qquad\qquad = \ln |\sec x + \tan x| + C$.

同理可得　$\displaystyle\int \csc x \mathrm{d}x = \ln |\csc x - \cot x| + C$.

【例 4 - 30】　求 $\displaystyle\int \frac{\cos \sqrt{x}}{\sqrt{x}} \mathrm{d}x$.

解　$\displaystyle\int \frac{\cos \sqrt{x}}{\sqrt{x}} \mathrm{d}x = 2 \int \cos \sqrt{x} \mathrm{d}\sqrt{x} = 2 \sin \sqrt{x} + C$.

【例 4 - 31】　$\displaystyle\int \cos 4x \cos 3x \mathrm{d}x$.

解　利用三角函数的和差化积公式

$$\cos A\cos B = \frac{1}{2}\left[\cos(A+B)+\cos(A-B)\right]$$

得

$$\cos 4x\cos 3x = \frac{1}{2}(\cos 7x+\cos x)$$

于是

$$\int\cos 4x\cos 3x\mathrm{d}x = \frac{1}{2}\int(\cos 7x+\cos x)\mathrm{d}x$$

$$= \frac{1}{2}\int\cos 7x\mathrm{d}x + \frac{1}{2}\int\cos x\mathrm{d}x$$

$$= \frac{1}{2}\cdot\frac{1}{7}\int\cos 7x\mathrm{d}(7x) + \frac{1}{2}\sin x$$

$$= \frac{1}{14}\sin 7x + \frac{1}{2}\sin x + C.$$

【例 4 - 32】 求 $\int\dfrac{1-\cos x}{x-\sin x}\mathrm{d}x$.

解 因为 $(x-\sin x)' = 1-\cos x$ ，所以

$$\int\frac{1-\cos x}{x-\sin x}\mathrm{d}x = \int\frac{(x-\sin x)'}{x-\sin x}\mathrm{d}x$$

$$= \int\frac{\mathrm{d}(x-\sin x)}{x-\sin x}$$

$$= \ln|x-\sin x| + C.$$

【例 4 - 33】 求 $\int\dfrac{\sin x}{\sin x+\cos x}\mathrm{d}x$.

解

$$\int\frac{\sin x}{\sin x+\cos x}\mathrm{d}x = \frac{1}{2}\int\frac{\sin x+\cos x+\sin x-\cos x}{\sin x+\cos x}\mathrm{d}x$$

$$= \frac{1}{2}\int\mathrm{d}x - \frac{1}{2}\int\frac{\mathrm{d}(\sin x+\cos x)}{\sin x+\cos x}$$

$$= \frac{1}{2}(x-\ln|\sin x+\cos x|) + C.$$

可见，第一类换元积分法（凑微分法）是一种非常有效的积分法，不过，求复合函数的不定积分要比求复合函数的导数要困难得多，要掌握换元法，不仅要熟悉一些典型的例子，还要做大量的练习才行．而能否熟练地运用凑微分是求不定积分的重要技巧之一，为了方便应用，下面将常用的凑微分形式列出如下．

(1) $a\mathrm{d}x = \mathrm{d}(ax+b)$ ；   (2) $x\mathrm{d}x = \dfrac{1}{2a}\mathrm{d}(ax^2+b)$ ；

(3) $\dfrac{1}{\sqrt{x}}\mathrm{d}x = 2\mathrm{d}\sqrt{x}$ ；   (4) $\dfrac{1}{x^2}\mathrm{d}x = -\mathrm{d}\left(\dfrac{1}{x}\right)$ ；

(5) $\mathrm{e}^x\mathrm{d}x = \mathrm{d}(\mathrm{e}^x)$ ；   (6) $\dfrac{1}{x}\mathrm{d}x = \mathrm{d}(\ln x)$ ；

(7) $\cos x\mathrm{d}x = \mathrm{d}(\sin x)$ ；   (8) $\sin x\mathrm{d}x = -\mathrm{d}(\cos x)$ ；

(9) $\sec^2 x\mathrm{d}x = \mathrm{d}(\tan x)$ ；   (10) $\dfrac{1}{1+x^2}\mathrm{d}x = \mathrm{d}(\arctan x)$ ；

(11) $\dfrac{1}{\sqrt{1-x^2}}\mathrm{d}x = \mathrm{d}(\arcsin x)$.

下面介绍另一种形式的变量代换 $x = \varphi(t)$，即所谓的第二类换元法.

二、第二类换元积分法

第一换元积分法是通过变量代换 $u = \varphi(x)$，将积分 $\int f[\varphi(x)]\varphi'(x)\mathrm{d}x$ 化为 $\int f(u)\mathrm{d}u$ 的形式来进行计算的. 在做题的过程中，我们也常常会遇到相反的情形，即需要选择变量代换 $x = \varphi(t)$，将积分 $\int f(x)\mathrm{d}x$ 化为积分 $\int f[\varphi(t)]\varphi'(t)\mathrm{d}t$，即

$$\int f(x)\mathrm{d}x = \int f[\varphi(t)]\varphi'(t)\mathrm{d}t.$$

上面等式如果成立，则首先要求积分 $\int f[\varphi(t)]\varphi'(t)\mathrm{d}t$ 是存在的，即 $f[\varphi(t)]\varphi'(t)$ 有原函数，这里设它的一个原函数为 $\Phi(t)$，则有

$$\int f[\varphi(t)]\varphi'(t)\mathrm{d}t = \Phi(t) + C.$$

其次要保证 $x = \varphi(t)$ 在 t 的某个区间（这区间和所考虑的 x 的积分区间相对应）上反函数 $t = \varphi^{-1}(x)$ 是存在的，则有

$$\int f(x)\mathrm{d}x = \int f[\varphi(t)]\varphi'(t)\mathrm{d}t = \Phi(t) + C = \Phi[\varphi^{-1}(x)] + C.$$

归结以上讨论，我们得出如下定理.

定理 4.4（第二换元积分法） 设 $x = \varphi(t)$ 单调可微，且 $\varphi'(t) \neq 0$，又设 $f[\varphi(t)]\varphi'(t)$ 具有原函数 $\Phi(t)$，即

$$\int f[\varphi(t)]\varphi'(t)\mathrm{d}t = \Phi(t) + C \tag{4-1}$$

则

$$\int f(x)\mathrm{d}x = \int f[\varphi(t)]\varphi'(t)\mathrm{d}t = \Phi[\varphi^{-1}(x)] + C \tag{4-2}$$

其中 $t = \varphi^{-1}(x)$ 是 $x = \varphi(t)$ 的反函数.

证 要证式（4-2）成立，只需证明 $\Phi[\varphi^{-1}(x)]$ 的导数等于 $f(x)$ 即可.

由式（4-1）得

$$\Phi'(t) = f[\varphi(t)]\varphi'(t)$$

又由复合函数的微分法及反函数的微分法，有

$$\{\Phi[\varphi^{-1}(x)]\}' = \Phi'(t) \cdot t'_x = f[\varphi(t)]\varphi'(t)\frac{1}{\varphi'(t)} = f[\varphi(t)] = f(x)$$

这就证明式（4-2）是成立的.

注：第二类换元法的关键是选取适当的 $\varphi(t)$，使作变换 $x = \varphi(t)$ 后的积分容易得到结果. 它主要解决被积函数中带根号的一类积分，去根号是选 $x = \varphi(t)$ 的主要思路.

下面通过例题说明第二类换元积分法的应用.

【例 4-34】 求 $\int \sqrt{a^2 - x^2}\,\mathrm{d}x\,(a > 0)$.

解 令 $x = a\sin t$，$-\dfrac{\pi}{2} < t < \dfrac{\pi}{2}$，于是 $t = \arcsin\dfrac{x}{a}$，$\sqrt{a^2 - x^2} = a\cos t$，$\mathrm{d}x = a\cos t\,\mathrm{d}t$，因此有

$$\int \sqrt{a^2-x^2}\,\mathrm{d}x = \int a\cos t \cdot a\cos t\,\mathrm{d}t = a^2 \int \frac{1+\cos 2t}{2}\,\mathrm{d}x = \frac{a^2}{2}t + \frac{a^2}{2}\sin t\cos t + C.$$

为了将变量 t 还原为变量 x ，我们可以根据 $\sin t = \frac{x}{a}$ 画一个三角形（见图 $4-2$），然后利用三角形的边角关系得

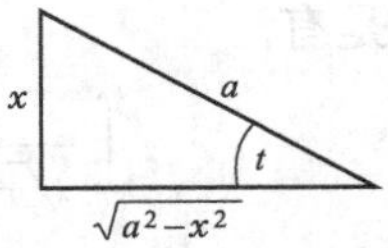

$$\cos t = \frac{\sqrt{a^2-x^2}}{a}$$

图 $4-2$

$$\int \sqrt{a^2-x^2}\,\mathrm{d}x = \frac{a^2}{2}\arcsin\frac{x}{a} + \frac{a^2}{2}\frac{x}{a}\frac{\sqrt{a^2-x^2}}{a} + C$$

$$= \frac{a^2}{2}\arcsin\frac{x}{a} + \frac{1}{2}x\sqrt{a^2-x^2} + C.$$

【例 $4-35$】 求 $\int \dfrac{\mathrm{d}x}{\sqrt{a^2+x^2}}(a>0)$.

解 令 $x = a\tan t$，$-\dfrac{\pi}{2} < t < \dfrac{\pi}{2}$，于是

$$\sqrt{a^2+x^2} = a\sec t,\ \mathrm{d}x = a\sec^2 t\,\mathrm{d}t$$

因此有

$$\int \frac{\mathrm{d}x}{\sqrt{a^2+x^2}} = \int \frac{1}{a\sec t}a\sec^2 t\,\mathrm{d}t = \int \sec t\,\mathrm{d}t = \ln|\sec t + \tan t| + C_1.$$

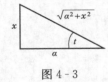

图 $4-3$

为了将变量 t 还原为变量 x ，我们可以根据 $\tan t = \frac{x}{a}$ 画一个三角形（见图 $4-3$），然后利用三角形的边角关系得

$$\sec t = \frac{\sqrt{a^2+x^2}}{a}$$

且 $\sec t + \tan t > 0$ ，于是有

$$\int \frac{\mathrm{d}x}{\sqrt{a^2+x^2}} = \ln\left(\frac{\sqrt{a^2+x^2}}{a} + \frac{x}{a}\right) + C_1 = \ln(x + \sqrt{x^2+a^2}) + C$$

其中 $C = C_1 - \ln a$.

【例 $4-36$】 求 $\int \dfrac{\mathrm{d}x}{\sqrt{x^2-a^2}}(a>0)$.

解 注意到被积函数的定义域是 $(a,+\infty)$ 和 $(-\infty,-a)$ 两个区间，我们在这两个区间上分别求不定积分.

当 $x \in (a,+\infty)$ 时，设 $x = a\sec t$，$\left(0 < t < \dfrac{\pi}{2}\right)$，于是

$$\mathrm{d}x = a\sec t\tan t\,\mathrm{d}t,\ \sqrt{x^2-a^2} = a\tan t$$

因此有

$$\int \frac{\mathrm{d}x}{\sqrt{x^2-a^2}} = \int \frac{a\sec t\tan t}{a\tan t}\,\mathrm{d}t = \int \sec t\,\mathrm{d}t = \ln(\sec t + \tan t) + C_1$$

根据 $\sec t = \frac{x}{a}$ 作一辅助三角形（见图 $4-4$），利用三角形的边角关系得

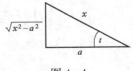

图 $4-4$

$$\tan t = \frac{\sqrt{x^2-a^2}}{a}$$

于是有

$$\int \frac{\mathrm{d}x}{\sqrt{x^2-a^2}} = \ln\left(\frac{x}{a} + \frac{\sqrt{x^2-a^2}}{a}\right) + C_1 = \ln(x + \sqrt{x^2-a^2}) + C$$

其中 $C = C_1 - \ln a$.

当 $x \in (-\infty, a)$ 时，作变量代换 $u = -x$，则 $u > a$，由上面结果，有

$$\int \frac{\mathrm{d}x}{\sqrt{x^2-a^2}} = -\int \frac{\mathrm{d}u}{\sqrt{u^2-a^2}} = -\ln(u + \sqrt{u^2-a^2}) + C = -\ln(-x + \sqrt{x^2-a^2}) + C$$

$$= \ln \frac{-x - \sqrt{x^2-a^2}}{a^2} + C = \ln(-x - \sqrt{x^2-a^2}) + C_1$$

其中
$$C_1 = C - \ln a.$$

综合两种情况得

$$\int \frac{\mathrm{d}x}{\sqrt{x^2-a^2}} = \ln\left|x + \sqrt{x^2-a^2}\right| + C.$$

由以上三个例子可知，当被积函数含有根式 $\sqrt{a^2-x^2}$，$\sqrt{x^2+a^2}$，$\sqrt{x^2-a^2}$ 时，可分别作三角代换来消去二次根式，这种方法称为三角代换法. 一般地，根据被积函数的根式类型，常用的变换如下.

(1) 被积函数中含有 $\sqrt{a^2-x^2}$，令 $x = a\sin t$ 或 $x = a\cos t$；

(2) 被积函数中含有 $\sqrt{x^2+a^2}$，令 $x = a\tan t$ 或 $x = a\cot t$；

(3) 被积函数中含有 $\sqrt{x^2-a^2}$，令 $x = a\sec t$ 或 $x = a\csc t$.

【例 4 - 37】 求 $\displaystyle\int \frac{1}{1+\sqrt[3]{1+x}}\mathrm{d}x$.

解　令 $\sqrt[3]{1+x} = t$，则 $x = t^3 - 1$，$\mathrm{d}x = 3t^2\mathrm{d}t$，于是

$$\int \frac{1}{1+\sqrt[3]{1+x}}\mathrm{d}x = \int \frac{3t^2}{1+t}\mathrm{d}t = 3\int \left(\frac{t^2-1}{1+t} + \frac{1}{1+t}\right)\mathrm{d}t = 3\int \left(t-1+\frac{1}{1+t}\right)\mathrm{d}x$$

$$= \frac{3}{2}t^2 - 3t + 3\ln|1+t| + C.$$

再将 $\sqrt[3]{1+x} = t$ 代回上式，得

$$\int \frac{1}{1+\sqrt[3]{1+x}}\mathrm{d}x = \frac{3}{2}\sqrt[3]{(1+x)^2} - 3\sqrt[3]{1+x} + 3\ln|1+\sqrt[3]{1+x}| + C.$$

【例 4 - 38】 求 $\displaystyle\int \frac{1}{\sqrt{x}+\sqrt[3]{x}}\mathrm{d}x$.

解　令 $\sqrt[6]{x} = t$，则 $x = t^6$，$\mathrm{d}x = 6t^5\mathrm{d}t$，于是

$$\int \frac{1}{\sqrt{x}+\sqrt[3]{x}}\mathrm{d}x = \int \frac{6t^5}{t^3+t^2}\mathrm{d}t = 6\int \frac{t^3}{1+t}\mathrm{d}t$$

$$= 6\int \frac{(t^3+1)-1}{1+t}\mathrm{d}t = 6\int \left(t^2-t+1-\frac{1}{1+t}\right)\mathrm{d}t$$

$$= 2t^3 - 3t^2 + 6t - 6\ln|1+t| + C.$$

再将 $\sqrt[6]{x} = t$ 代回上式，得

$$\int \frac{1}{\sqrt{x} + \sqrt[3]{x}} \mathrm{d}x = 2\sqrt{x} - 3\sqrt[3]{x} + 6\sqrt[6]{x} - 6\ln(1 + \sqrt[6]{x}) + C.$$

当根号内含有 x 的一次函数，如 $\sqrt{ax+b}$，$\sqrt[3]{ax+b}$，可分别作代换 $ax+b = t^2$，$ax + b = t^3$ 去掉根式，再来计算，这种代换称为有理代换.

下面这个例子介绍了倒代换法，这种方法通常可以消除被积函数的分母中的变量因子.

【例 4 - 39】 求 $\int \frac{\sqrt{1-x^2}}{x^4} \mathrm{d}x$.

解 设 $x = \frac{1}{t}$，那么 $\mathrm{d}x = -\frac{1}{t^2}\mathrm{d}t$，于是

$$\int \frac{\sqrt{1-x^2}}{x^4} \mathrm{d}x = -\int \frac{\sqrt{1-\frac{1}{t^2}}}{\frac{1}{t^4}} \frac{1}{t^2} \mathrm{d}t = -\int t^2 \sqrt{1-\frac{1}{t^2}} \mathrm{d}t = -\int |t| \sqrt{t^2-1} \mathrm{d}t$$

当 $x > 0$，即 $t > 0$ 时

$$\int \frac{\sqrt{1-x^2}}{x^4} \mathrm{d}x = -\frac{1}{2}\int (t^2-1)^{\frac{1}{2}} \mathrm{d}(t^2-1) = -\frac{1}{3}(t^2-1)^{\frac{3}{2}} + C$$

再将 $t = \frac{1}{x}$ 代回上式得

$$\int \frac{\sqrt{1-x^2}}{x^4} \mathrm{d}x = -\frac{(1-x^2)^{\frac{3}{2}}}{3x^3} + C$$

当 $x < 0$，即 $t < 0$ 时，同理可计算出结果与上述结果一致.

【例 4 - 40】 $\int \frac{\mathrm{d}x}{x(x^6+4)}$.

解 令 $x = \frac{1}{t}$，则 $\frac{1}{x(x^6+4)} = \frac{t^7}{1+4t^6}$，$\mathrm{d}x = -\frac{1}{t^2}\mathrm{d}t$

$$\int \frac{\mathrm{d}x}{x(x^6+4)} = -\int \frac{t^5 \mathrm{d}t}{1+4t^6} = -\frac{1}{24}\int \frac{\mathrm{d}(4t^6+1)}{4t^6+1} = -\frac{1}{24}\ln(4t^6+1) + C$$

$$= \frac{1}{24}\ln \frac{x^6}{x^6+4} + C = \frac{1}{4}\ln x - \frac{1}{24}\ln(x^6+4) + C.$$

上面讲过的一些例子的结论在以后会经常遇到，所以也将其当作公式来使用，这样在基本积分表中，我们再添加下面几个公式（常数 $a > 0$）.

1. $\int \tan x \mathrm{d}x = -\ln|\cos x| + C$

2. $\int \cot x \mathrm{d}x = \ln|\sin x| + C$

3. $\int \sec x \mathrm{d}x = \ln|\sec x + \tan x| + C$

4. $\int \csc x \mathrm{d}x = \ln|\csc x - \cot x| + C$

5. $\int \frac{1}{a^2+x^2} \mathrm{d}x = \frac{1}{a}\arctan \frac{x}{a} + C$

6. $\int \dfrac{1}{x^2-a^2}\mathrm{d}x = \dfrac{1}{2a}\ln\left|\dfrac{x-a}{x+a}\right|+C$

7. $\int \dfrac{1}{\sqrt{a^2-x^2}}\mathrm{d}x = \arcsin\dfrac{x}{a}+C$

8. $\int \dfrac{1}{\sqrt{x^2\pm a^2}}\mathrm{d}x = \ln\left|x+\sqrt{x^2\pm a^2}\right|+C$

【例 4 - 41】 求 $\displaystyle\int \dfrac{1}{1-x^2}\ln\dfrac{1+x}{1-x}\mathrm{d}x$.

解　先将被积函数变形，再利用基本公式 19，得

$$\int \dfrac{1}{1-x^2}\ln\dfrac{1+x}{1-x}\mathrm{d}x = \dfrac{1}{2}\int \ln\dfrac{1+x}{1-x}\mathrm{d}\ln\dfrac{1+x}{1-x} = \dfrac{1}{4}\left[\ln\dfrac{1+x}{1-x}\right]^2+C.$$

【例 4 - 42】 求 $\displaystyle\int \dfrac{\sin x}{1+\cos^2 x}\mathrm{d}x$.

解　$\displaystyle\int \dfrac{\sin x}{1+\cos^2 x}\mathrm{d}x = -\int \dfrac{1}{1+\cos^2 x}\mathrm{d}(\cos x) = -\arctan(\cos x)+C.$

【例 4 - 43】 求 $\displaystyle\int \dfrac{1-x}{\sqrt{x^2-x+1}}\mathrm{d}x$.

解　$\displaystyle\int \dfrac{1-x}{\sqrt{x^2-x+1}}\mathrm{d}x = \int \dfrac{-x+\dfrac{1}{2}+\dfrac{1}{2}}{\sqrt{x^2-x+1}}\mathrm{d}x$

$$= -\dfrac{1}{2}\int \dfrac{2x-1}{\sqrt{x^2-x+1}}\mathrm{d}x + \dfrac{1}{2}\int \dfrac{\mathrm{d}x}{\sqrt{x^2-x+1}}$$

$$= -\dfrac{1}{2}\int \dfrac{\mathrm{d}(x^2-x+1)}{\sqrt{x^2-x+1}} + \dfrac{1}{2}\int \dfrac{\mathrm{d}\left(x-\dfrac{1}{2}\right)}{\sqrt{\left(x-\dfrac{1}{2}\right)^2+\dfrac{3}{4}}}$$

$$= -\sqrt{x^2-x+1} + \dfrac{1}{2}\ln\left(x-\dfrac{1}{2}+\sqrt{x^2-x+1}\right)+C.$$

习题 4 - 2

1. 在括号内填入适当的数，使等式成立.

(1) $\mathrm{d}x = (\qquad)\mathrm{d}(ax+b)$；

(2) $x\mathrm{d}x = (\qquad)\mathrm{d}(x^2)$；

(3) $x^4\mathrm{d}x = (\qquad)\mathrm{d}(4x^2+1)$；

(4) $\dfrac{1}{x}\mathrm{d}x = (\qquad)\mathrm{d}(2\ln|x|+7)$；

(5) $\mathrm{e}^{3x}\mathrm{d}x = (\qquad)\mathrm{d}(\mathrm{e}^{3x})$；

(6) $\dfrac{1}{1+4x^2}\mathrm{d}x = (\qquad)\mathrm{d}(\arctan 2x)$；

(7) $x\sin x^2\mathrm{d}x = (\qquad)\mathrm{d}(\cos x^2)$；

(8) $\cos\dfrac{2}{3}x\mathrm{d}x = (\qquad)\mathrm{d}\left(\sin\dfrac{2}{3}x\right)$；

(9) $\dfrac{x}{\sqrt{1-x^2}}\mathrm{d}x = (\qquad)\mathrm{d}\sqrt{1-x^2}$；

(10) $\dfrac{1}{\sqrt{4-x^2}}\mathrm{d}x = (\qquad)\mathrm{d}\left(-5\arcsin\dfrac{x}{2}+2\right)$.

2. 求下列不定积分.

(1) $\int \sin^5 x \cos x \, \mathrm{d}x$ ；

(2) $\int \cos^3 x \, \mathrm{d}x$ ；

(3) $\int \dfrac{\sin\sqrt{x}}{\sqrt{x}} \, \mathrm{d}x$ ；

(4) $\int 5x\mathrm{e}^{-x^2} \, \mathrm{d}x$ ；

(5) $\int \dfrac{x\mathrm{d}x}{\sqrt{1-x^2}}$ ；

(6) $\int \dfrac{x\mathrm{d}x}{4+x^4}$ ；

(7) $\int \dfrac{\ln x}{x} \, \mathrm{d}x$ ；

(8) $\int (2x+3)^2 \, \mathrm{d}x$ ；

(9) $\int \dfrac{1}{\arcsin x} \cdot \dfrac{1}{\sqrt{1-x^2}} \, \mathrm{d}x$ ；

(10) $\int \dfrac{1}{(1+x^2)\arctan x} \, \mathrm{d}x$ ；

(11) $\int \dfrac{\mathrm{d}x}{2+x^2}$ ；

(12) $\int \dfrac{\mathrm{d}x}{\sqrt{4-x^2}}$ ；

(13) $\int \sqrt{16-x^2} \, \mathrm{d}x$ ；

(14) $\int \dfrac{\mathrm{d}x}{(4+x^2)^{\frac{3}{2}}}$ ；

(15) $\int \dfrac{x}{\sqrt{x-2}} \, \mathrm{d}x$ ；

(16) $\int \dfrac{1}{\mathrm{e}^x+\mathrm{e}^{-x}} \, \mathrm{d}x$ ；

(17) $\int \dfrac{1}{\sqrt{x}(1+x)} \, \mathrm{d}x$ ；

(18) $\int \dfrac{\mathrm{d}x}{\sqrt{x}(4-x)}$ ；

(19) $\int \mathrm{e}^{1-x} \, \mathrm{d}x$ ；

(20) $\int \dfrac{x+1}{2\sqrt{2x+1}} \, \mathrm{d}x$ ；

(21) $\int \dfrac{1}{\sqrt{1+\mathrm{e}^x}} \, \mathrm{d}x$ ；

(22) $\int \dfrac{\mathrm{d}x}{x\sqrt{x^2-1}}$ ；

(23) $\int \dfrac{x^3+1}{(x^2+1)^2} \, \mathrm{d}x$ ；

(24) $\int \dfrac{\mathrm{d}x}{1+\sqrt{1-x^2}}$ ；

(25) $\int \dfrac{2^x \cdot 5^x}{(25)^x+4^x} \, \mathrm{d}x$ ；

(26) $\int \dfrac{\sqrt{x^2-9}}{x} \, \mathrm{d}x$ ；

(27) $\int \dfrac{\arctan\sqrt{x}}{\sqrt{x}(1+x)} \, \mathrm{d}x$.

第三节 分 部 积 分 法

在上一节中，我们在复合函数求导法则的基础上研究了换元积分法，这一节我们利用两个函数乘积的求导法则，来研究积分的另一个基本方法，即分部积分法.

设函数 $u=u(x)$ ，$v=v(x)$ 均具有连续导数，则由两个函数的乘法的微分法则可得

$$\mathrm{d}(uv) = u\mathrm{d}v + v\mathrm{d}u$$

或写成

$$u\mathrm{d}v = \mathrm{d}(uv) - v\mathrm{d}u .$$

对上面等式两边求不定积分得

$$\int u\mathrm{d}v = \int \mathrm{d}(uv) - \int v\mathrm{d}u = uv - \int v\mathrm{d}u \tag{4-3}$$

称这个公式为分部积分公式.

将分部积公式中的微分计算出来，又得到下面这个公式

$$\int uv' \mathrm{d}x = uv - \int vu' \mathrm{d}x . \tag{4-4}$$

运用分部积分公式求不定积分 $\int f(x)\mathrm{d}x$ 的主要步骤如下.

(1) 把被积函数 $f(x)$ 分解为两部分因式相乘的形式，其中一部分因式看作 u ，另一部分因式看作 v' .

(2) 利用公式，就把求不定积分 $\int uv' \mathrm{d}x$ 的问题转化为求不定积分 $\int u'v\mathrm{d}x$ 的问题.

现在通过例子说明如何运用这个公式.

【例 4 - 44】 求 $\int x\sin x\mathrm{d}x$.

解 令 $u = x$，$\mathrm{d}v = \sin x\mathrm{d}x$，于是 $\mathrm{d}u = \mathrm{d}x$，$v = -\cos x$，根据公式（4-4）得

$$\int x\sin x\mathrm{d}x = -\int x\mathrm{d}(\cos x) = -\left(x\cos x - \int \cos x\mathrm{d}x\right) = -x\cos x + \sin x + C.$$

注意：本题如果令 $u = \sin x$，$\mathrm{d}v = x\mathrm{d}x$，则 $\mathrm{d}u = \cos x\mathrm{d}x$，$v = \dfrac{x^2}{2}$，

$$\int x\sin x\mathrm{d}x = \frac{1}{2}\int \sin x\mathrm{d}(x^2) = \frac{1}{2}\left(x^2\sin x - \int x^2\mathrm{d}(\sin x)\right) = \frac{1}{2}x^2\sin x - \frac{1}{2}\int x^2\cos x\mathrm{d}x.$$

关于上式的不定积分的计算比原式更为复杂. 可见 u、v' 的选择对于能否求解是很关键的，一般地，选取 u 和 v' 的原则是

(1) 由 v' 易于求 v；

(2) 不定积分 $\int vu'\mathrm{d}x$ 比原不定积分 $\int uv'\mathrm{d}x$ 容易求出.

【例 4 - 45】 求 $\int (x^2 + 1)\mathrm{e}^x\mathrm{d}x$.

解 设 $u = x^2 + 1$，$\mathrm{d}v = \mathrm{e}^x\mathrm{d}x$，于是 $v = \mathrm{e}^x$，$\mathrm{d}u = 2x\mathrm{d}x$，根据公式（4-4）得

$$\int (x^2 + 1)\mathrm{e}^x\mathrm{d}x = (x^2 + 1)\mathrm{e}^x - 2\int x\mathrm{e}^x\mathrm{d}x$$

对于 $\int x\mathrm{e}^x\mathrm{d}x$ 再使用分部积分法，选 $u = x$，$\mathrm{d}v = \mathrm{e}^x\mathrm{d}x$，则 $\mathrm{d}u = \mathrm{d}x$，$v = \mathrm{e}^x$，从而

$$\int x\mathrm{e}^x\mathrm{d}x = x\mathrm{e}^x - \int \mathrm{e}^x\mathrm{d}x = x\mathrm{e}^x - \mathrm{e}^x + C_1$$

则有

$$\int (x^2 + 1)\mathrm{e}^x\mathrm{d}x = (x^2 + 1)\mathrm{e}^x - 2(x\mathrm{e}^x - \mathrm{e}^x + C_1) = (x^2 - 2x + 3)\mathrm{e}^x + C\ (C = 2C_1).$$

【例 4 - 46】 求 $\int \arctan x\mathrm{d}x$.

解 令 $u = \arctan x$，$\mathrm{d}x = \mathrm{d}v$，则

$$\int \arctan x\mathrm{d}x = x\arctan x - \int x\mathrm{d}(\arctan x) = x\arctan x - \int \frac{x}{1 + x^2}\mathrm{d}x$$

$$= x\arctan x - \frac{1}{2}\int \frac{1}{1 + x^2}\mathrm{d}(1 + x^2) = x\arctan x - \frac{1}{2}\ln(1 + x^2) + C.$$

熟练以后，u 和 v 可省略不写，把含 u 和 v 的部分看在眼里，记在脑子里. 此时直接套用公式（4-4）较为方便.

【例 4 - 47】 求 $\int x\ln x\mathrm{d}x$.

解 $$\int x\ln x\mathrm{d}x = \frac{1}{2}\int \ln x\mathrm{d}x^2 = \frac{1}{2}\left(x^2\ln x - \int x^2\mathrm{d}(\ln x)\right)$$

$$= \frac{1}{2}x^2\ln x - \frac{1}{2}\int x^2\frac{1}{x}\mathrm{d}x = \frac{1}{4}x^2(2\ln x - 1) + C.$$

【例4-48】 求 $\int \dfrac{\arcsin x}{\sqrt{1+x}}\mathrm{d}x$.

解 $\int \dfrac{\arcsin x}{\sqrt{1+x}}\mathrm{d}x = 2\int \arcsin x\, \mathrm{d}\sqrt{1+x}$

$$= 2\sqrt{1+x}\arcsin x - 2\int \sqrt{1+x}\cdot \dfrac{1}{\sqrt{1-x^2}}\mathrm{d}x$$

$$= 2\sqrt{1+x}\arcsin x - 2\int \dfrac{1}{\sqrt{1-x}}\mathrm{d}x$$

$$= 2\sqrt{1+x}\arcsin x + 4\sqrt{1-x} + C.$$

分部积分公式可以变形为 $\int u\mathrm{d}v + \int v\mathrm{d}u = uv + C$，有些积分可以用这个公式解决，如下例.

【例4-49】 求 $\int \dfrac{\mathrm{e}^x(1+\sin x)}{1+\cos x}\mathrm{d}x$.

解 $\int \dfrac{\mathrm{e}^x(1+\sin x)}{1+\cos x}\mathrm{d}x = \int \dfrac{\mathrm{e}^x}{1+\cos x}\mathrm{d}x + \int \dfrac{\mathrm{e}^x \sin x}{1+\cos x}\mathrm{d}x$

$$= \int \dfrac{\mathrm{e}^x}{2\cos^2 \dfrac{x}{2}}\mathrm{d}x + \int \dfrac{2\mathrm{e}^x \sin \dfrac{x}{2}\cos \dfrac{x}{2}}{2\cos^2 \dfrac{x}{2}}\mathrm{d}x$$

$$= \int \mathrm{e}^x \mathrm{d}\left(\tan \dfrac{x}{2}\right) + \int \tan \dfrac{x}{2}\mathrm{d}(\mathrm{e}^x)$$

$$= \mathrm{e}^x \tan \dfrac{x}{2} + C.$$

【例4-50】 求 $\int \sec^3 x\mathrm{d}x$.

解 $\int \sec^3 x\mathrm{d}x = \int \sec x\, \mathrm{d}\tan x = \sec x\tan x - \int \tan x\, \mathrm{d}\sec x$

$$= \sec x\tan x - \int \tan^2 x\sec x\mathrm{d}x$$

$$= \sec x\tan x - \int (\sec^2 x - 1)\sec x\mathrm{d}x$$

$$= \sec x\tan x - \int \sec^3 x\mathrm{d}x + \int \sec x\mathrm{d}x$$

$$= \sec x\tan x - \int \sec^3 x\mathrm{d}x + \ln|\sec x + \tan x|.$$

式中出现了"循环"，即再次出现了 $\int \sec^3 x\mathrm{d}x$，将这项移至左端，整理所求的积分. 此方法称为反馈积分法，便可得

$$\int \sec^3 x\mathrm{d}x = \dfrac{1}{2}(\sec x\tan x + \ln|\sec x + \tan x|) + C.$$

此积分法一般用于被积函数为不同类型的函数乘积式，但也用于某些函数，如对数函数、反三角函数等，对于被积函数是指数函数与三角函数乘积，还有 $\int \sin(\ln x)\mathrm{d}x$ 及上面所

讲的 $\int \sec^3 x \mathrm{d}x$ 等，需多次使用分部积分公式，在积分中出现原来的被积函数再移项，合并解方程，方可得出结果．需要记住，移项之后，右端补加积分常数 C．

还有一些例子，往往需要同时用倒换元积分法和分部积分法才能解决．

【例 4 - 51】 求 $\int \cos\sqrt{x}\mathrm{d}x$．

解 令 $\sqrt{x}=t$，则 $\mathrm{d}x=2t\mathrm{d}t$，于是

$$\int \cos\sqrt{x}\mathrm{d}x = \int \cos t \cdot 2t\mathrm{d}t$$

$$= 2\int t\mathrm{d}(\sin t) = 2[t\sin t - \int \sin t\mathrm{d}t]$$

$$= 2t\sin t + 2\cos t + C$$

$$= 2\sqrt{x}\sin\sqrt{x} + 2\cos\sqrt{x} + C.$$

习题 4 - 3

用分步积分法求下列不定积分．

(1) $\int x\cos 3x\mathrm{d}x$；

(2) $\int \dfrac{x}{\cos^2 x}\mathrm{d}x$；

(3) $\int x^2 \mathrm{e}^{2x}\mathrm{d}x$；

(4) $\int x\arctan 2x\mathrm{d}x$；

(5) $\int (\arcsin x)^2\mathrm{d}x$；

(6) $\int \dfrac{x\mathrm{e}^x}{(1+x)^2}\mathrm{d}x$；

(7) $\int \sin(\ln x)\mathrm{d}x$；

(8) $\int \arctan 2x\mathrm{d}x$；

(9) $\int \arctan\sqrt{x}\mathrm{d}x$；

(10) $\int (x-1)5^x\mathrm{d}x$；

(11) $\int \ln(x+\sqrt{1+x^2})\mathrm{d}x$；

(12) $\int \ln 2x\mathrm{d}x$；

(13) $\int \dfrac{\arctan \mathrm{e}^x}{\mathrm{e}^x}\mathrm{d}x$；

(14) $\int \left(\dfrac{\ln x}{x}\right)^2\mathrm{d}x$；

(15) $\int \mathrm{e}^{5x}\sin 4x\mathrm{d}x$．

第四节　有理函数的积分

一、有理函数的积分

形如

$$\frac{P(x)}{Q(x)} = \frac{a_0 x^n + a_1 x^{n-1} + \cdots + a_{n-1}x + a_n}{b_0 x^m + b_1 x^{m-1} + \cdots + b_{m-1}x + b_m} \tag{4-5}$$

称为有理函数．其中 a_0, a_1, a_2, $\cdots$, a_n 及 b_0, b_1, b_2, $\cdots$, b_m 为常数，且 $a_0 \neq 0$，$b_0 \neq 0$.

如果分子多项式 $P(x)$ 的次数 n 小于分母多项式 $Q(x)$ 的次数 m，称为有理真分式；如果分子多项式 $P(x)$ 的次数 n 大于或等于分母多项式 $Q(x)$ 的次数 m，称为有理假分式．利

用多项式除法可以把任一假分式可转化为多项式与真分式之和. 例如

$$\frac{x^3 + x - 1}{x^2 + 1} = x - \frac{1}{x^2 + 1}.$$

因此, 我们仅讨论真分式的积分.

对于真分式 $\frac{P(x)}{Q(x)}$, 若分母可以分解为两个多项式的乘积的形式

$$Q(x) = Q_1(x)Q_2(x)$$

且 $Q_1(x), Q_2(x)$ 没有公因式, 那么 $\frac{P(x)}{Q(x)}$ 一定可以分解成两个真分式之和的形式, 即

$$\frac{P(x)}{Q(x)} = \frac{P(x)}{Q_1(x)Q_2(x)} = \frac{P_1(x)}{Q_1(x)} + \frac{P_2(x)}{Q_2(x)}.$$

上述过程称为把真分式化成部分分式之和, 如果 $Q_1(x), Q_2(x)$ 还能再分解成两个没有公因式的多项式的乘积, 那么 $\frac{P(x)}{Q(x)}$ 就可写成更简单的部分分式之和的形式. 最后, 有理函数的分解式中只出现多项式、$\frac{P_1(x)}{(x-a)^k}$、$\frac{P_2(x)}{(x^2+px+q)l}$ 三类函数, 其中 $p^2 - 4q < 0$, $\frac{P_1(x)}{(x-a)^k}$、$\frac{P_2(x)}{(x^2+px+q)l}$ 都是真分式.

下面通过一些例子来说明有理函数的积分方法.

【例 4 - 52】 分解真分式 $\frac{3x+1}{x^2+3x-10}$ 为部分分式之和.

解 被积函数的分母 $Q(x) = x^2 + 3x - 10 = (x-2)(x+5)$, 设

$$\frac{3x+1}{x^2+3x-10} = \frac{A}{x-2} + \frac{B}{x+5}$$

其中 A, B 为待定常数.

确定常数的方法有待定系数法和赋值法.

方法一 待定系数法

把右端通分, 两端去分母得

$$3x + 1 = A(x+5) + B(x-2)$$

整理得

$$3x + 1 = (A+B)x + (5A - 2B)$$

因为这是恒等式, 等式两端 x 的系数和常数项必须相等, 于是有

$$\begin{cases} A + B = 3 \\ 5A - 2B = 1 \end{cases}$$

解得

$$A = 1, B = 2$$

故

$$\frac{3x+1}{x^2+3x-10} = \frac{1}{x-2} + \frac{2}{x+5}.$$

方法二 赋值法

在恒等式 $3x+1 = A(x+5) + B(x-2)$ 中, 代入特殊的 x 值, 从而求出待定的常数. 令

$x = 2$，得 $A = 1$，令 $x = -5$，得 $B = 2$．

同样得到

$$\frac{3x+1}{x^2+3x-10} = \frac{1}{x-2} + \frac{2}{x+5}.$$

【例 4 - 53】 分解真分式 $\dfrac{1}{x\,(x-1)^2}$ 为部分分式之和．

解 设

$$\frac{1}{x\,(x-1)^2} = \frac{A}{x} + \frac{Bx+C}{(x-1)^2}$$

则有

$$1 = A\,(x-1)^2 + (Bx+C)\,x.$$

在上式中，令 $x = 0$，得 $A = 1$，令 $x = 1$，得 $B + C = 1$，右端最高次项的系数即二次项系数为 $A + B = 0$，所以有

$$A = 1,\ B = -1,\ C = 2$$

于是

$$\frac{1}{x\,(x-1)^2} = \frac{1}{x} - \frac{x-2}{(x-1)^2}.$$

【例 4 - 54】 分解真分式 $\dfrac{1}{(1+2x)(1+x^2)}$ 为部分分式之和．

解 设 $\dfrac{1}{(1+2x)(1+x^2)} = \dfrac{A}{1+2x} + \dfrac{Bx+C}{1+x^2}$，两端去分母后，得

$$1 = A(1+x^2) + (Bx+C)(1+2x)$$

即

$$1 = (A+2B)x^2 + (B+2C)x + A + C.$$

比较上式两端 x 的同次幂的系数及常数项，有

$$\begin{cases} A+2B = 0 \\ B+2C = 0 \\ A+C = 1 \end{cases}$$

解得

$$A = \frac{4}{5},\ B = -\frac{2}{5},\ C = \frac{1}{5}$$

于是

$$\frac{1}{(1+2x)(1+x^2)} = \frac{\frac{4}{5}}{1+2x} + \frac{-\frac{2}{5}x + \frac{1}{5}}{1+x^2} = \frac{4}{5(1+2x)} - \frac{2x-1}{5(1+x^2)}.$$

【例 4 - 55】 求 $\displaystyle\int \frac{1}{x\,(x-1)^2}\,\mathrm{d}x$．

解 由 ［例 4 - 53］ 知 $\dfrac{1}{x\,(x-1)^2} = \dfrac{1}{x} - \dfrac{x-2}{(x-1)^2}$．

$$\int \frac{1}{x\,(x-1)^2}\,\mathrm{d}x = \int \left[\frac{1}{x} - \frac{x-2}{(x-1)^2} \right]\mathrm{d}x = \int \frac{1}{x}\,\mathrm{d}x - \int \frac{x-2}{(x-1)^2}\,\mathrm{d}x$$

$$= \ln|x| - \int \frac{x-1}{(x-1)^2}\,\mathrm{d}x + \int \frac{1}{(x-1)^2}\,\mathrm{d}(x-1)$$

$$= \ln|x| - \ln|x-1| - \frac{1}{x-1} + C.$$

【例 4 - 56】　求 $\int \dfrac{1}{(1+2x)(1+x^2)^2}\mathrm{d}x$.

解　由［例 4 - 54］知 $\dfrac{1}{(1+2x)(1+x^2)}=\dfrac{4}{5(1+2x)}-\dfrac{2x-1}{5(1+x^2)}$.

$$\int \frac{1}{(1+2x)(1+x^2)^2}\mathrm{d}x=\int\left[\frac{4}{5(1+2x)}-\frac{2x-1}{5(1+x^2)}\right]\mathrm{d}x$$

$$=\frac{4}{5}\int\frac{1}{1+2x}\mathrm{d}x-\frac{1}{5}\int\frac{2x}{1+x^2}\mathrm{d}x+\frac{1}{5}\int\frac{1}{1+x^2}\mathrm{d}x$$

$$=\frac{2}{5}\int\frac{1}{1+2x}\mathrm{d}(2x+1)-\frac{1}{5}\int\frac{1}{1+x^2}\mathrm{d}(x^2+1)+\frac{1}{5}\int\frac{1}{1+x^2}\mathrm{d}x$$

$$=\frac{2}{5}\ln|2x+1|-\frac{1}{5}\ln(x^2+1)+\frac{1}{5}\arctan x+C.$$

有理函数虽然一定可积，但计算时较为复杂，故解题过程中应尽量寻求更为简便的方法.

【例 4 - 57】　求 $\int \dfrac{x^2+1}{x^4+x^2+1}\mathrm{d}x$.

解　$\displaystyle\int \frac{x^2+1}{x^4+x^2+1}\mathrm{d}x=\int\frac{1+\dfrac{1}{x^2}}{x^2+1+\dfrac{1}{x^2}}\mathrm{d}x=\int\frac{\mathrm{d}\left(x-\dfrac{1}{x}\right)}{\left(x-\dfrac{1}{x}\right)^2+3}=\frac{1}{\sqrt{3}}\arctan\frac{x-\dfrac{1}{x}}{\sqrt{3}}+C.$

二、可化为有理函数的积分举例

【例 4 - 58】　求 $\int \dfrac{1}{1+\sin x}\mathrm{d}x$.

解　这是一个三角函数的有理积分，可以利用万能代换，转化为 $\tan\dfrac{x}{2}$ 的函数，即

$$\sin x=\frac{2\tan\dfrac{x}{2}}{1+\tan^2\dfrac{x}{2}}.$$

令 $t=\tan\dfrac{x}{2}(-\pi<x<\pi)$，那么

$$x=2\arctan t$$

从而

$$\mathrm{d}x=\frac{2\mathrm{d}t}{1+t^2}$$

于是

$$\int\frac{1}{1+\sin x}\mathrm{d}x=\int\frac{1}{1+\dfrac{2t}{1+t^2}}\frac{2}{1+t^2}\mathrm{d}t=\int\frac{2}{(1+t)^2}\mathrm{d}x$$

$$=-\frac{2}{1+t}+C$$

$$=-\frac{2}{1+\tan\dfrac{x}{2}}+C.$$

任何三角函数的积分都可以采用变量代换 $t = \tan \dfrac{x}{2}$，化成关于 t 的有理函数的积分来计算．尽管如此，由于有理函数的积分并不容易，所以在解题过程中应尽可能寻求更简便的方法．

【例 4 - 59】　求 $\displaystyle\int \dfrac{\cot x}{1 + \sin x}\mathrm{d}x$．

解　　$\displaystyle\int \dfrac{\cot x}{1 + \sin x}\mathrm{d}x = \int \dfrac{\cos x}{\sin x(1 + \sin x)}\mathrm{d}x = \int \dfrac{\mathrm{d}(\sin x)}{\sin x(1 + \sin x)}$

$$= \int \left(\dfrac{1}{\sin x} - \dfrac{1}{1 + \sin x}\right)\mathrm{d}(\sin x)$$

$$= \ln|\sin x| - \ln|1 + \sin x| + C$$

$$= -\ln|\csc x + 1| + C.$$

对于简单无理式的积分，我们在第二节已经涉及了，下面再给出几个例题．

【例 4 - 60】　求 $\displaystyle\int \dfrac{\sqrt{1-x}}{x}\mathrm{d}x$．

解　为了去根式，我们设 $\sqrt{1-x} = t$，于是 $x = 1 - t^2$，$\mathrm{d}x = -2t\mathrm{d}t$，从而所求积分为

$$\int \dfrac{\sqrt{1-x}}{x}\mathrm{d}x = \int \dfrac{-2t^2}{1 - t^2}\mathrm{d}t = \int \dfrac{-2t^2 + 2 - 2}{1 - t^2}\mathrm{d}t$$

$$= 2t - \int \left(\dfrac{1}{1 - t} + \dfrac{1}{1 + t}\right)\mathrm{d}t = 2t + \ln|1 - t| - \ln|1 + t| + C$$

$$= 2\sqrt{1-x} + \ln|1 - \sqrt{1-x}| - \ln|1 + \sqrt{1+x}| + C.$$

【例 4 - 61】　求 $\dfrac{1}{x}\displaystyle\int \sqrt{\dfrac{1-x}{x}}\mathrm{d}x$．

解　为了去掉根式，可令 $t = \sqrt{\dfrac{1-x}{x}}$，于是 $x = \dfrac{1}{1 + t^2}$，$\mathrm{d}x = \dfrac{-2t}{(1 + t^2)^2}\mathrm{d}t$，从而

$$\dfrac{1}{x}\int \sqrt{\dfrac{1-x}{x}}\mathrm{d}x = \int (1 + t^2)t\dfrac{-2t}{(1 + t^2)^2}\mathrm{d}t$$

$$= \int \dfrac{-2t^2}{1 + t^2}\mathrm{d}t = \int \left(-2 + \dfrac{2}{1 + t^2}\right)\mathrm{d}t$$

$$= -2t + 2\arctan t + C = -2\sqrt{\dfrac{1-x}{x}} + 2\arctan \sqrt{\dfrac{1-x}{x}} + C.$$

求简单无理函数的不定积分的一般方法是，选择适当的变量代换，将原积分化为有理函数的积分或基本积分公式中有的形式再求之．如被积函数中含有 $\sqrt[n]{ax + b}$（n 是正整数，且 $n > 1$）可作代换 $\sqrt[n]{ax + b} = t$，如含有 $\sqrt[n]{\dfrac{ax + b}{cx + d}}$，可做代换 $\sqrt[n]{\dfrac{ax + b}{cx + d}} = t$．

习题 4 - 4

1. 求下列有理函数的积分．

(1) $\displaystyle\int \dfrac{1}{x(x - 3)}\mathrm{d}x$；

(2) $\displaystyle\int \dfrac{1}{x^2 - 9}\mathrm{d}x$；

(3) $\displaystyle\int \frac{x+3}{x^2-5x+6}\mathrm{d}x$;

(4) $\displaystyle\int \frac{\mathrm{d}x}{x^4+1}$;

(5) $\displaystyle\int \frac{x^2+1}{x^4+1}\mathrm{d}x$;

(6) $\displaystyle\int \frac{x^3}{x+2}\mathrm{d}x$;

(7) $\displaystyle\int \frac{10x^2+12x+20}{x^3-8}\mathrm{d}x$;

(8) $\displaystyle\int \frac{2x-5}{(x-1)^2(x+2)}\mathrm{d}x$.

2. 求下列三角函数有理式的积分.

(1) $\displaystyle\int \frac{\mathrm{d}x}{3+5\cos x}$;

(2) $\displaystyle\int \cos^5 x\,\mathrm{d}x$;

(3) $\displaystyle\int \frac{\mathrm{d}x}{1+\sin x+\cos x}$;

(4) $\displaystyle\int \frac{1+\sin x}{1-\cos x}\mathrm{d}x$.

第五节 积 分 表 的 使 用

前面几节基本积分公式和各种积分方法,积分的计算要比导数的计算来得灵活、复杂. 大家在掌握这些基本的积分方法的基础上,还需学会使用"积分表". 一般的积分表是按照被积函数的类型进行分类编制的. 在使用积分表时,首先要分清被积函数类型,然后在积分表中查找相应的公式. 当然,有时还需要对被积函数做适当的变量替换,将其转化为积分表中所列函数的形式,再利用表中的公式求解,下面举例说明如何查表求不定积分.

一、直接查表法

【例 4 - 62】 求不定积分 $\displaystyle\int \frac{\mathrm{d}x}{x(3x+4)}$.

解 被积函数含有 $ax+b$,在积分表"(一)含有 $ax+b$ 的积分"中查得

$$\int \frac{\mathrm{d}x}{x(ax+b)}=-\frac{1}{b}\ln\left|\frac{ax+b}{x}\right|+C$$

对照积分表,有 $a=3$, $b=4$,于是

$$\int \frac{\mathrm{d}x}{x(3x+4)}=-\frac{1}{4}\ln\left|\frac{3x+4}{x}\right|+C.$$

【例 4 - 63】 求不定积分 $\displaystyle\int \frac{\mathrm{d}x}{5-4\cos x}$.

解 被积函数含有三角函数,在积分表"(十一)含有三角函数的积分"中查得 $\displaystyle\int \frac{\mathrm{d}x}{a+b\cos x}$ 的公式有两个,要看 a^2、b^2 的大小关系才能决定用哪个,此题中相对应的 $a=5$, $b=-4$, $a^2>b^2$,所以用公式

$$\int \frac{\mathrm{d}x}{a+b\cos x}=\frac{2}{a+b}\sqrt{\frac{a+b}{a-b}}\arctan\left(\sqrt{\frac{a-b}{a+b}}\tan \frac{x}{2}\right)+C \quad (a^2>b^2)$$

从而有

$$\int \frac{\mathrm{d}x}{5-4\cos x}=\frac{2}{5+(-4)}\sqrt{\frac{5+(-4)}{5-(-4)}}\arctan\left(\sqrt{\frac{5-(-4)}{5+(-4)}}\tan \frac{x}{2}\right)+C$$

$$=\frac{2}{3}\arctan\left(3\tan \frac{x}{2}\right)+C.$$

二、先进行变量代换，再查表法

【例 4 - 64】 求不定积分 $\int \sqrt{2x^2 + 9}\,\mathrm{d}x$.

解 这个积分不能在表中直接查得，需要进行变量代换．令 $u = \sqrt{2}x$，那么 $x = \dfrac{\sqrt{2}u}{2}$，$\mathrm{d}x = \dfrac{\sqrt{2}}{2}\mathrm{d}u$．于是

$$\int \sqrt{2x^2 + 9}\,\mathrm{d}x = \frac{\sqrt{2}}{2}\int \sqrt{u^2 + 3^2}\,\mathrm{d}u .$$

被积函数含有 $\sqrt{u^2 + 3^2}$，在积分表"（六）$\sqrt{x^2 + a^2}\,(a > 0)$ 的积分"中查得

$$\int \sqrt{x^2 + a^2}\,\mathrm{d}x = \frac{x}{2}\sqrt{x^2 + a^2} + \frac{a^2}{2}\ln(x + \sqrt{x^2 + a^2}) + C$$

于是

$$\int \sqrt{2x^2 + 9}\,\mathrm{d}x = \frac{\sqrt{2}}{2}\int \sqrt{u^2 + 3^2}\,\mathrm{d}u$$

$$= \frac{\sqrt{2}}{2}\left[\frac{u}{2}\sqrt{u^2 + a^2} + \frac{a^2}{2}\ln(u + \sqrt{u^2 + a^2})\right] + C$$

$$= \frac{x}{2}\sqrt{2x^2 + 9} + \frac{9\sqrt{2}}{4}\ln(\sqrt{2}x + \sqrt{2x^2 + 9}) + C .$$

三、用递推公式法

【例 4 - 65】 求不定积分 $\int \cos^4 x\,\mathrm{d}x$.

解 被积函数含有三角函数，在积分表"（十一）含有三角函数的积分"中查得

$$\int \cos^n x\,\mathrm{d}x = \frac{1}{n}\cos^{n-1}x\sin x + \frac{n-1}{n}\int \cos^{n-2}x\,\mathrm{d}x .$$

利用这个公式可以使被积函数中 $\cos x$ 的幂次减少两次，只要重复使用这个公式，可以使 $\cos x$ 的幂次继续减少，直到求出最后结果为止，这种公式叫作递推公式．

$$\int \cos^4 x\,\mathrm{d}x = \frac{1}{4}\cos^3 x\sin x + \frac{3}{4}\int \cos^2 x\,\mathrm{d}x$$

对积分 $\int \cos^2 x\,\mathrm{d}x$，前面我们给出用换元积分法可求．事实上，查找积分表，找到如下公式

$$\int \cos^2 x\,\mathrm{d}x = \frac{x}{2} + \frac{1}{4}\sin 2x + C$$

从而所求积分为

$$\int \cos^4 x\,\mathrm{d}x = \frac{1}{4}\cos^3 x\sin x + \frac{3x}{8} + \frac{3}{16}\sin 2x + C .$$

　　一般说来，查积分表可以节省计算积分的时间，但是，只有掌握了前面学过的基本积分方法才能灵活地使用积分表，而且对一些比较简单的积分，应用基本积分方法来计算比查表更快些．所以，求积分时究竟是直接计算，还是查表，应该针对不同的被积函数做具体分析．最后，我们要特别指出，虽然求不定积分是求导数的逆运算，但是，求不定积分远比求导数困难得多．对于任给一个初等函数，只要可导我们肯定能求出它的导数．然而某些初等函数，尽管它们的原函数存在，却不一定能用初等函数表示．例如，下面的积分

$$\int e^{-x^2}\,dx\;;\;\int \sin(x^2)\,dx\;;\;\int \frac{1}{\ln x}\,dx\;;\;\int \frac{1}{\sqrt{1+x^4}}\,dx$$

等，它们的原函数都不能用初等函数来表示．

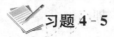 **习题 4-5**

利用积分表计算下列积分．

(1) $\displaystyle\int \frac{dx}{\sqrt{4x^2+3x+2}}$ ；

(2) $\displaystyle\int \sin 2x \cos 4x\,dx$ ；

(3) $\displaystyle\int x^2\sqrt{x^2-2}\,dx$ ；

(4) $\displaystyle\int e^{2x}\cos 3x\,dx$ ；

(5) $\displaystyle\int \frac{dx}{x^3(x^2+2)}$ ；

(6) $\displaystyle\int x^2 \arctan \frac{x}{3}\,dx$ ．

小结与学习指导

一、小结

本章先介绍了不定积分的概念、性质，而后着重介绍了不定积分的计算方法（换元法和分部积分法）．

1. 原函数与不定积分

(1) 原函数．设函数 $y=f(x)$ 在某区间上有定义，若存在函数 $F(x)$，使得在该区间任一点处，均有

$$F'(x)=f(x) \quad \text{或} \quad dF(x)=f(x)dx$$

则称 $F(x)$ 为 $f(x)$ 在该区间上的一个原函数．

关于原函数的问题，还要说明两点：

1) 原函数的存在问题：如果 $f(x)$ 在某区间上连续，那么它的原函数一定存在．

2) 原函数的一般表达式：若 $F(x)$ 是 $f(x)$ 的一个原函数，则 $F(x)+C$ 是 $f(x)$ 的全部原函数，其中 C 为任意常数．

(2) 不定积分．若 $F(x)$ 是 $f(x)$ 在某区间上的一个原函数，则 $f(x)$ 的全体原函数 $F(x)+C$（C 为任意常数）称为 $f(x)$ 在该区间上的不定积分，记为 $\displaystyle\int f(x)dx$，即

$$\int f(x)dx=F(x)+C.$$

积分运算与微分运算之间有如下的互逆关系：

1) $\left[\displaystyle\int f(x)dx\right]'=f(x)$ 或 $d\left[\displaystyle\int f(x)dx\right]=f(x)dx$，此式表明，先求积分再求导数（或求微分），两种运算的作用相互抵消．

2) $\displaystyle\int F'(x)dx=F(x)+C$ 或 $\displaystyle\int dF(x)=F(x)+C$，此式表明，先求导数（或求微分）再求积分，两种运算的作用相互抵消后还留有积分常数 C．对于这两个式子，要记准，要熟练运用．

2. 不定积分的性质

（1）积分对于函数的可加性，即

$$\int [f(x)+g(x)]\mathrm{d}x = \int f(x)\mathrm{d}x + \int g(x)\mathrm{d}x$$

可推广到有限个函数代数和的情况，即

$$\int [f_1(x) \pm f_2(x) \pm \cdots \pm f_n(x)]\mathrm{d}x = \int f_1(x)\mathrm{d}x \pm \int f_2(x)\mathrm{d}x \pm \cdots \pm \int f_n(x)\mathrm{d}x.$$

（2）积分对于函数的齐次性，即

$$\int kf(x)\mathrm{d}x = k\int f(x)\mathrm{d}x \quad k \neq 0.$$

将上述二个性质合二为一，即得到不定积分的线性性质

$$\int [k_1 f_1(x) + k_2 f_2(x) \cdots + k_n f_n(x)]\mathrm{d}x = k_1\int f_1(x)\mathrm{d}x + k_2\int f_2(x)\mathrm{d}x + \cdots + k_n\int f_n(x)\mathrm{d}x$$

其中 $k_1, k_2, \cdots, k_n$ 不全为零.

3. 求不定积分的方法

求不定积分，一般说来，我们依靠的是三法一表，所谓三法就是分项积分法、换元积分法和分部积分法. 一表就是基本积分表. 三种方法的基本思想都是要将原积分变形成为可以利用基本积分公式表中的形式，从而计算不定积分.

（1）分项积分法 分项积分法的依据是不定积分的线性性质得来的，这个方法对应于微分法中的逐项求导法. 有理函数的积分，是把有理函数通过部分分式分成若干个积分之和，就是一种典型的分项积分法.

（2）换元积分法　相对于微分法中的复合函数求导法.

第一类换元法：设有积分 $\int g(x)\mathrm{d}x$，如果被积函数可以"拆"为 $g(x) = f(\varphi(x))\varphi'(x)$ 的形式，这里的积分 $\int f(t)\mathrm{d}t$ 可以在基本积分表中找到或者很容易求出，则可以用以下方法计算

$$\int g(x)\mathrm{d}x = \int f[\varphi(x)]\varphi'(x)\mathrm{d}x \Rightarrow \int f[\varphi(x)]\mathrm{d}\varphi(x) \Rightarrow \int f(t)\mathrm{d}t \Rightarrow$$
$$[F(t)+C]_{t=\varphi(x)} \Rightarrow F[\varphi(x)]+C.$$

这就是第一类换元法，也称凑微分法.

第二类换元法：设 $x = \varphi(t)$ 单调可微，且 $\varphi'(t) \neq 0$，若 $\int f[\varphi(t)]\varphi'(t)\mathrm{d}t = F(t)+C$，则有 $\int f(x)\mathrm{d}x = F[\varphi^{-1}(x)]+C$.

与凑微分法不同的是，第二类换元法不是将被积表达式拆开，而是将积分变量 x 用一个存在反函数的可微函数 $\varphi(t)$ 替换掉，使得 $\int f[\varphi(t)]\varphi'(t)\mathrm{d}t$ 可以在基本积分表中找到或者容易积出.

（3）分部积分法

$$\int uv'\mathrm{d}x = uv - \int vu'\mathrm{d}x \quad \text{或} \quad \int u\mathrm{d}v = uv - \int v\mathrm{d}u.$$

分部积分法一般用来讨论被积函数为两个或两个以上不同函数乘积的积分，一般情况下

u 以及 $v'\,\mathrm{d}x$ 的选择方法是：①$\int v\mathrm{d}u$ 比 $\int u\mathrm{d}v$ 更易于积分；②易于由 $\mathrm{d}v$ 求 v．

二、学习指导

1. 本章要求

（1）深刻理解原函数、不定积分的概念及其性质．

（2）熟记不定积分的基本公式．

（3）熟练掌握并能运用不定积分的换元（凑微分、变量替换）法和分部积分法．

（4）掌握有理函数和可化为有理函数的积分法．

重点：

（1）原函数与不定积分的概念．

（2）不定积分的基本公式．

（3）不定积分的换元法和分部积分法．

难点：

不定积分的换元法和分部积分法．

2. 对学习的建议

（1）第一换元积分法，既基本又灵活，必须多下功夫，除了熟记积分基本公式外，还熟记一些常用的微分关系式．如 $\mathrm{e}^x\mathrm{d}x = \mathrm{d}(\mathrm{e}^x)$，$\dfrac{1}{x}\mathrm{d}x = \mathrm{d}(\ln x)$，$\dfrac{1}{\sqrt{x}}\mathrm{d}x = 2\mathrm{d}\sqrt{x}$．

（2）$\sin x\mathrm{d}x = -\mathrm{d}(\cos x)$，$\sec^2 x\mathrm{d}x = \mathrm{d}(\tan x)$ 等．

（3）不定积分计算要根据被积函数的特征灵活运用积分方法．在具体的问题中，常常是各种方法综合使用，针对不同的问题采用不同的积分方法．如 $\int (\arcsin x)^2\,\mathrm{d}x$，先换元，令 $t = \arcsin x$，再用分部积分法即可，$\int (\arcsin x)^2\,\mathrm{d}x = \int t^2\cos t\mathrm{d}t$，也可多次使用分部积分公式．

（4）求不定积分比求导数要难得多，尽管有一些规律可循．但在具体应用时，却十分灵活，因此应通过多做习题来积累经验，熟悉技巧，才能熟练掌握．

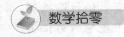 数学拾零

数学的三个发展时期（一）——初等数学时期

在人类的知识宝库中有三大类科学，即自然科学、社会科学、认识和思维的科学．自然科学又分为数学、物理学、化学、天文学、地理学、生物学、工程学、农学、医学等学科．数学是自然科学的一种，是其他科学的基础和工具．在世界上的几百卷百科全书中，它通常都是处于第一卷的地位．

从本质上看，数学是研究现实世界的数量关系与空间形式的科学．或简单讲，数学是研究数与形的科学．对这里的数与形应作广义的理解，它们随着数学的发展，而不断取得新的内容，不断扩大着内涵．

数学来源于人类的生产实践活动，即来源于原始人捕获猎物和分配猎物、丈量土地

和测量容积、计算时间和制造器皿等实践，并随着人类社会生产力的发展而发展．对于非数学专业的人们来讲，可以从三个大的发展时期来大致了解数学的发展．

初等数学时期是指从原始人时代到 17 世纪中叶，这期间数学研究的主要对象是常数、常量和不变的图形．

在这一时期，数学经过漫长时间的萌芽阶段，在生产的基础上积累了丰富的有关数和形的感性知识．到了公元前 6 世纪，希腊几何学的出现成为第一个转折点，数学从此由具体的、实验的阶段，过渡到抽象的、理论的阶段，开始创立初等数学．此后又经过不断的发展和交流，最后形成了几何、算术、代数、三角等独立学科．这一时期的成果可以用"初等数学"（即常量数学）来概括，它大致相当于现在中小学数学课的主要内容．

随着生产实践的需要，大约在公元前 3000 年左右，在四大文明古国——巴比伦、埃及、中国、印度出现了萌芽数学．

现在对于古巴比伦数学的了解主要是根据巴比伦泥版，这些泥版是在胶泥还软的时候刻上字，然后晒干制成的（早期是一种断面呈三角形的"笔"在泥版上按不同方向刻出楔形刻痕，叫楔形文字）．

对埃及古代数学的了解，主要是根据两卷纸草书．纸草是尼罗河下游的一种植物，把它的茎制成薄片压平后，用"墨水"写上文字（最早的是象形文字）．同时把许多张纸草纸粘在一起连成长幅，卷在杆干上，形成卷轴．已经发现的一卷约写于公元前 1850 年，包含 25 个问题（叫"莫斯科纸草文书"，现存莫斯科）；另一卷约写于公元前 1650 年，包含 85 个问题（叫"莱因德纸草文书"，是英国人莱因德于 1858 年发现的）．

希腊数学大体可以分为两个时期．

第一个时期开始于公元前 6 世纪，结束于公元前 4 世纪，通称为古典时期．泰勒斯开始了命题的逻辑证明；毕达哥拉斯学派对比例论、数论等所谓"几何化代数"作了研究，据说非通约量也是由这个学派发现的．进入公元前 5 世纪，爱利亚学派的芝诺提出了四个关于运动的悖论；研究"圆化方"的希波克拉茨开始编辑《原本》．从此，有许多学者研究"三大问题"，有的试图用"穷竭法"去解决化圆为方的问题．柏拉图强调几何对培养逻辑思维能力的重要作用；亚里士多德建立了形式逻辑，并且把它作为证明的工具；德谟克利特把几何量看成是由许多不可再分的原子所构成．

第二个时期自公元前 4 世纪末至公元 1 世纪，这时的学术中心从雅典转移到了亚历山大里亚，因此被称为亚历山大里亚时期．这一时期有许多水平很高的数学书稿问世，并一直流传到了现在．

公元前 3 世纪，欧几里得写出了平面几何、比例论、数论、无理量论、立体几何的集大成的著作《几何原本》，第一次把几何学建立在演绎体系上，成为数学史乃至思想史上一部划时代的名著．遗憾的是，人们对欧几里得的生活和性格知道得很少，甚至连他的生卒年月和地点都不清楚．估计他大约生于公元前 330 年，很可能在雅典的柏拉图学园受过数学训练，后来成为亚历山大里亚大学（约建成于公元前 300 年）的数学教授和亚历山大数学学派的奠基人．

之后的阿基米德把抽象的数学理论和具体的工程技术结合起来，根据力学原理去探求几何图形的面积和体积，第一个播下了积分学的种子．阿波罗尼写出了《圆锥曲线》一书，成为后来研究这一问题的基础．公元 1 世纪的赫伦写出了使用具体数解释求积法的《测量术》等著作．2 世纪的托勒密完成了到那时为止的数理天文学的集大成著作《数学汇编》，结合天文学研究三角学．3 世纪丢番图著《算术》，使用简略号求解不定方程式等问题，它对数学发展的影响仅次于《几何原本》．希腊数学中最突出的三大成就——欧几里得的几何学，阿基米德的穷竭法和阿波罗尼的圆锥曲线论，标志着当时数学的主体部分——算术、代数、几何基本上已经建立起来了．

15 世纪开始了欧洲的文艺复兴．随着拜占庭帝国的瓦解，难民们带着希腊文化的财富流入意大利．大约在这个世纪的中叶，受中国人发明的影响，改进了印刷术，彻底变革了书籍的出版条件，加速了知识的传播．在 15 世纪末，哥伦布发现了美洲，不久麦哲伦船队完成了环球航行．在商业、航海、天文学和测量学的影响下，西欧作为初等数学的最后一个发展中心，终于后来居上．

15 世纪的数学活动集中在算术、代数和三角方面．缪勒的名著《三角全书》是欧洲人对平面和球面三角学所作的独立于天文学的第一个系统的阐述．

16 世纪最壮观的数学成就是塔塔利亚、卡尔达诺、拜别利等发现三次和四次方程的代数解法，接受了负数并使用了虚数．16 世纪最伟大的数学家是韦达，他写了许多关于三角学、代数学和几何学的著作，其中最著名的《分析方法入门》改进了符号，使代数学大为改观；斯蒂文创设了小数；雷提库斯是把三角函数定义为直角三角形的边与边之比的第一个人，他还雇用了一批计算人员，花费 12 年时间编制了两个著名的、至今尚有用的三角函数表．其中一个是间隔为 10″、10 位的 6 种三角函数表，另一个是间隔为 10″、15 位的正弦函数表，并附有第一、第二和第三差．

由于文艺复兴引起的对教育的兴趣和商业活动的增加，一批普及的算术读本开始出现．到 16 世纪末，这样的书不下三百种．"＋""－""＝"等符号开始出现．

17 世纪初，对数的发明是初等数学的一大成就．1614 年，耐普尔首创了对对数，1624 年布里格斯引入了相当于现在的常用对数，计算方法因而向前推进了一大步．

初等数学时期也可以按主要学科的形成和发展分为三个阶段：萌芽阶段，公元前 6 世纪以前；几何优先阶段，公元前 5 世纪到公元 2 世纪；代数优先阶段，3 世纪到 17 世纪前期．至此，初等数学的主体部分——算术、代数与几何已经全部形成，并且发展成熟．

总复习题四

1. 填空题.

(1) 已知 $\int f(x)\mathrm{d}x = F(x)+C$，则 $\int \dfrac{f(\ln x)}{x}\mathrm{d}x =$ _____ .

(2) 设 $f(x)$ 为连续函数，则 $\int f^2(x)\mathrm{d}f(x) =$ _____ .

(3) 若 e^{-x} 是 $f(x)$ 的一个原函数，则 $\int xf(x)\mathrm{d}x =$ _____ .

(4) 已知 $f'(x^2) = \dfrac{1}{x}(x > 0)$，则 $f(x) = $ _____ .

(5) 设 $f(x) = e^{-x}$，则 $\displaystyle\int \dfrac{f'(\ln x)}{x}\mathrm{d}x = $ _____ .

(6) $\displaystyle\int x f^2(x) f'(x^2)\mathrm{d}x = $ _____ .

2. 单项选择题.

(1) 设 $f(x)$ 为可导函数，则 $\left(\displaystyle\int f(x)\mathrm{d}x\right)' = $ _____ .

(A) $f(x)$;　　　(B) $f(x) + C$;　　　(C) $f'(x)$;　　　(D) $f'(x) + C$.

(2) $\displaystyle\int \left(\dfrac{1}{\sin^2 x} + 1\right)\mathrm{d}\sin x = $ _____ .

(A) $\dfrac{-1}{\sin x} + \sin x + C$;　　　　　　(B) $-\cot x + x + C$;

(C) $-\cot x + \sin x + C$;　　　　　　(D) $\dfrac{-1}{\sin x} + x + C$.

(3) 若 $\displaystyle\int f(x)\mathrm{d}x = F(x) + C$，则 $\displaystyle\int \sin x f(\cos x)\mathrm{d}x$ 等于 _____ .

(A) $F(\cos x) + C$;　　　　　　(B) $F(\sin x) + C$;

(C) $-F(\cos x) + C$;　　　　　　(D) $-F(\sin x) + C$.

(4) 设 $F(x)$ 是 $f(x)$ 的一个原函数，则 $\displaystyle\int e^{-x} f(e^{-x})\mathrm{d}x$ 等于 _____ .

(A) $F(e^x) + C$;　　　　　　(B) $F(e^{-x}) + C$;

(C) $-F(e^x) + C$;　　　　　　(D) $-F(e^{-x}) + C$.

3. 求下列不定积分.

(1) $\displaystyle\int \sin^3 x\,\mathrm{d}x$;　　　　　　(2) $\displaystyle\int \dfrac{1}{\sqrt{x}} e^{\sqrt{x}}\mathrm{d}x$;

(3) $\displaystyle\int x\ln(1 + x^2)\mathrm{d}x$;　　　　　　(4) $\displaystyle\int \dfrac{\mathrm{d}x}{x\sqrt{1 - \ln^2 x}}$;

(5) $\displaystyle\int \dfrac{1 + x}{(1 - x)^2}\mathrm{d}x$;　　　　　　(6) $\displaystyle\int \cos\sqrt{x + 1}\,\mathrm{d}x$;

(7) $\displaystyle\int x\tan^2 x\,\mathrm{d}x$;　　　　　　(8) $\displaystyle\int \dfrac{x + (\arctan x)^2}{1 + x^2}\mathrm{d}x$;

(9) $\displaystyle\int \dfrac{x + \ln^3 x}{(x\ln x)^2}\mathrm{d}x$;　　　　　　(10) $\displaystyle\int \dfrac{x\cos x}{\sin^3 x}\mathrm{d}x$;

(11) $\displaystyle\int \dfrac{1}{x^2}\sqrt{x^2 - 1}\,\mathrm{d}x$;　　　　　　(12) $\displaystyle\int \dfrac{3 - 2\cot^2 x}{\cos^2 x}\mathrm{d}x$;

(13) $\displaystyle\int \dfrac{x e^{\arctan x}}{(1 + x^2)^{\frac{3}{2}}}\mathrm{d}x$;　　　　　　(14) $\displaystyle\int \dfrac{x^2}{(x - 1)(x + 1)(x + 2)}\mathrm{d}x$.

4. 设 $f(x) = \begin{cases} 1, & x < 0 \\ x + 1, & 0 \leqslant x \leqslant 1 \\ 2x, & x > 1 \end{cases}$，求 $\displaystyle\int f(x)\mathrm{d}x$.

考研真题四

计算不定积分.

(1) $\displaystyle\int \ln\left(1+\sqrt{\dfrac{1+x}{x}}\right)\mathrm{d}x\,(x>0)$;

(2) $\displaystyle\int \dfrac{x\mathrm{e}^x}{\sqrt{\mathrm{e}^x-1}}\mathrm{d}x$;

(3) $\displaystyle\int \dfrac{\mathrm{d}x}{\sin 2x+2\sin x}$.

第五章　定积分及其应用

第一节　定积分的概念与性质

在上一章，作为导数的反问题，我们引进了不定积分，讨论了它的概念、性质，并介绍了积分法，这是积分学的第一个基本问题．本章将介绍积分学的第二个基本问题——定积分，我们通过对简单的几何学、物理学的讨论引入定积分的定义，然后讨论它的性质、计算方法及其应用．

一、定积分的概念

1. 引例

【例 5 - 1】 曲边梯形的面积．

设 $y = f(x)$ 在 $[a,b]$ 上非负、连续，由直线 $x = a$，$x = b$，$y = 0$ 及曲线 $y = f(x)$ 所围成的图形（见图 5 - 1），称为曲边梯形．其中曲线弧称为曲边．

不妨假定 $f(x) \geqslant 0$．

下面来求曲边梯形的面积．由于 $f(x) \neq c (x \in [a,b])$ 无法用矩形面积公式来计算，但根据连续性，任两点 $x_1, x_2 \in [a,b]$，$| x_2 - x_1 |$ 很小时，$f(x_1)$，$f(x_2)$ 间的图形变化不大，即点 x_1、点 x_2 处高度差别不大．于是可用如下方法求曲边梯形的面积．

（1）分割：将曲边梯形分成许多细长条，在区间 $[a,b]$ 中任意插入 $n-1$ 个分点

$$a = x_0 < x_1 < x_2 \cdots < x_{n-1} < x_n = b$$

把 $[a,b]$ 分成 n 个小区间 $[x_0, x_1]$，$[x_1, x_2]$，$\cdots$，$[x_{n-1}, x_n]$，它们的长度依次为

$$\Delta x_1 = x_1 - x_0, \Delta x_2 = x_2 - x_1, \cdots, \Delta x_n = x_n - x_{n-1}.$$

过分点 x_i 作平行于 y 轴的直线段，把曲边梯形分成 n 个窄曲边梯形，其中第 i 个小曲边梯形的面积记为 ΔA_i．

（2）取近似：将这 n 个窄曲边梯形近似地看作一个个小矩形．

在第 i 个小曲边梯形的底 $[x_{i-1}, x_i]$ 上任取一点 ξ_i，它所对应的函数值为 $f(\xi_i)$，用宽为 Δx_i，长为 $f(\xi_i)$ 的小矩形面积来近似代替这个小曲边梯形的面积（见图 5 - 2），即

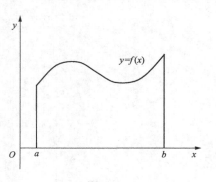

图 5 - 1

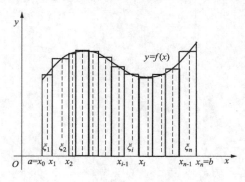

图 5 - 2

$$\Delta A_i \approx f(\xi_i)\Delta x_i.$$

（3）求和：小矩形的面积之和是曲边梯形面积的一个近似值.

把 n 个小矩形的面积相加得和式 $\sum\limits_{i=1}^{n} f(\xi_i)\Delta x_i$，它就是曲边梯形面积 A 的近似值，即

$$A \approx \sum_{i=1}^{n} f(\xi_i)\Delta x_i.$$

（4）取极限：当分割无限时，所有小矩形面积和的极限，就是曲边梯形面积 A 的精确

值. k 分割越细，$\sum\limits_{i=1}^{n} f(\xi_i)\Delta x_i$ 就越接近于曲边梯形的面积 A，当小区间长度最大值趋于零，

即 $\lambda \to 0$（λ 表示这些小区间的长度最大者）时，和式 $\sum\limits_{i=1}^{n} f(\xi_i)\Delta x_i$ 的极限就是 A. 即

$$A = \lim_{\lambda \to 0} \sum_{i=1}^{n} f(\xi_i)\Delta x_i$$

可见，曲边梯形的面积是一和式的极限.

【例 5 - 2】 变速直线运动的路程.

设某物体做直线运动，已知速度 $v = v(t)$ 是时间间隔 $[T_1, T_2]$ 上 t 的连续函数，且 $v \geqslant 0$，计算在这段时间内物体所经过的路程 S.

（1）分割：在 $[T_1, T_2]$ 内任意插入 $n-1$ 个分点

$$T_1 = t_0 < t_1 < t_2 < \cdots < t_{n-1} < t_n = T_2$$

把 $[T_1, T_2]$ 分成 n 个小段

$$[t_0, t_1], [t_1, t_2], \cdots, [t_{n-1}, t_n]$$

各小段时间长依次为

$$\Delta t_1 = t_1 - t_0, \Delta t_2 = t_2 - t_1, \cdots, \Delta t_n = t_n - t_{n-1}$$

相应各段的路程为

$$\Delta S_1, \Delta S_2, \cdots, \Delta S_n.$$

（2）近似代替：在 $[t_{i-1}, t_i]$ 上任取一个时刻 $\tau_i (t_{i-1} \leqslant \tau_i \leqslant t_i)$，以 τ_i 时的速度 $v(\tau_i)$ 来代替 $[t_{i-1}, t_i]$ 上各个时刻的速度，则得

$$\Delta S_i \approx v(\tau_i)\Delta t_i \quad (i = 1, 2, \cdots, n).$$

（3）求和：把每段时间通过的路程相加

$$S \approx v(\tau_1)\Delta t_1 + v(\tau_2)\Delta t_2 + \cdots + v(\tau_n)\Delta t_n = \sum_{i=1}^{n} v(\tau_i)\Delta t_i.$$

（4）取极限：设 $\lambda = \max\{\Delta t_1, \Delta t_2, \cdots, \Delta t_n\}$，当 $\lambda \to 0$ 时，得

$$S = \lim_{\lambda \to 0} \sum_{i=1}^{n} v(\tau_i)\Delta t.$$

2. 定积分的定义

由上述两例可见，虽然所计算的量不同，但它们都取决于一个函数及其自变量的变化区间，其次它们的计算方法与步骤都相同，即归纳为一种和式极限，即

$$面积 A = \lim_{\lambda \to 0} \sum_{i=1}^{n} f(\xi_i)\Delta x_i$$

$$路程 S = \lim_{\lambda \to 0} \sum_{i=1}^{n} v(\tau_i)\Delta t_i.$$

　　将这种方法加以精确叙述得到定积分的定义：

　　定义 5.1　设函数 $f(x)$ 在 $[a,b]$ 上有界，用分点

$$a = x_0 < x_1 < x_2 < \cdots < x_{n-1} < x_n = b$$

将区间 $[a,b]$ 任意分成 n 个小区间

$$[x_0,x_1], [x_1,x_2], \cdots, [x_{n-1},x_n]$$

各个小区间的长度依次为

$$\Delta x_1 = x_1 - x_0, \Delta x_2 = x_2 - x_1, \cdots, \Delta x_n = x_n - x_{n-1}.$$

　　在每个小区间 $[x_{i-1},x_i]$ 上任取一点 $\xi_i(x_{i-1} \leqslant \xi_i \leqslant x_i)$，作函数值 $f(\xi_i)$ 与小区间长度 Δx_i 的乘积 $f(\xi_i)\Delta x_i (i = 1,2,\cdots,n)$，并作出和

$$S = \sum_{i=1}^{n} f(\xi_i)\Delta x_i.$$

　　记 $\lambda = \max\{\Delta x_1,\Delta x_2,\cdots,\Delta x_n\}$，如果不论对 $[a,b]$ 怎样分法，也不论在小区间 $[x_{i-1}, x_i]$ 上点 ξ_i 怎样取法，只要当 $\lambda \to 0$ 时，和 S 总趋于确定的极限 I，这时我们称这个极限 I 为函数 $f(x)$ 在区间 $[a,b]$ 上的定积分（简称积分），记作 $\int_a^b f(x)\mathrm{d}x$. 即

$$\int_a^b f(x)\mathrm{d}x = I = \lim_{\lambda \to 0} \sum_{i=1}^{n} f(\xi_i)\Delta x_i \tag{5-1}$$

其中 $f(x)$ 叫作被积函数，$f(x)\mathrm{d}x$ 叫作被积表达式，x 叫作积分变量，a 叫作积分下限，b 叫作积分上限，$[a,b]$ 叫作积分区间.

　　按定积分定义，引例 1、引例 2 可以表述如下.

　　(1) 曲边梯形的面积是函数 $y = f(x)$ 在区间 $[a,b]$ 上的定积分，即

$$S = \int_a^b f(x)\mathrm{d}x \quad [f(x) \geqslant 0].$$

　　(2) 物体作变速直线运动所经过的路程是速度函数 $v = v(t)$ 在时间段 $[T_1,T_2]$ 上的定积分，即

$$s = \int_{T_1}^{T_2} v(t)\mathrm{d}t.$$

　　函数 $y = f(x)$ 在 $[a,b]$ 上定积分存在，称为函数 $y = f(x)$ 在 $[a,b]$ 上可积，否则称函数 $y = f(x)$ 在 $[a,b]$ 上不可积.

　　关于定积分，还要说明如下几点：

　　(1) 定积分与不定积分是两个完全不同的概念. 不定积分是个函数，而如果函数 $f(x)$ 在 $[a,b]$ 上可积，则定积分 $\int_a^b f(x)\mathrm{d}x$ 是个常量，它只与被积函数 $f(x)$ 以及积分区间 $[a,b]$ 有关，而与积分变量用什么字母表示无关，即

$$\int_a^b f(x)\mathrm{d}x = \int_a^b f(t)\mathrm{d}t.$$

　　(2) 关于函数的可积性，下面我们叙述两个重要的定理：

　　定理 5.1　设 $f(x)$ 在 $[a,b]$ 上连续，则 $f(x)$ 在 $[a,b]$ 上可积.

　　定理 5.2　设 $f(x)$ 在 $[a,b]$ 上有界，且只有有限个间断点，则 $f(x)$ 在 $[a,b]$ 上可积.

　　这两个定理的证明比较复杂，要用到实数域的完备性（或连续性），超出了本课程所要求的范围，我们在这里就不证明了. 事实上，无界函数一定不可积，即可积函数必定有界，

但是有界函数不一定可积.

(3) 在定积分 $\int_a^b f(x)\mathrm{d}x$ 的定义中，总是假设 $a < b$，为了今后使用方便，特做如下规定

$$\int_a^a f(x)\mathrm{d}x = 0 \tag{5-2}$$

$$\int_a^b f(x)\mathrm{d}x = -\int_b^a f(x)\mathrm{d}x. \tag{5-3}$$

(4) 在定义 5.1 中，$\lambda \to 0$ 不能改为 $n \to +\infty$. $\lambda \to 0$ 保证了所有小区间的长度趋于 0，而 $n \to +\infty$ 即把分法中小区间的个数增加，不能保证每个小区间的长度趋于 0. 例如，将 $[0,1]$ 如下分法：$\left[0,\dfrac{1}{2}\right]$ 分为第一个小区间，把 $\left[\dfrac{1}{2},1\right]$ 细分成 $n-1$ 个小区间. $n \to +\infty$ 时，第一个小区间仍然不变，只能使小区间个数增加，不能使每个小区间的长度都趋于 0.

3. 定积分的几何意义

设函数 $y = f(x)$ 在区间 $[a,b]$ 上连续，从几何上来看：

(1) $f(x) \geqslant 0$，$x \in [a,b]$，根据定积分的定义知：由曲线 $y = f(x)$，直线 $x = a$，$x = b$，$(a < b)$ 及 x 轴所围成的曲边梯形（见图 5-1）的面积 S 是 $y = f(x)$ 在 $[a,b]$ 上的定积分，即

$$S = \int_a^b f(x)\mathrm{d}x.$$

(2) $f(x) \leqslant 0$，$x \in [a,b]$（见图 5-3），根据定积分的定义，其和式小于等于零，$y = f(x)$ 在 $[a,b]$ 上的定积分为曲线 $y = f(x)$，直线 $x = a$，$x = b$，$(a < b)$ 及 x 轴所围成的曲边梯形的面积的负值，即

$$S = -\int_a^b f(x)\mathrm{d}x.$$

(3) $f(x)$ 在 $[a,b]$ 上异号，如图 5-4 所示. 将区间 $[a,b]$ 分割，使同一小区间上 $f(x)$ 同号. 由上述 (1)、(2) 知，$y = f(x)$ 在 $[a,b]$ 上的定积分为曲线 $y = f(x)$，直线 $x = a$，$x = b$，$(a < b)$ 及 x 轴所围图形 x 轴上方部分面积减去 x 轴下方部分的面积，即

$$\int_a^b f(x)\mathrm{d}x = A_1 - A_2 + A_3.$$

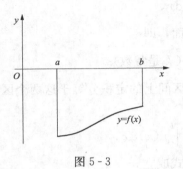

图 5-3

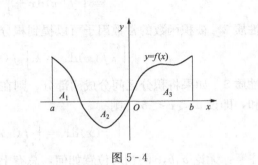

图 5-4

如果规定曲线 $y = f(x)$，直线 $x = a$，$x = b$，$(a < b)$ 及 x 轴所围图形，x 轴上方部分面积为正，x 轴下方部分面积为负. 于是，定积分的几何意义为

$y = f(x)$ 在 $[a,b]$ 上的定积分为曲线 $y = f(x)$，直线 $x = a$，$x = b$，$(a < b)$ 及 x 轴所围图形面积的代数和.

4. 根据定义计算定积分的例子

【例 5 - 3】 利用定积分定义计算 $\int_0^1 x^2 \mathrm{d}x$.

解　$f(x) = x^2$ 是 $[0,1]$ 上的连续函数，故可积，由定积分的定义可知，对于可积函数，不论区间如何分割，中间点如何选取，当 $\lambda \to 0$ 时，积分和总趋于同一个极限值 I，因此为方便计算，我们可以对 $[0,1]$ 区间 n 等分，分点 $x_i = \dfrac{i}{n}$，$i = 1,2,\cdots,n-1$；ξ_i 取相应小区间的右端点，故

$$\sum_{i=1}^n f(\xi_i) \Delta x_i = \sum_{i=1}^n \xi_i^2 \Delta x_i = \sum_{i=1}^n x_i^2 \Delta x_i = \sum_{i=1}^n \left(\frac{i}{n}\right)^2 \frac{1}{n} = \frac{1}{n^3} \sum_{i=1}^n i^2$$

$$= \frac{1}{n^3} \frac{1}{6} n(n+1)(2n+1) = \frac{1}{6}\left(1 + \frac{1}{n}\right)\left(2 + \frac{1}{n}\right).$$

$\lambda \to 0$ 时（即 $n \to \infty$ 时），由定积分的定义得

$$\int_0^1 x^2 \mathrm{d}x = \lim_{\lambda \to 0} \sum_{i=1}^n \xi_i^2 \Delta x_i = \lim_{n \to \infty} \frac{1}{6}\left(1 + \frac{1}{n}\right)\left(2 + \frac{1}{n}\right) = \frac{1}{3}.$$

由此可见，这种直接根据定义求定积分的方法，一般情况下，计算十分复杂，因此，下面我们将讨论定积分与不定积分之间的内在联系，从而给出利用原函数计算不定积分的简便方法.

二、定积分的性质

在下面的讨论中，我们总假设函数在所讨论的区间上都是可积的.

性质 1　函数和（差）的定积分等于它们的定积分的和（差），即

$$\int_a^b [f(x) \pm g(x)] \mathrm{d}x = \int_a^b f(x) \mathrm{d}x \pm \int_a^b g(x) \mathrm{d}x.$$

证　$\displaystyle\int_a^b [f(x) \pm g(x)] \mathrm{d}x = \lim_{\lambda \to 0} \sum_{i=1}^n [f(\xi_i) \pm g(\xi_i)] \Delta x_i$

$$= \lim_{\lambda \to 0} \sum_{i=1}^n f(\xi_i) \Delta x_i \pm \lim_{\lambda \to 0} \sum_{i=1}^n g(\xi_i) \Delta x_i$$

$$= \int_a^b f(x) \mathrm{d}x \pm \int_a^b g(x) \mathrm{d}x.$$

性质 2　被积函数的常数因子可以提到积分号外面，即

$$\int_a^b k f(x) \mathrm{d}x = k \int_a^b f(x) \mathrm{d}x \ (k \text{ 是常数}).$$

性质 3　如果将积分区间分成两部分，则在整个区间上的定积分等于这两个区间上定积分之和，即设 $a < c < b$，则

$$\int_a^b f(x) \mathrm{d}x = \int_a^c f(x) \mathrm{d}x + \int_c^b f(x) \mathrm{d}x.$$

注意：无论 a,b,c 的相对位置如何，总有上述等式成立.

性质 4　如果在区间 $[a,b]$ 上，$f(x) \equiv 1$，则 $\displaystyle\int_a^b f(x) \mathrm{d}x = \int_a^b \mathrm{d}x = b - a$.

性质 5　如果在区间 $[a,b]$ 上，$f(x) \geqslant 0$，则

$$\int_a^b f(x)\mathrm{d}x \geqslant 0 \quad (a<b).$$

证 因为 $f(x) \geqslant 0$ ，所以 $f(\xi_i) \geqslant 0 (i=1,2,\cdots,n)$ ，又因为 $\Delta x_i \geqslant 0 (i=1,2,\cdots,n)$ ，故

$\sum_{i=1}^{n} f(\xi_i)\Delta x_i \geqslant 0$ ，设 $\lambda = \max\{\Delta x_1,\Delta x_2,\cdots,\Delta x_n\}$ ，当 $\lambda \to 0$ 时，便得欲证的不等式．

推论1 如果在 $[a,b]$ 上，$f(x) \leqslant g(x)$ ，则

$$\int_a^b f(x)\mathrm{d}x \leqslant \int_a^b g(x)\mathrm{d}x \quad (a<b).$$

推论2 $\left|\int_a^b f(x)\mathrm{d}x\right| \leqslant \int_a^b |f(x)|\mathrm{d}x.$

性质6（定积分估值定理） 设 M 与 m 分别是函数 $f(x)$ 在 $[a,b]$ 上的最大值及最小值，则

$$m(b-a) \leqslant \int_a^b f(x)\mathrm{d}x \leqslant M(b-a) \quad (a<b).$$

性质7（定积分中值定理） 如果函数 $f(x)$ 在闭区间 $[a,b]$ 上连续，则在积分区间 $[a,b]$ 上至少存在一点 ξ ，使下式成立

$$\int_a^b f(x)\mathrm{d}x = f(\xi)(b-a) \quad (a \leqslant \xi \leqslant b).$$

证 利用性质 6，$m \leqslant \dfrac{1}{b-a}\int_a^b f(x)\mathrm{d}x \leqslant M$ ，再由闭区间上连续函数的介值定理，知在 $[a,b]$ 上至少存在一点 ξ ，使 $f(\xi) = \dfrac{1}{a-b}\int_a^b f(x)\mathrm{d}x$ ，故得此性质．

显然无论 $a>b$ ，还是 $a<b$ ，上述等式恒成立．积分中值定理的几何意义是：曲线 $y=f(x)$ ，直线 $x=a$ ，$x=b$ ，$(a<b)$ 及 x 轴所围成的曲边梯形面积，等于以区间 $[a,b]$ 为底，以这个区间内的某一点处曲线 $f(x)$ 的纵坐标 $f(\xi)$ 为高的矩形的面积（见图 5-5）．其中 $\dfrac{1}{b-a}\int_a^b f(x)\mathrm{d}x$ 称为函数 $f(x)$ 在区间 $[a,b]$ 上的平均值．

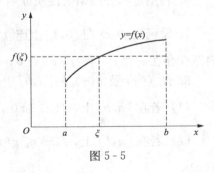

图 5-5

【例 5-4】 比较 $\int_0^{\frac{\pi}{2}} x\mathrm{d}x$ 与 $\int_0^{\frac{\pi}{2}} \sin x\mathrm{d}x$ 的大小．

解 因为 $0 \leqslant x \leqslant \dfrac{\pi}{2}$ 时，有 $\sin x \leqslant x$ ，由推论1可得

$$\int_0^{\frac{\pi}{2}} x\mathrm{d}x \geqslant \int_0^{\frac{\pi}{2}} \sin x\mathrm{d}x.$$

【例 5-5】 试估计定积分 $\int_{\frac{\pi}{6}}^{\frac{\pi}{3}} \sin x\mathrm{d}x$ 的值．

解 在区间 $\left[\dfrac{\pi}{6},\dfrac{\pi}{3}\right]$ 上，函数 $y=\sin x$ 是增函数，且最大值 $f\left(\dfrac{\pi}{3}\right) = \sin\dfrac{\pi}{3} = \dfrac{\sqrt{3}}{2}$ ，最小值 $f\left(\dfrac{\pi}{6}\right) = \sin\dfrac{\pi}{6} = \dfrac{1}{2}$ ．根据性质6，则有

$$\frac{1}{2}\left(\frac{\pi}{3}-\frac{\pi}{6}\right)\leqslant\int_{\frac{\pi}{6}}^{\frac{\pi}{3}}\sin x\mathrm{d}x\leqslant\frac{\sqrt{3}}{2}\left(\frac{\pi}{3}-\frac{\pi}{6}\right)$$

即

$$\frac{\pi}{12}\leqslant\int_{\frac{\pi}{6}}^{\frac{\pi}{3}}\sin x\mathrm{d}x\leqslant\frac{\sqrt{3}\pi}{12}.$$

习题 5-1

1. 利用定积分的定义，证明 $\int_a^b\mathrm{d}x=b-a$.

2. 利用定积分的几何意义，证明下列等式.

(1)) $\int_{-\frac{\pi}{2}}^{\frac{\pi}{2}}\sin x\mathrm{d}x=0$; $\qquad$ (2) $\int_{-\frac{\pi}{2}}^{\frac{\pi}{2}}\cos x\mathrm{d}x=2\int_0^{\frac{\pi}{2}}\cos x\mathrm{d}x$.

3. 利用定积分的几何意义，求下列定积分的值.

(1) $\int_0^1 4x\mathrm{d}x$; $\qquad$ (2) $\int_{-2}^2\sqrt{4-x^2}\mathrm{d}x$.

4. 利用定积分的性质，比较下列各组定积分的大小.

(1) $\int_0^1 x\mathrm{d}x$ 和 $\int_0^1 x^2\mathrm{d}x$; $\qquad$ (2) $\int_3^4\ln x\mathrm{d}x$ 和 $\int_3^4(\ln x)^2\mathrm{d}x$;

(3) $\int_0^1\mathrm{e}^x\mathrm{d}x$ 和 $\int_0^1(1+x)\mathrm{d}x$; $\qquad$ (4) $\int_0^\pi\sin x\mathrm{d}x$ 和 $\int_0^\pi\cos x\mathrm{d}x$.

5. 估计积分 $\int_0^2\mathrm{e}^{x^2-x}\mathrm{d}x$ 的值.

6. 利用定积分的估值性质证明 $\frac{1}{2}\leqslant\int_1^4\frac{\mathrm{d}x}{2+x}\leqslant 1$.

7. 设函数 $f(x)$ 在 $[0,1]$ 上连续，$(0,1)$ 内可导，且 $f(0)=4\int_{\frac{3}{4}}^1 f(x)\mathrm{d}x$. 证明：在 $(0,1)$ 内至少存在一点 c ，使 $f'(c)=0$.

8. 设 $f(x)$ 及 $g(x)$ 在 $[a,b]$ 上连续，证明以下各式.

(1) 若在 $[a,b]$ 上，$f(x)\geqslant 0$ ，且 $\int_a^b f(x)\mathrm{d}x=0$ ，则在 $[a,b]$ 上，$f(x)\equiv 0$;

(2) 若在 $[a,b]$ 上，$f(x)\leqslant g(x)$ ，且 $\int_a^b f(x)\mathrm{d}x=\int_a^b g(x)\mathrm{d}x$ ，则在 $[a,b]$ 上，$f(x)\equiv g(x)$.

第二节 微积分基本公式

在第一节中，我们举了一个利用定义来计算定积分的例子，从中可以看出，就是对于比较简单的函数，从定义出发计算定积分也是比较麻烦的，而当被积函数比较复杂时计算更为困难，有时甚至是不可能的. 因此必须寻求一种较为简单的计算定积分的方法.

定积分与实际问题是紧密相连的，为此我们先从具体实例入手探求定积分计算的思路和方法.

一、变速直线运动中位置函数与速度函数之间的关系

从第一节的引例中我们知道，如果变速直线运动的速度函数 $v(t)$ 为已知，我们可以利

用定积分来表示它在时间间隔 $[a,b]$ 内所经过的路程，即 $s = \int_a^b v(t)\mathrm{d}t$.

另一方面，若已知物体运动方程 $s(t)$，则它在时间 $[a,b]$ 内所经过的路程为 $s(b) - s(a)$.

由此可见，位置函数 $s(t)$ 与速度函数 $v(t)$ 之间有如下关系

$$\int_a^b v(t)\mathrm{d}t = s(b) - s(a)$$

且 $s'(t) = v(t)$，即位置函数 $s(t)$ 是速度函数 $v(t)$ 的原函数.

对于一般函数 $f(x)$，设 $F'(x) = f(x)$，是否也有

$$\int_a^b f(x)\mathrm{d}x = F(b) - F(a).$$

若上式成立，我们就找到了用函数 $f(x)$ 的原函数的数值差 $F(b) - F(a)$ 去表示定积分 $\int_a^b f(x)\mathrm{d}x$ 的方法.

二、积分上限函数及其导数

设函数 $f(x)$ 在闭区间 $[a,b]$ 上连续，则对于任意的 $x\,(a \leqslant x \leqslant b)$（见图 5-6），积分 $\int_a^x f(x)\mathrm{d}x$ 存在，且对于每一个取定的 x 值 $(a \leqslant x \leqslant b)$，定积分有一个对应值，所以它在 $[a,b]$ 上定义了一个函数，即 $\int_a^x f(x)\mathrm{d}x$ 是以积分上限 x 为变量的函数. 这里要特别注意：积分上限 x 与被积表达式

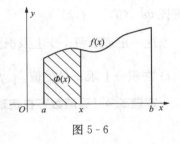

图 5-6

$f(x)\mathrm{d}x$ 中的积分变量 x 是两个不同的概念，在求积分时（或积分过程中）积分上限 x 是固定不变的，而积分变量 x 是在积分下限与上限之间变化的. 为了使初学者区分它们的不同含义，我们根据定积分与积分变量记号无关的性质，另用字母 t 表示积分变量. 于是以积分上限 x 为变量的函数记为 $\Phi(x)$，即

$$\Phi(x) = \int_a^x f(t)\mathrm{d}t.$$

函数 $\Phi(x)$ 具有以下重要性质：

定理 5.3 如果函数 $f(x)$ 在区间 $[a,b]$ 上连续，则积分上限函数

$$\Phi(x) = \int_a^x f(t)\mathrm{d}t \qquad (a \leqslant t \leqslant x)$$

在 $[a,b]$ 上可导，并且它的导数是

$$\Phi'(x) = \frac{\mathrm{d}}{\mathrm{d}x}\int_a^x f(t)\mathrm{d}t = f(x) \qquad (a \leqslant x \leqslant b). \tag{5-4}$$

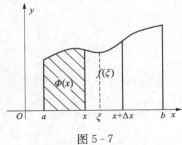

图 5-7

证 如图 5-7 所示，不妨设 $\Delta x > 0$，因为

$$\begin{aligned}
\Delta\Phi &= \Phi(x + \Delta x) - \Phi(x) \\
&= \int_a^{x+\Delta x} f(t)\mathrm{d}t - \int_a^x f(t)\mathrm{d}t \\
&= \int_a^x f(t)\mathrm{d}t + \int_x^{x+\Delta x} f(t)\mathrm{d}t - \int_a^x f(t)\mathrm{d}t \\
&= \int_x^{x+\Delta x} f(t)\mathrm{d}t
\end{aligned}$$

由积分中值定理，得

$$\int_x^{x+\Delta x} f(t)\mathrm{d}t = f(\xi)\Delta x$$

这里 ξ 介于 x 与 $x + \Delta x$ 之间．把上式两端各除以 Δx，得

$$\frac{\Delta \Phi}{\Delta x} = \frac{f(\xi)\Delta x}{\Delta x} = f(\xi)$$

当 $\Delta x \to 0$ 时，有 $x + \Delta x \to x$，从而 $\xi \to x$，根据导数的定义及函数的连续性，由函数 $f(x)$ 在区间 $[a,b]$ 上连续，有

$$\Phi'(x) = \lim_{\Delta x \to 0}\frac{\Delta \Phi}{\Delta x} = \lim_{\xi \to x} f(\xi) = f(x)$$

即

$$\Phi'(x) = \frac{\mathrm{d}}{\mathrm{d}x}\int_a^x f(t)\mathrm{d}t = f(x).$$

若 $x = a$，取 $\Delta x > 0$，则同理可证 $\Phi'_+(a) = f(a)$；若 $x = b$，取 $\Delta x < 0$，则同理可证 $\Phi'_-(b) = f(b)$．

这一定理表明：变上限积分所确定的函数 $\int_a^x f(t)\mathrm{d}t$ 对积分上限 x 的导数等于被积函数 $f(t)$ 在积分上限 x 处的值，$\int_a^x f(t)\mathrm{d}t$ 就是 $f(x)$ 在 $[a,b]$ 上的一个原函数．

定理 5.4（原函数存在定理） 如果函数 $f(x)$ 在区间 $[a,b]$ 上连续，则函数

$$\Phi(x) = \int_a^x f(t)\mathrm{d}t \tag{5-5}$$

是函数 $f(x)$ 在区间 $[a,b]$ 上的一个原函数．

【例 5 - 6】 设函数 $y = \int_0^x \mathrm{e}^t\mathrm{d}t$，求 $y'(x)$．

解 因为函数 $f(t) = \mathrm{e}^t$ 连续，根据定理 5.3，得

$$\left(\int_0^x \mathrm{e}^t\mathrm{d}t\right)' = \mathrm{e}^x$$

从而

$$y'(x) = \mathrm{e}^x.$$

【例 5 - 7】 求 $\dfrac{\mathrm{d}}{\mathrm{d}x}\left(\displaystyle\int_x^{-1} \cos^2 t\mathrm{d}t\right)$．

解 因为函数 $y = \cos^2 t$ 连续，根据定理 5.3，得

$$\frac{\mathrm{d}}{\mathrm{d}x}\left(\int_x^{-1}\cos^2 t\mathrm{d}t\right) = \frac{\mathrm{d}}{\mathrm{d}x}\left(-\int_{-1}^x\cos^2 t\mathrm{d}t\right) = -\frac{\mathrm{d}}{\mathrm{d}x}\left(\int_{-1}^x\cos^2 t\mathrm{d}t\right) = -\cos^2 x.$$

【例 5 - 8】 求 $\dfrac{\mathrm{d}}{\mathrm{d}x}\left(\displaystyle\int_x^{x^2}\sin t\mathrm{d}t\right)$．

解

$$\frac{\mathrm{d}}{\mathrm{d}x}\left(\int_x^{x^2}\sin t\mathrm{d}t\right) = \frac{\mathrm{d}}{\mathrm{d}x}\left(\int_x^0\sin t\mathrm{d}t + \int_0^{x^2}\sin t\mathrm{d}t\right)$$

$$= \frac{\mathrm{d}}{\mathrm{d}x}\left(\int_x^0\sin t\mathrm{d}t\right) + \frac{\mathrm{d}}{\mathrm{d}x}\left(\int_0^{x^2}\sin t\mathrm{d}t\right)$$

$$= \frac{\mathrm{d}}{\mathrm{d}x}\left(-\int_0^x\sin t\mathrm{d}t\right) + \frac{\mathrm{d}}{\mathrm{d}x}\left(\int_0^{x^2}\sin t\mathrm{d}t\right)$$

$$= - \sin x + \frac{\mathrm{d}}{\mathrm{d}x}\left(\int_0^{x^2} \sin t \mathrm{d}t\right).$$

现在求 $\dfrac{\mathrm{d}}{\mathrm{d}x}\left(\displaystyle\int_0^{x^2} \sin t \mathrm{d}t\right)$，它是以 x^2 为上限的积分，作为 x 的函数可以看成是以 $u = x^2$ 为中间变量的复合函数，根据复合函数求导公式，由公式（5-4）有

$$\frac{\mathrm{d}}{\mathrm{d}x}\left(\int_0^{x^2} \sin t \mathrm{d}t\right) = \frac{\mathrm{d}}{\mathrm{d}u}\left(\int_0^u \sin t \mathrm{d}t\right)_{u=x^2} \cdot \frac{\mathrm{d}}{\mathrm{d}x}(x^2) = \sin x^2 \cdot 2x = 2x\sin x^2$$

所以

$$\frac{\mathrm{d}}{\mathrm{d}x}\left(\int_x^{x^2} \sin t \mathrm{d}t\right) = -\sin x + 2x\sin x^2.$$

方法熟练以后，上述过程可以简化为 $\dfrac{\mathrm{d}}{\mathrm{d}x}\left(\displaystyle\int_x^{x^2} \sin t \mathrm{d}t\right) = \sin x^2 \cdot (x^2)' - \sin x.$

三、微积分基本定理

定理 5.5（微积分基本定理） 设函数 $f(x)$ 在区间 $[a,b]$ 上连续，且 $F(x)$ 是 $f(x)$ 在 $[a,b]$ 上的原函数，则

$$\int_a^b f(t)\mathrm{d}t = F(b) - F(a)$$

或记作

$$\int_a^b f(t)\mathrm{d}t = F(x)\Big|_a^b = F(b) - F(a). \tag{5-6}$$

证 已知 $F(x)$ 是 $f(x)$ 在 $[a,b]$ 上的一个原函数，而 $\Phi(x) = \displaystyle\int_a^x f(t)\mathrm{d}t$ 也是 $f(x)$ 在 $[a,b]$ 上的一个原函数，所以 $\Phi(x) - F(x)$ 是某一个常数，即

$$\Phi(x) = \int_a^x f(t)\mathrm{d}t = F(x) + C_0$$

令 $x = a$，得 $\displaystyle\int_a^a f(t)\mathrm{d}t = F(a) + C_0$，而 $\displaystyle\int_a^a f(t)\mathrm{d}t = 0$，则

$$C_0 = -F(a)$$

即有

$$\int_a^x f(t)\mathrm{d}t = F(x) - F(a)$$

再令 $x = b$，得

$$\int_a^b f(t)\mathrm{d}t = F(b) - F(a).$$

上式称为牛顿（Newton）—莱布尼茨（Leibniz）公式，也称为微积分基本公式.

根据定理 5.5，我们有如下结论：连续函数的定积分等于被积函数的原函数在积分区间上的增量. 从而把求连续函数的定积分问题转化为求不定积分的问题.

【例 5-9】 计算 $\displaystyle\int_{-1}^1 \frac{\mathrm{d}x}{1+x^2}$.

解 由于 $\arctan x$ 是 $\dfrac{1}{1+x^2}$ 的一个原函数，所以

$$\int_{-1}^1 \frac{\mathrm{d}x}{1+x^2} = \arctan x\Big|_{-1}^1 = \arctan 1 - \arctan(-1) = \frac{\pi}{4} - \left(-\frac{\pi}{4}\right) = \frac{\pi}{2}.$$

【例 5-10】 计算 $\displaystyle\int_{\frac{\pi}{6}}^{\frac{\pi}{4}} \cos^2 x \mathrm{d}x$.

解　$\displaystyle\int_{\frac{\pi}{6}}^{\frac{\pi}{4}}\cos^2 x\,\mathrm{d}x=\int_{\frac{\pi}{6}}^{\frac{\pi}{4}}\frac{1+\cos 2x}{2}\,\mathrm{d}x=\left(\frac{1}{2}x+\frac{1}{4}\sin 2x\right)\Big|_{\frac{\pi}{6}}^{\frac{\pi}{4}}=\frac{\pi}{24}+\frac{2-\sqrt{3}}{8}$.

【例 5 - 11】　计算 $\displaystyle\int_0^{\pi}\sqrt{\sin x-\sin^3 x}\,\mathrm{d}x$.

解　$\displaystyle\int_0^{\pi}\sqrt{\sin x-\sin^3 x}\,\mathrm{d}x=\int_0^{\pi}\sqrt{\sin x}\,|\cos x|\,\mathrm{d}x$

$$=\int_0^{\frac{\pi}{2}}\sqrt{\sin x}\cos x\,\mathrm{d}x-\int_{\frac{\pi}{2}}^{\pi}\sqrt{\sin x}\cos x\,\mathrm{d}x$$

$$=\frac{2}{3}\,(\sin x)^{\frac{3}{2}}\Big|_0^{\frac{\pi}{2}}-\frac{2}{3}\,(\sin x)^{\frac{3}{2}}\Big|_{\frac{\pi}{2}}^{\pi}=\frac{4}{3}\,.$$

【例 5 - 12】　计算正弦曲线 $y=\sin x$ 在 $[0,\pi]$ 上与 x 轴所围的平面图形的面积（见图 5 - 8）.

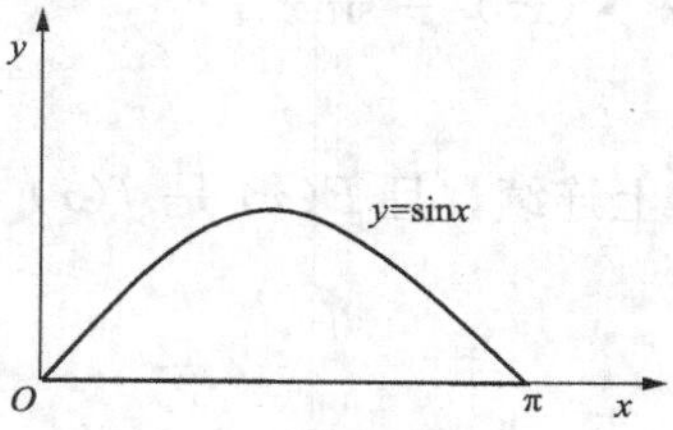

解　该图形也可看成是一个曲边梯形，其面积为

$$A=\int_0^{\pi}\sin x\,\mathrm{d}x$$

由于 $-\cos x$ 是 $\sin x$ 的一个原函数，所以

$$A=\int_0^{\pi}\sin x\,\mathrm{d}x=-\cos x\Big|_0^{\pi}=-(-1)-(-1)=2\,.$$

图 5 - 8

注意：牛顿—莱布尼茨公式适用的条件是被积函数 $f(x)$ 连续，如果对有间断点的函数 $f(x)$ 的积分用此公式就会出现错误，即使 $f(x)$ 连续但 $f(x)$ 是分段函数，其定积分也不能直接利用牛顿—莱布尼茨公式，而应当依 $f(x)$ 的不同表达式按段分成几个积分之和，再分别利用牛顿—莱布尼茨公式计算.

【例 5 - 13】　求 $\displaystyle\int_{-1}^3 |2-x|\,\mathrm{d}x$.

解　$|2-x|=\begin{cases}2-x,x\leqslant 2\\x-2,x>2\end{cases}$，由区间可加性，得

$$\int_{-1}^3 |2-x|\,\mathrm{d}x=\int_{-1}^2 (2-x)\,\mathrm{d}x+\int_2^3 (x-2)\,\mathrm{d}x$$

$$=(2x-\frac{x^2}{2})\Big|_{-1}^2+(\frac{x^2}{2}-2x)\Big|_2^3$$

$$=\frac{9}{2}+\frac{1}{2}=5\,.$$

【例 5 - 14】　求 $\displaystyle\lim_{x\to 0}\frac{\int_{\cos x}^1 \mathrm{e}^{-t^2}\,\mathrm{d}t}{x^2}$.

解　由定积分的补充定义，易知所求的极限式是一个 $\dfrac{0}{0}$ 型的未定式，我们应用洛比达法则来计算，先求分子函数的导数，有

$$\frac{\mathrm{d}}{\mathrm{d}x}\int_{\cos x}^1 \mathrm{e}^{-t^2}\,\mathrm{d}t=-\frac{\mathrm{d}}{\mathrm{d}x}\int_1^{\cos x}\mathrm{e}^{-t^2}\,\mathrm{d}t=-\mathrm{e}^{-\cos^2 x}(\cos x)'$$

$$=-\mathrm{e}^{-\cos^2 x}\cdot(-\sin x)=\sin x\,\mathrm{e}^{-\cos^2 x}$$

因此

$$\lim_{x \to 0} \frac{\int_{\cos x}^{1} e^{-t^2} dt}{x^2} = \lim_{x \to 0} \frac{\sin x e^{-\cos^2 x}}{2x} = \frac{1}{2e} .$$

【**例 5-15**】 设 $f(x)$ 是 $(0, +\infty)$ 上的连续函数，$F(x) = \frac{1}{x} \int_0^x f(t) dt$，若 $f(x)$ 是单调

增函数，证明 $F(x)$ 也是单调增函数.

证 由 $F(x) = \frac{1}{x} \int_0^x f(t) dt$，有

$$F'(x) = \frac{xf(x) - \int_0^x f(t) dt}{x^2}$$

由积分中值定理，有

$$\int_0^x f(t) dt = xf(\xi) , (0 < \xi < x)$$

所以 $\qquad F'(x) = \frac{xf(x) - \int_0^x f(t) dt}{x^2} = \frac{xf(x) - xf(\xi)}{x^2} = \frac{f(x) - f(\xi)}{x}$

而 $f(x)$ 是单调增函数，有 $f(x) - f(\xi) > 0$，故 $F'(x) > 0$，即 $F(x)$ 是单调增函数.

 习题 5-2

1. 计算下列各导数.

(1) $\frac{d}{dx} \int_0^x \sin t^2 dt$;　　　　　(2) $\frac{d}{dx} \int_0^{x^2} \sin t^2 dt$;　　　　　(3) $\frac{d}{dx} \int_0^1 \sin x^2 dx$.

2. 设 $y = f(x)$ 由方程 $x - \int_1^{x+y} e^t dt = 0$ 确定，求曲线 $y = f(x)$ 在 $x = 0$ 处的切线方程.

3. 计算下列定积分.

(1) $\int_0^1 10^{2x+1} dx$;　　　　　　　　　(2) $\int_{-\frac{1}{2}}^{\frac{1}{2}} \frac{1}{\sqrt{1-x^2}} dx$;

(3) $\int_4^9 \left(\sqrt{x} + \frac{1}{\sqrt{x}}\right) dx$;　　　　　(4) $\int_0^{\sqrt{3}} \frac{1}{1+x^2} dx$;

(5) $\int_0^1 \frac{e^x - e^{-x}}{2} dx$;　　　　　　　(6) $\int_0^2 |x^2 - 1| dx$;

(7) $\int_0^1 \frac{dx}{\sqrt{4-x^2}}$;　　　　　　　　(8) $\int_0^1 \frac{1-x^2}{1+x^2} dx$;

(9) 设 $f(x) = \begin{cases} e^x, & x > 0, \\ \cos x, & x \leqslant 0, \end{cases}$ 求 $\int_{-\pi}^1 f(x) dx$.

4. 求下列极限.

(1) $\lim_{x \to 0} \dfrac{\int_0^x \cos t^2 dt}{\int_0^x \frac{\sin t}{t} dt}$;　　　　　(2) $\lim_{x \to 0} \dfrac{\int_0^{3x} \ln(1+t) dt}{2x^2}$;

(3) $\lim_{x \to 0} \dfrac{\int_0^x t \cdot \tan t dt}{x^3}$;　　　　　(4) $\lim_{x \to 0} \dfrac{\int_0^x \ln(1+2t^2) dt}{x^3}$.

5. 设 $f(x) = \begin{cases} \cos x, & 0 \leqslant x \leqslant \pi \\ 1, & x < 0 \text{ 或 } x > \pi \end{cases}$，求 $F(x) = \int_0^x f(t)\mathrm{d}t$ 在 $(-\infty, +\infty)$ 内的表达式.

6. 当 x 为何值时，函数 $F(x) = \int_1^x (t-1)e^t \mathrm{d}t$ 有极值？

7. 设 $f(x)$ 在 $[a,b]$ 上连续，在 (a,b) 内可导，且 $f'(x) \leqslant 0$，$F(x) = \dfrac{\displaystyle\int_a^x f(t)\mathrm{d}t}{x-a}$，证明在 (a,b) 内恒有 $F'(x) \leqslant 0$.

第三节　定积分的换元法和分部积分法

上一节我们建立了积分学的两类基本问题之间的联系——微积分基本公式，利用这个公式计算定积分的关键是求出不定积分，而换元法和分部积分法是求不定积分的两种基本方法，如果能把这两种方法直接应用到定积分的计算中来，相信定能使得定积分的计算简化，下面我们就来建立定积分的换元积分公式和分部积分公式.

一、定积分的换元法

先来看一个例子.

【例 5 - 16】　求 $\displaystyle\int_1^2 \frac{x}{\sqrt{2x-1}}\mathrm{d}x$.

解　先求不定积分，采用换元法，设 $t = \sqrt{2x-1}$，则 $x = \dfrac{1}{2}(t^2+1)$，$\mathrm{d}x = t\mathrm{d}t$

$$\int \frac{x}{\sqrt{2x-1}}\mathrm{d}x = \int \frac{\dfrac{1}{2}t^2 + \dfrac{1}{2}}{t}t\mathrm{d}t = \frac{1}{2}\int t^2 \mathrm{d}t + \frac{1}{2}\int \mathrm{d}t$$

$$= \frac{1}{6}t^3 + \frac{1}{2}t + C = \frac{1}{6}(2x-1)^{\frac{3}{2}} + \frac{1}{2}\sqrt{2x-1} + C$$

故由牛顿—莱布尼茨公式得

$$\int_1^2 \frac{x}{\sqrt{2x-1}}\mathrm{d}x = \frac{1}{6}3^{\frac{3}{2}} + \frac{\sqrt{3}}{2} - \left(\frac{1}{6} + \frac{1}{2}\right) = \sqrt{3} - \frac{2}{3}.$$

现在尝试一下用直接换元法求不定积分.

为去掉根号，令 $t = \sqrt{2x-1}$，则 $x = \dfrac{1}{2}(t^2+1)$，$\mathrm{d}x = t\mathrm{d}t$.

当 x 从 1 连续的增加到 2 时，t 相应地从 1 连续的增加到 $\sqrt{3}$

$$\left(\frac{\mathrm{d}t}{\mathrm{d}x} = \frac{1}{t} = \frac{1}{\sqrt{2x-1}} > 0\right)$$

于是

$$\int_1^2 \frac{x}{\sqrt{2x-1}}\mathrm{d}x = \frac{1}{2}\int_1^{\sqrt{3}}(t^2+1)\mathrm{d}t = \sqrt{3} - \frac{2}{3}.$$

由此可见，定积分也可以像不定积分一样进行换元，所不同的是不定积分换元时要回代积分变量，而对定积分则只需将其上、下限换成新变量的上、下限即可计算，而不必回代原积分变量. 将上例一般化就得到定积分的换元积分公式.

定理 5.6 设函数 $f(x)$ 在 $[a,b]$ 上连续，令 $x = \varphi(t)$ ，则有

$$\int_a^b f(x)\mathrm{d}x \xrightarrow{x = \varphi(t)} \int_\alpha^\beta f[\varphi(t)]\varphi'(t)\mathrm{d}t$$

其中函数应满足以下三个条件：

(1) $\varphi(\alpha) = a, \varphi(\beta) = b$ ；

(2) $\varphi(t)$ 在 $[\alpha,\beta]$ 上单值且有连续导数；

(3) 当 t 在 $[\alpha,\beta]$ 上变化时，对应 $x = \varphi(t)$ 值在 $[a,b]$ 上变化.

证 设 $F(x)$ 为 $f(x)$ 在 $[a,b]$ 上的一个原函数，则

$$\int_a^b f(x)\mathrm{d}x = F(b) - F(a)$$

又有

$$(F[\varphi(t)])' = F'[\varphi(t)]\varphi'(t) = f[\varphi(t)]\varphi'(t)$$

即 $F[\varphi(t)]$ 为 $f[\varphi(t)]\varphi'(t)$ 的原函数，有

$$\int_\alpha^\beta f[\varphi(t)]\varphi'(t)\mathrm{d}t = F[\varphi(t)]\big|_\alpha^\beta = F[\varphi(\beta)] - F[\varphi(\alpha)] = F(b) - F(a)$$

故

$$\int_a^b f(x)\mathrm{d}x = \int_\alpha^\beta f[\varphi(t)]\varphi'(t)\mathrm{d}t .$$

注意：上述公式称为定积分换元公式. 在应用换元 $x = \varphi(t)$ 公式时要特别注意：用变换把原来的积分变量 x 换为新变量 t 时，原积分限也要相应换成新变量 t 的积分限，也就是说，换元的同时也要换限，原上限对应新上限，原下限对应新下限，即换元必换限.

【例 5 - 17】 求 $\displaystyle\int_0^a \sqrt{a^2 - x^2}\mathrm{d}x$ $(a > 0)$.

解 令 $x = a\sin t$ ，则 $\mathrm{d}x = a\cos t\mathrm{d}t$. 当 $x = 0$ 时，$t = 0$ ；当 $x = a$ 时，$t = \dfrac{\pi}{2}$. 故

$$\int_0^a \sqrt{a^2 - x^2}\mathrm{d}x = \int_0^{\frac{\pi}{2}} a\cos t \cdot a\cos t\mathrm{d}t$$

$$= \frac{a^2}{2}\int_0^{\frac{\pi}{2}} (1 + \cos 2t)\mathrm{d}t$$

$$= \frac{a^2}{2}\left(t + \frac{1}{2}\sin 2t\right)\Big|_0^{\frac{\pi}{2}} = \frac{\pi a^2}{4} .$$

显然，这个定积分的值就是圆 $x^2 + y^2 = a^2$ 在第一象限部分的面积，如图 5 - 9 所示.

【例 5 - 18】 计算 $\displaystyle\int_0^{\frac{\pi}{2}} \cos^5 x\sin x\mathrm{d}x$.

解法一 令 $t = \cos x$ ，则 $\mathrm{d}t = -\sin x\mathrm{d}x$.

当 $x = 0$ 时，$t = 1$ ；当 $x = \dfrac{\pi}{2}$ 时，$t = 0$ ，于是

$$\int_0^{\frac{\pi}{2}} \cos^5 x\sin x\mathrm{d}x = -\int_1^0 t^5\mathrm{d}t = -\frac{1}{6}t^6\Big|_1^0 = \frac{1}{6} .$$

解法二 也可以不明显地写出新变量 t ，这样定积分的上、下限也不要改变.

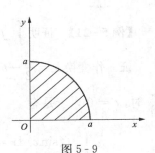

图 5 - 9

即 $\displaystyle\int_0^{\frac{\pi}{2}}\cos^5 x\sin x\mathrm{d}x=-\int_0^{\frac{\pi}{2}}\cos^5 x\mathrm{d}\cos x=-\frac{1}{6}\cos^6 x\Big|_0^{\frac{\pi}{2}}=-\left(0-\frac{1}{6}\right)=\frac{1}{6}$.

此例看出，利用凑微分法换元不需要变换上、下限．

【例 5 - 19】 若函数 $f(x)$ 在 $[-a,a]$ 连续，证明：

(1) 当 $f(x)$ 为偶函数，则 $\displaystyle\int_{-a}^a f(x)\mathrm{d}x=2\int_0^a f(x)\mathrm{d}x$;

(2) 当 $f(x)$ 为奇函数，则 $\displaystyle\int_{-a}^a f(x)\mathrm{d}x=0$.

证 因为

$$\int_{-a}^a f(x)\mathrm{d}x=\int_{-a}^0 f(x)\mathrm{d}x+\int_0^a f(x)\mathrm{d}x$$

对其右边第一个积分作代换 $x=-t$ ，则

$$\int_{-a}^0 f(x)\mathrm{d}x=-\int_a^0 f(-t)\mathrm{d}t=\int_0^a f(-t)\mathrm{d}t=\int_0^a f(-x)\mathrm{d}x$$

于是 $\displaystyle\int_{-a}^a f(x)\mathrm{d}x=\int_0^a f(-x)\mathrm{d}x+\int_0^a f(x)\mathrm{d}x=\int_0^a[f(-x)+f(x)]\mathrm{d}x$.

(1) 若 $f(x)$ 是偶函数，那么 $f(-x)+f(x)=2f(x)$ ，即

$$\int_{-a}^a f(x)\mathrm{d}x=2\int_0^a f(x)\mathrm{d}x .$$

(2) 若 $f(x)$ 是奇函数，那么 $f(-x)+f(x)=0$ ，即

$$\int_{-a}^a f(x)\mathrm{d}x=0 .$$

【例 5 - 20】 函数 $f(x)$ 以 T 为周期的连续函数，证明：

(1) $\displaystyle\int_a^{a+T} f(x)\mathrm{d}x=\int_0^T f(x)\mathrm{d}x$;

(2) $\displaystyle\int_a^{a+nT} f(x)\mathrm{d}x=n\int_0^T f(x)\mathrm{d}x$.

证 (1) 设 $\Phi(a)=\displaystyle\int_a^{a+T} f(x)\mathrm{d}x$ ，则 $\Phi'(a)=f(a+T)-f(a)=0$ ，知 $\Phi(a)$ 为常函数．

因此 $\Phi(a)=\Phi(0)=\displaystyle\int_0^T f(x)\mathrm{d}x$ ，即

$$\int_a^{a+T} f(x)\mathrm{d}x=\int_0^T f(x)\mathrm{d}x .$$

由 (1) 的结论可得

(2) $\displaystyle\int_a^{a+nT} f(x)\mathrm{d}x=\int_a^{a+T} f(x)\mathrm{d}x+\int_{a+T}^{a+2T} f(x)\mathrm{d}x+\cdots+\int_{a+(n-1)T}^{a+nT} f(x)\mathrm{d}x=n\int_0^T f(x)\mathrm{d}x$.

【例 5 - 21】 证明 $\displaystyle\int_0^{\frac{\pi}{2}} f(\sin x)\mathrm{d}x=\int_0^{\frac{\pi}{2}} f(\cos x)\mathrm{d}x$.

证 作变换 $x=\dfrac{\pi}{2}-t$ ，则 $\mathrm{d}x=-\mathrm{d}t,\sin x=\sin\left(\dfrac{\pi}{2}-t\right)=\cos t$ ，当 $x=0$ 时, $t=\dfrac{\pi}{2}$; $x=\dfrac{\pi}{2}$ 时, $t=0$ ，于是有

$$\int_0^{\frac{\pi}{2}} f(\sin x)\mathrm{d}x=\int_{\frac{\pi}{2}}^0 f(\cos t)(-1)\mathrm{d}t=\int_0^{\frac{\pi}{2}} f(\cos t)\mathrm{d}t=\int_0^{\frac{\pi}{2}} f(\cos x)\mathrm{d}x .$$

【例 5 - 22】 求 $\int_{-1}^{1}(x^2+2x-3)\mathrm{d}x$.

解 $\int_{-1}^{1}(x^2+2x-3)\mathrm{d}x = \int_{-1}^{1}(x^2-3)\mathrm{d}x + \int_{-1}^{1}2x\mathrm{d}x$

$$= 2\int_{0}^{1}(x^2-3)\mathrm{d}x + 0 = 2\left(\frac{x^3}{3}-3x\right)\Big|_{0}^{1} = -\frac{16}{3} .$$

【例 5 - 23】 设 $f(x)=\begin{cases}1+x^2, & x\leqslant 0\\ \mathrm{e}^{-x}, & x>0\end{cases}$ ，求 $\int_{1}^{3}f(x-2)\mathrm{d}x$.

解 令 $x-2=t$ ，于是当 $1\leqslant x\leqslant 3$ 时，有 $-1\leqslant x-2=t\leqslant 1$ ，此时，原来积分

$$\int_{1}^{3}f(x-2)\mathrm{d}x = \int_{-1}^{1}f(t)\mathrm{d}t = \int_{-1}^{0}(1+t^2)\mathrm{d}t + \int_{0}^{1}\mathrm{e}^{-t}\mathrm{d}t$$

$$= \left[t+\frac{1}{3}t^3\right]_{-1}^{0} - \mathrm{e}^{-t}\Big|_{0}^{1} = \frac{7}{3} - \frac{1}{\mathrm{e}} .$$

二、定积分的分部积分法

定理 5.7 若 u 、v 在 $[a,b]$ 上有连续导数 $u'(x)$ 、$v'(x)$ ，则

$$\int_{a}^{b}uv'\mathrm{d}x = (uv)\Big|_{a}^{b} - \int_{a}^{b}vu'\mathrm{d}x$$

或

$$\int_{a}^{b}u\mathrm{d}v = (uv)\Big|_{a}^{b} - \int_{a}^{b}v\mathrm{d}u .$$

证 由乘积的导数公式有 $(uv)'=u'v+uv'$ ，等式两边分别求在 $[a,b]$ 上的定积分，并注意到 $\int_{a}^{b}(uv)'\mathrm{d}x = (uv)\Big|_{a}^{b}$. 有 $(uv)\Big|_{a}^{b} = \int_{a}^{b}u'v\mathrm{d}x + \int_{a}^{b}uv'\mathrm{d}x$. 移项就得

$$\int_{a}^{b}uv'\mathrm{d}x = (uv)\Big|_{a}^{b} - \int_{a}^{b}u'v\mathrm{d}x$$

写成微分形式就是 $\int_{a}^{b}u\mathrm{d}v = (uv)\Big|_{a}^{b} - \int_{a}^{b}v\mathrm{d}u$ ，证毕 .

【例 5 - 24】 求积分 $\int_{0}^{1}x\mathrm{e}^{2x}\mathrm{d}x$.

解 令 $u=x$ ，$\mathrm{d}v=\mathrm{e}^{2x}\mathrm{d}x$ ，$\mathrm{d}u=\mathrm{d}x$ ，$v=\frac{1}{2}\mathrm{e}^{2x}$ ，代入分部积分公式，得

$$\int_{0}^{1}x\mathrm{e}^{2x}\mathrm{d}x = \frac{1}{2}x\mathrm{e}^{2x}\Big|_{0}^{1} - \frac{1}{2}\int_{0}^{1}\mathrm{e}^{2x}\mathrm{d}x = \frac{1}{2}\mathrm{e}^2 - \frac{1}{4}\mathrm{e}^{2x}\Big|_{0}^{1}$$

$$= \frac{1}{2}\mathrm{e}^2 - \left(\frac{1}{4}\mathrm{e}^2 - \frac{1}{4}\right) = \frac{1}{4}(\mathrm{e}^2+1) .$$

【例 5 - 25】 计算 $\int_{0}^{\frac{\pi}{4}}\frac{x}{1+\cos 2x}\mathrm{d}x$.

解 $\int_{0}^{\frac{\pi}{4}}\frac{x}{1+\cos 2x}\mathrm{d}x = \int_{0}^{\frac{\pi}{4}}\frac{x}{2\cos^2 x}\mathrm{d}x = \frac{1}{2}\int_{0}^{\frac{\pi}{4}}x\mathrm{d}(\tan x) = \frac{1}{2}\left(x\tan x\Big|_{0}^{\frac{\pi}{4}} - \int_{0}^{\frac{\pi}{4}}\tan x\mathrm{d}x\right)$

$$= \frac{1}{2}\left(\frac{\pi}{4} + \ln\cos x\Big|_{0}^{\frac{\pi}{4}}\right) = \frac{\pi}{8} - \frac{1}{4}\ln 2 .$$

【例 5 - 26】 求 $I_n = \int_0^{\frac{\pi}{2}} \cos^n x \, dx$ (n 为大于 1 的正整数).

解 $I_n = \int_0^{\frac{\pi}{2}} \cos^n x \, dx = \int_0^{\frac{\pi}{2}} \cos^{n-1} x \cos x \, dx = \int_0^{\frac{\pi}{2}} \cos^{n-1} x \, d(\sin x)$

$$= \sin x \cos^{n-1} x \Big|_0^{\frac{\pi}{2}} + (n-1) \int_0^{\frac{\pi}{2}} \sin^2 x \cos^{n-2} x \, dx$$

$$= (n-1) \int_0^{\frac{\pi}{2}} (1 - \cos^2 x) \cos^{n-2} x \, dx$$

$$= (n-1) \int_0^{\frac{\pi}{2}} \cos^{n-2} x \, dx - (n-1) \int_0^{\frac{\pi}{2}} \cos^n x \, dx$$

即

$$I_n = (n-1) I_{n-2} - (n-1) I_n$$

移项，得

$$I_n = \frac{n-1}{n} I_{n-2}$$

这个公式叫作积分 I_n 关于下标 n 的递推公式. 由于

$$I_0 = \int_0^{\frac{\pi}{2}} dx = \frac{\pi}{2}, \quad I_1 = \int_0^{\frac{\pi}{2}} \cos x \, dx = 1$$

所以有

$$I_n = \int_0^{\frac{\pi}{2}} \cos^n x \, dx = \begin{cases} \dfrac{n-1}{n} \cdot \dfrac{n-3}{n-2} \cdot \cdots \cdot \dfrac{4}{5} \cdot \dfrac{2}{3}, (n \text{ 为大于 1 的奇数}) \\ \dfrac{n-1}{n} \cdot \dfrac{n-3}{n-2} \cdot \cdots \cdot \dfrac{3}{4} \cdot \dfrac{1}{2} \cdot \dfrac{\pi}{2}, (n \text{ 为正偶数}) \end{cases}.$$

 习题 5 - 3

1. 用换元法计算下列定积分.

(1) $\int_0^1 \dfrac{dx}{x^2 - 2x + 2}$；

(2) $\int_0^{\frac{\pi}{2}} \sin^5 x \cos x \, dx$；

(3) $\int_0^1 \dfrac{dx}{\sqrt{1+3x}+1}$；

(4) $\int_0^{\frac{\pi}{2}} \cos^2 x \, dx$；

(5) $\int_{-2}^1 \dfrac{dx}{(7+3x)^2}$；

(6) $\int_1^{e^2} \dfrac{dx}{x\sqrt{2+\ln x}}$；

(7) $\int_{-\frac{\pi}{2}}^{\frac{\pi}{2}} \sqrt{\sin x - \sin^3 x} \, dx$；

(8) $\int_0^{\ln 5} \sqrt{e^x - 1} \, dx$；

(9) $\int_{\frac{1}{\sqrt{2}}}^1 \dfrac{\sqrt{1-x^2}}{x^2} \, dx$；

(10) $\int_{-\pi}^{\pi} x^4 \sin x \, dx$.

2. 证明：$\int_0^{\frac{\pi}{2}} \dfrac{\sin\theta \, d\theta}{\sin\theta + \cos\theta} = \int_0^{\frac{\pi}{2}} \dfrac{\cos\theta \, d\theta}{\sin\theta + \cos\theta}$，并利用结果计算 $\int_0^{\frac{\pi}{2}} \dfrac{\sin\theta \, d\theta}{\sin\theta + \cos\theta}$ 之值.

3. 设函数 $f(x)$ 为 $[-a,a]$ 上连续的偶函数. 求证 $\int_{-a}^{a} \dfrac{f(x)}{1+\mathrm{e}^x}\mathrm{d}x = \int_{0}^{a} f(x)\mathrm{d}x$，并利用结果计算 $\int_{-\frac{\pi}{2}}^{\frac{\pi}{2}} \dfrac{\mathrm{e}^x}{1+\mathrm{e}^x}\sin^2 x\mathrm{d}x$.

4. 设 k 及 l 为正整数，试证明以下各式.

(1) $\displaystyle\int_{-\pi}^{\pi} \cos kx\sin lx\,\mathrm{d}x = 0$ ；

(2) $\displaystyle\int_{-\pi}^{\pi} \cos kx\cos lx\,\mathrm{d}x = 0\ (k\neq l)$ ；

(3) $\displaystyle\int_{-\pi}^{\pi} \sin kx\sin lx\,\mathrm{d}x = 0\ (k\neq l)$.

5. 计算下列定积分.

(1) $\displaystyle\int_{0}^{1} x\arcsin x\,\mathrm{d}x$ ；

(2) $\displaystyle\int_{0}^{\frac{\pi}{2}} \mathrm{e}^{2x}\cos x\,\mathrm{d}x$ ；

(3) $\displaystyle\int_{\frac{\pi}{4}}^{\frac{\pi}{3}} \dfrac{x}{\sin^2 x}\,\mathrm{d}x$ ；

(4) $\displaystyle\int_{0}^{1} \arctan\sqrt{x}\,\mathrm{d}x$ ；

(5) $\displaystyle\int_{\frac{1}{e}}^{e} |\ln x|\,\mathrm{d}x$ ；

(6) $\displaystyle\int_{0}^{1} (5x+1)\mathrm{e}^{5x}\,\mathrm{d}x$ ；

(7) $\displaystyle\int_{0}^{1} (x^3 + 3^x + \mathrm{e}^{3x})x\,\mathrm{d}x$ ；

(8) $\displaystyle\int_{0}^{\frac{2\pi}{\omega}} t\sin\omega t\,\mathrm{d}t\ (\omega\ 为常数)$.

第四节 反 常 积 分

前面所讨论的定积分都是在有限的积分区间和被积函数有界（特别是连续）的条件下进行的，但在实际问题中，常需要处理积分区间为无限区间或被积函数在有限区间上为无界函数的积分问题，这两种积分都被称为反常积分（或反常积分）.

一、无限区间上的反常积分

定义 5.2 设函数 $f(x)$ 在区间 $[a,+\infty)$ 上连续，定义 $\displaystyle\int_{a}^{+\infty} f(x)\mathrm{d}x = \lim_{t\to+\infty}\int_{a}^{t} f(x)\mathrm{d}x$，

称之为函数 $f(x)$ 在 $[a,+\infty)$ 上的反常积分. 如果 $\displaystyle\lim_{t\to+\infty}\int_{a}^{t} f(x)\mathrm{d}x\ (a<t)$ 存在，这时我们说

反常积分 $\displaystyle\int_{a}^{+\infty} f(x)\mathrm{d}x$ 收敛. 如果 $\displaystyle\lim_{t\to+\infty}\int_{a}^{t} f(x)\mathrm{d}x$ 不存在，就说 $\displaystyle\int_{a}^{+\infty} f(x)\mathrm{d}x$ 发散.

类似地，可以定义 $f(x)$ 在 $(-\infty,b]$ 及 $(-\infty,+\infty)$ 上的反常积分

$$\int_{-\infty}^{b} f(x)\mathrm{d}x = \lim_{t\to-\infty}\int_{t}^{b} f(x)\mathrm{d}x$$

$$\int_{-\infty}^{+\infty} f(x)\mathrm{d}x = \int_{-\infty}^{c} f(x)\mathrm{d}x + \int_{c}^{+\infty} f(x)\mathrm{d}x$$

其中 $c\in(-\infty,+\infty)$，对于反常积分 $\displaystyle\int_{-\infty}^{+\infty} f(x)\mathrm{d}x$ 其收敛的充要条件是 $\displaystyle\int_{-\infty}^{c} f(x)\mathrm{d}x$ 和 $\displaystyle\int_{c}^{+\infty} f(x)\mathrm{d}x$ 都收敛. 相对于反常积分，前面所学习的定积分称为常积分. 反常积分是一类常积分的极限. 因此，反常积分的计算是先计算常积分，再取极限.

【例 5 - 27】 计算反常积分 $\displaystyle\int_{-\infty}^{+\infty} \dfrac{\mathrm{d}x}{1+x^2}$.

解 $\displaystyle\int_{-\infty}^{+\infty}\frac{\mathrm{d}x}{1+x^2}=\int_{-\infty}^{0}\frac{\mathrm{d}x}{1+x^2}+\int_{0}^{+\infty}\frac{\mathrm{d}x}{1+x^2}$

$\displaystyle\qquad=\lim_{t\to-\infty}\int_{t}^{0}\frac{\mathrm{d}x}{1+x^2}+\lim_{t\to+\infty}\int_{0}^{t}\frac{\mathrm{d}x}{1+x^2}$

$\displaystyle\qquad=\lim_{t\to-\infty}\arctan x\Big|_{t}^{0}+\lim_{t\to+\infty}\arctan x\Big|_{0}^{t}$

$\displaystyle\qquad=-\lim_{t\to-\infty}\arctan t+\lim_{t\to+\infty}\arctan t=\pi.$

反常积分也可以表示成为牛顿—莱布尼茨公式的形式，设 $F(x)$ 是 $f(x)$ 在相应无穷区间上的原函数，记 $F(-\infty)=\lim\limits_{x\to-\infty}F(x)$，$F(+\infty)=\lim\limits_{x\to+\infty}F(x)$，此时反常积分可以记为

$$\int_{a}^{+\infty}f(x)\mathrm{d}x=\lim_{t\to+\infty}\int_{a}^{t}f(x)\mathrm{d}x=F(x)\Big|_{a}^{+\infty}=F(+\infty)-F(a)$$

$$\int_{-\infty}^{b}f(x)\mathrm{d}x=\lim_{t\to-\infty}\int_{t}^{b}f(x)\mathrm{d}x=F(x)\Big|_{-\infty}^{b}=F(b)-F(-\infty)$$

$$\int_{-\infty}^{+\infty}f(x)\mathrm{d}x=F(x)\big|_{-\infty}^{+\infty}=F(+\infty)-F(-\infty).$$

【例 5 - 28】 求 $\displaystyle\int_{-\infty}^{0}x\mathrm{e}^x\mathrm{d}x$.

解 $\displaystyle\int_{-\infty}^{0}x\mathrm{e}^x\mathrm{d}x=\int_{-\infty}^{0}x\,\mathrm{d}\mathrm{e}^x=x\mathrm{e}^x\Big|_{-\infty}^{0}-\int_{-\infty}^{0}\mathrm{e}^x\mathrm{d}x=x\mathrm{e}^x\Big|_{-\infty}^{0}-\mathrm{e}^x\Big|_{-\infty}^{0}$

注意到 $\displaystyle\qquad\qquad x\mathrm{e}^x\Big|_{-\infty}^{0}=0-\lim_{t\to-\infty}t\mathrm{e}^t=-\lim_{t\to-\infty}t\mathrm{e}^t=0$

$\displaystyle\qquad\qquad\qquad\mathrm{e}^x\Big|_{-\infty}^{0}=1-\lim_{t\to-\infty}\mathrm{e}^t=1-0=1$

于是

$$\int_{-\infty}^{0}x\mathrm{e}^x\mathrm{d}x=-1.$$

【例 5 - 29】 讨论反常积分 $\displaystyle\int_{1}^{+\infty}\frac{1}{x^p}\mathrm{d}x$ 的收敛性.

解 当 $p=1$ 时，$\displaystyle\int_{1}^{+\infty}\frac{1}{x}\mathrm{d}x=\ln x\big|_{1}^{+\infty}=+\infty$　发散；

当 $p\neq1$ 时，$\displaystyle\int_{1}^{+\infty}\frac{1}{x^p}\mathrm{d}x=\frac{1}{1-p}x^{1-p}\Big|_{1}^{+\infty}=\begin{cases}+\infty, & p<1 \\[2mm] \dfrac{1}{p-1}, & p>1\end{cases}$

所以，当 $p>1$ 时，此反常积分收敛，其值为 $\dfrac{1}{p-1}$，而当 $p\leqslant1$ 时，此反常积分发散.

二、无界函数的反常积分

现在我们把定积分推广到被积函数为无界函数的情形.

如果函数 $f(x)$ 在点 a 的任一邻域内都无界，那么点 a 称为函数 $f(x)$ 的瑕点（也称为无界间断点）.无界函数的反常积分也叫瑕积分.

定义 5.3 设函数 $f(x)$ 在区间 $(a,b]$ 上连续，点 a 为而 $f(x)$ 的瑕点，定义 $\displaystyle\int_{a}^{b}f(x)\mathrm{d}x=\lim_{t\to a^+}\int_{t}^{b}f(x)\mathrm{d}x$ 为函数 $f(x)$ 在区间 $(a,b]$ 上的反常积分.如果极限 $\displaystyle\lim_{t\to a^+}\int_{t}^{b}f(x)\mathrm{d}x$ 存在，则称

反常积分 $\int_a^b f(x)\mathrm{d}x$ 收敛，如果 $\lim\limits_{t\to a^+}\int_t^b f(x)\mathrm{d}x$ 极限不存在，就称反常积分 $\int_a^b f(x)\mathrm{d}x$ 发散.

类似地，设函数 $f(x)$ 在 $[a,b)$ 上连续，点 b 为而 $f(x)$ 的瑕点，定义 $\int_a^b f(x)\mathrm{d}x=\lim\limits_{t\to b^-}\int_a^t f(x)\mathrm{d}x$ 为函数 $f(x)$ 在区间 $[a,b)$ 上的反常积分. 如果 $\lim\limits_{t\to b^-}\int_a^t f(x)\mathrm{d}x$ 存在，就称反常积分 $\int_a^b f(x)\mathrm{d}x$ 收敛；否则就称反常积分 $\int_a^b f(x)\mathrm{d}x$ 发散.

函数 $f(x)$ 在 $[a,b]$ 上除点 $c(a<c<b)$ 外连续，而在点 c 的邻域内无界，如果两个反常积分 $\int_a^c f(x)\mathrm{d}x$ 与 $\int_c^b f(x)\mathrm{d}x$ 都收敛，则定义

$$\int_a^b f(x)\mathrm{d}x=\int_a^c f(x)\mathrm{d}x+\int_c^b f(x)\mathrm{d}x=\lim_{t\to c^-}\int_a^t f(x)\mathrm{d}x+\lim_{t\to c^+}\int_t^b f(x)\mathrm{d}x$$

收敛. 否则，就称反常积分 $\int_a^b f(x)\mathrm{d}x$ 发散.

【例 5 - 30】 讨论 $\int_0^1 \dfrac{\mathrm{d}x}{\sqrt{1-x^2}}$ 的敛散性.

解 因为 $\lim\limits_{x\to 1^-}\dfrac{1}{\sqrt{1-x^2}}=+\infty$ ，所以 $x=1$ 为瑕点，于是根据公式

$$\int_0^1 \frac{\mathrm{d}x}{\sqrt{1-x^2}}=\lim_{t\to 1^-}\int_0^t \frac{\mathrm{d}x}{\sqrt{1-x^2}}=\lim_{t\to 1^-}\arcsin x\Big|_0^t$$

$$=\lim_{t\to 1^-}\arcsin t=\frac{\pi}{2}$$

所以反常积分收敛.

【例 5 - 31】 讨论积分 $\int_{-1}^1 \dfrac{1}{x^2}\mathrm{d}x$ 的收敛性.

解 被积函数 $f(x)=\dfrac{1}{x^2}$ 在 $[-1,-1]$ 中除 $x=0$ 外连续，且 $\lim\limits_{x\to 0}f(x)=+\infty$ ，故 $\int_{-1}^1 \dfrac{1}{x^2}\mathrm{d}x$ 为反常积分，$x=0$ 是瑕点，有

$$\int_{-1}^1 \frac{1}{x^2}\mathrm{d}x=\int_{-1}^0 \frac{1}{x^2}\mathrm{d}x+\int_0^1 \frac{1}{x^2}\mathrm{d}x$$

$$=\lim_{t\to 0^-}\int_{-1}^t \frac{1}{x^2}\mathrm{d}x+\lim_{t\to 0^+}\int_t^1 \frac{1}{x^2}\mathrm{d}x$$

$$=\lim_{t\to 0^-}\left(-\frac{1}{x}\right)\Big|_{-1}^t+\lim_{t\to 0^+}\left(-\frac{1}{x}\right)\Big|_t^1=\infty$$

故反常积分 $\int_{-1}^1 \dfrac{1}{x^2}\mathrm{d}x$ 发散.

【例 5 - 32】 讨论反常积分 $\int_a^b \dfrac{\mathrm{d}x}{(x-a)^p}(a<b,p>0)$ 的敛散性.

解 因为 $\lim\limits_{x\to a^+}\dfrac{1}{(x-a)^p}=+\infty$ ，所以 $x=a$ 是瑕点.

当 $p=1$ 时

$$\int_a^b \frac{\mathrm{d}x}{x-a}=\lim_{t\to a^+}\int_t^b \frac{\mathrm{d}x}{x-a}=\lim_{t\to a^+}\ln(x-a)\Big|_t^b$$

$$= \lim_{t \to a^+} [\ln(b-a) - \ln(t-a)] = +\infty.$$

当 $p \neq 1$ 时

$$\int_a^b \frac{\mathrm{d}x}{(x-a)^p} = \lim_{t \to a^+} \int_t^b \frac{\mathrm{d}x}{(x-a)^p} = \lim_{t \to a^+} \frac{1}{1-p}(x-a)^{1-p} \Big|_t^b$$

$$= \lim_{t \to a^+} \frac{1}{1-p}[(b-a)^{1-p} - (t-a)^{1-p}]$$

$$= \begin{cases} +\infty, & \text{当 } p > 1 \\ \dfrac{1}{1-p}(b-a)^{1-p}, & \text{当 } p < 1 \end{cases}.$$

所以当 $p < 1$ 时，反常积分 $\int_a^b \dfrac{\mathrm{d}x}{(x-a)^p}$ 收敛，其值为 $\dfrac{1}{1-p}(b-a)^{1-p}$；当 $p \geqslant 1$ 时，

反常积分 $\int_a^b \dfrac{\mathrm{d}x}{(x-a)^p}$ 发散.

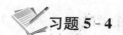

习题 5-4

1. 判断下列反常积分的敛散性，若收敛，计算其值.

(1) $\int_0^{+\infty} \dfrac{\mathrm{d}x}{1+x^2}$；

(2) $\int_1^{+\infty} \mathrm{e}^{-ax}\,\mathrm{d}x\ (a > 0)$；

(3) $\int_0^{+\infty} \dfrac{1}{x^2}\mathrm{d}x$；

(4) $\int_1^2 \dfrac{\mathrm{d}x}{x\ln x}$；

(5) $\int_0^6 (x-4)^{-\frac{2}{3}}\,\mathrm{d}x$；

(6) $\int_0^{+\infty} \mathrm{e}^{-t}\sin t\,\mathrm{d}t$；

(7) $\int_0^1 \dfrac{x\mathrm{d}x}{\sqrt{1-x^2}}$；

(8) $\int_1^{\mathrm{e}} \dfrac{\mathrm{d}x}{x\sqrt{1-(\ln x)^2}}$.

2. 证明反常积分 $\int_2^{+\infty} \dfrac{1}{x(\ln x)^k}\mathrm{d}x$，当 $k > 1$ 时收敛；当 $k \leqslant 1$ 时发散.

第五节　定积分的应用

在引入定积分的概念时，我们曾举过求曲边梯形的面积、变速直线运动的路程两个例子，其实在几何上、物理上类似的问题很多，它们都可归结为求某个事物的总量的问题，解决这类问题的思想是定积分的思想，采用的方法就是微元法（也称元素法），以下介绍这种方法.

一、定积分的元素法

回顾本章第一节求曲边梯形面积的问题，面积 A 表示为定积分 $\int_a^b f(x)\mathrm{d}x$ 的步骤如下.

(1) 把区间 $[a,b]$ 分成 n 个长度为 Δx_i 的小区间，相应的曲边梯形被分为 n 个小窄曲边梯形，第 i 个小窄曲边梯形的面积为 ΔA_i，则 $A = \sum_{i=1}^n \Delta A_i$；

(2) 计算 ΔA_i 的近似值 $\Delta A_i \approx f(\xi_i)\Delta x_i$；

(3) 求和得 A 的近似值　$A \approx \sum_{i=1}^n f(\xi_i)\Delta x_i$；

（4）求极限得 A 的精确值　　$A = \lim_{\lambda \to 0} \sum_{i=1}^{n} f(\xi_i) \Delta x_i = \int_a^b f(x) \mathrm{d}x$．

上述四个步骤中，第二步是将 U 表达成定积分的关键，有了这一步，定积分的被积表达式实际上已经被找到．用以上思想方法解决实际问题，就是所谓的微元法或元素法．

设总量 U 是与自变量 x、函数 $f(x)$ 相关的量，利用元素法求变量 U 的步骤如下．

（1）根据问题具体情况，选取一个变量，例如 x 为积分变量，并确定它的变化区间 $[a,b]$；

（2）把区间 $[a,b]$ 分成 n 个小区间，任取其中的一个小区间 $[x, x+\mathrm{d}x]$，求出相应于此小区间的部分量 ΔU 的近似值，如果 ΔU 能近似地表示为 $[a,b]$ 上的一个连续函数在 x 处的值 $f(x)$ 与 $\mathrm{d}x$ 的乘积，就把 $f(x)\mathrm{d}x$ 称为量 U 的微元，记作 $\mathrm{d}U$，即

$$\mathrm{d}U = f(x)\mathrm{d}x；$$

（3）以所求量的微元 $f(x)\mathrm{d}x$ 为被积表达式，在 $[a,b]$ 上作定积分，得

$$U = \int_a^b f(x)\mathrm{d}x$$

这就是所求量 U 的积分表达式．

下面我们用微元法来解决一些实际问题．

二、定积分的几何应用

1. 平面图形的面积

（1）直角坐标情形．我们已经知道，在区间 $[a,b]$ 上，一条连续曲线 $y = f(x)$，$f(x) \geqslant 0$ 与直线 $x = a$，$x = b$，x 轴所围成的曲边梯形面积 A 就是定积分 $\int_a^b f(x)\mathrm{d}x$．这里，被积表达式 $f(x)\mathrm{d}x$ 就是面积元素 $\mathrm{d}A$．

如果求两条曲线 $f(x)$ 与 $g(x)$ 之间所夹的平面图形的面积 S（见图 5-10），在区间 $[a, b]$ 上，当

$$0 \leqslant g(x) \leqslant f(x)$$

则有

$$S = \int_a^b f(x)\mathrm{d}x - \int_a^b g(x)\mathrm{d}x$$

或

$$S = \int_a^b [f(x) - g(x)]\mathrm{d}x \tag{5-7}$$

如果求两条曲线 $x = \varphi(y)$、$x = \psi(y)$ 之间所夹图形的面积，也可用类似的方法．

【例 5-33】 求两条抛物线 $y^2 = x, y = x^2$ 所围成图形的面积．

解 如图 5-11 所示，解方程组

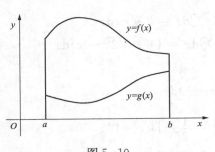

图 5-10

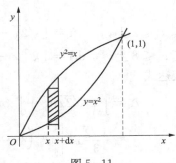

图 5-11

$$\begin{cases} y^2 = x \\ y = x^2 \end{cases} 得两组解 \begin{cases} x = 0 \\ y = 0 \end{cases} 及 \begin{cases} x = 1 \\ y = 1 \end{cases}$$

即两抛物线交点为 $(0,0)$，$(1,1)$，下面求面积元素.

取 x 为积分变量，区间 $[0,1]$ 上的任一小区间 $[x, x+dx]$ 的窄条，其面积近似于高为 $\sqrt{x} - x^2$，底为 dx 的窄矩形面积，这样就得到面积元素 $dA = (\sqrt{x} - x^2)dx$. 于是，所求图形面积为定积分

$$A = \int_0^1 (\sqrt{x} - x^2)dx = \left(\frac{2}{3}x^{\frac{3}{2}} - \frac{x^3}{3}\right)\Big|_0^1 = \frac{1}{3}.$$

本题也可按式（5-7）直接求解，留给读者自己求解.

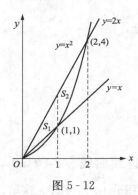

图 5-12

【例 5-34】 求抛物线 $y = x^2$ 与直线 $y = x$，$y = 2x$ 所围图形的面积，如图 5-12 所示.

解 作出图形，解两个方程组

$$\begin{cases} y = x^2 \\ y = x \end{cases} 和 \begin{cases} y = x^2 \\ y = 2x \end{cases}$$

得抛物线与两直线交点为 $(1,1)$ 与 $(2,4)$. 故所求面积为

$$S = S_1 + S_2 = \int_0^1 (2x - x)dx + \int_1^2 (2x - x^2)dx = \frac{7}{6}.$$

【例 5-35】 求抛物线 $y^2 = 2x$ 与直线 $y = x - 4$ 所围成图形面积.

解 作出如图 5-13 所示图形. 解方程组

$$\begin{cases} y^2 = 2x \\ y = x - 4 \end{cases}$$

得抛物线与直线的交点 $(2, -2)$ 和 $(8, 4)$.

取 y 为积分变量，确定积分区间为 $[-2, 4]$. 于是面积元素

$$dA = \left[(y+4) - \frac{1}{2}y^2\right]dy$$

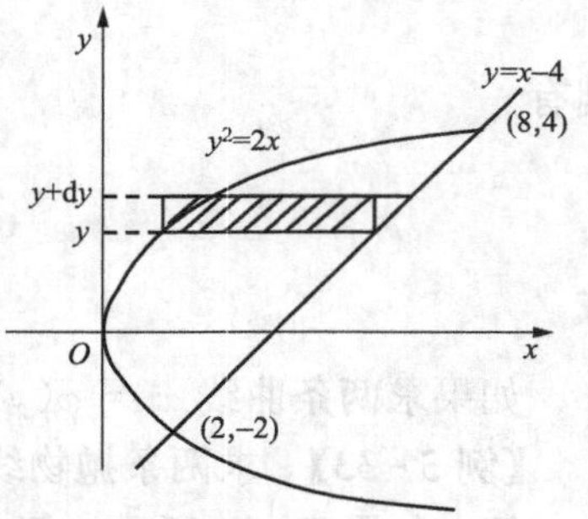

所求图形面积为

$$A = \int_{-2}^4 \left(y + 4 - \frac{1}{2}y^2\right)dy = \left(\frac{y^2}{2} + 4y - \frac{y^3}{6}\right)\Big|_{-2}^4 = 18.$$

另解 若选取 x 为积分变量，则积分区间为 $[0,8]$，给出面积元素

图 5-13

在 $0 \leqslant x \leqslant 2$ 上，　$dA = [\sqrt{2x} - (-\sqrt{2x})]dx = 2\sqrt{2x}dx$

在 $2 \leqslant x \leqslant 8$ 上，　$dA = [\sqrt{2x} - (x-4)]dx = (4 + \sqrt{2x} - x)dx$

则定积分表达式

$$A = \int_0^2 2\sqrt{2x}dx + \int_2^8 (4 + \sqrt{2x} - x)dx$$

$$= \frac{4\sqrt{2}}{3}x^{\frac{3}{2}}\Big|_0^2 + \left(4x + \frac{2\sqrt{2}}{3}x^{\frac{3}{2}} - \frac{1}{2}x^2\right)\Big|_2^8 = 18.$$

显然，解法一较简洁，这表明积分变量的选取有个合理性的问题.

【例 5 - 36】 求椭圆 $\dfrac{x^2}{a^2}+\dfrac{y^2}{b^2}=1$ 的面积.

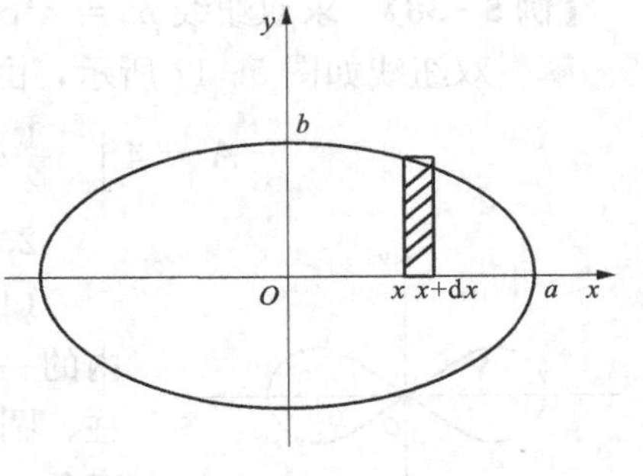

解 如图 5 - 14 所示，椭圆关于两坐标轴都对称，所以，椭圆面积为第一象限内的图形面积的 4 倍，即

$$A = 4\int_0^a y\mathrm{d}x.$$

为便于积分，在上式中利用椭圆的参数方程作换元.

令 $x = a\cos t$，则

$$y = b\sin t，\ \mathrm{d}x = -a\sin t\mathrm{d}t.$$

当 $x = 0$ 时，$t = \dfrac{\pi}{2}$，当 $x = a$ 时，$t = 0$.

于是

图 5 - 14

$$A = 4\int_{\frac{\pi}{2}}^{0} b\sin t(-a\sin t)\mathrm{d}t = 4ab\int_0^{\frac{\pi}{2}}\frac{1-\cos 2t}{2}\mathrm{d}t = 2ab\cdot\frac{\pi}{2} = \pi ab.$$

特别，当 $a = b$ 时，得圆面积公式 $A = \pi a^2$.

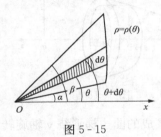

图 5 - 15

（2）极坐标的情形. 设平面图形（见图 5 - 15）是由曲线 $\rho = \rho(\theta)$ 及射线 $\theta = \alpha$，$\theta = \beta$ 所围成的曲边扇形，取极角 θ 为积分变量，则 $\alpha \leqslant \theta \leqslant \beta$，在平面图形中任意截取一区域的面积元素 ΔA，极角变化区间为 $[\theta, \theta + \mathrm{d}\theta]$ 的窄曲边扇形. ΔA 的面积可近似地用半径为 $\rho = \rho(\theta)$，中心角为 $\mathrm{d}\theta$ 的窄圆边扇形的面积来代替，即

$$\Delta A \approx \frac{1}{2}\left[\rho(\theta)\right]^2\mathrm{d}\theta$$

从而得到了曲边扇形的面积元素

$$\mathrm{d}A = \frac{1}{2}\left[\rho(\theta)\right]^2\mathrm{d}\theta$$

从而

$$A = \int_\alpha^\beta \frac{1}{2}\left[\rho(\theta)\right]^2\mathrm{d}\theta.$$

【例 5 - 37】 求心形线 $\rho = a(1+\cos\theta)$ $(a>0)$ 所围成平面图形的面积 A.

解 心形线（见图 5 - 16）所围成的图形对称于极轴，因此所求图形的面积是极轴以上部分面积的两倍. 对于极轴以上的图形，θ 的变化区间为 $[0,\pi]$，相应于 $[0,\pi]$ 上任一小区间 $[\theta, \theta + \mathrm{d}\theta]$ 的窄曲边扇形的面积近似于半径为 $a(1+\cos\theta)$、中心角为 $\mathrm{d}\theta$ 的圆扇形的面积，从而得到面积元素为

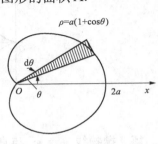

图 5 - 16

$$A = 2\int_0^\pi \frac{1}{2}a^2\ (1+\cos\theta)^2\mathrm{d}\theta = a^2\int_0^\pi(1+2\cos\theta+\cos^2\theta)\mathrm{d}\theta$$

$$= a^2\int_0^\pi\left(1+2\cos\theta+\frac{1}{2}+\frac{1}{2}\cos 2\theta\right)\mathrm{d}\theta$$

$$= a^2\left(2\sin\theta+\frac{3}{2}\theta+\frac{1}{4}\sin 2\theta\right)\Big|_0^\pi = \frac{3}{2}\pi a^2.$$

【**例 5 - 38**】　求双纽线 $\rho^2 = a^2\cos2\theta(a > 0)$ 所围成的平面图形的面积 A.

解　双纽线如图 5 - 17 所示，由图形的对称性，得

$$A = 4\int_0^{\frac{\pi}{4}}\frac{1}{2}a^2\cos2\theta d\theta = 2a^2\int_0^{\frac{\pi}{4}}\cos2\theta d\theta = a^2 .$$

2. 空间立体图形的体积

（1）旋转体的体积．旋转体就是由一个平面图形绕着平面内的一条直线旋转一周而形成的立体，此直线叫作旋转轴．圆柱、圆锥、圆台、球体分别可以看作是由矩形绕它的一条边、直角三角形绕它的一条直角边、直角梯形绕它的直角腰、半圆绕它的直径旋转一周而成的立体，所以它们都是旋转体．

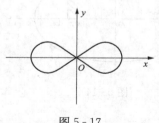

图 5 - 17

上述旋转体都可以看作由连续曲线 $y = f(x)$，x 轴及直线 $x = a$、$x = b$ 所围成的曲边梯形绕 x 轴旋转一周而成的旋转体．现在我们用定积分求这种旋转体的体积．

此旋转体可看作无数的垂直于 x 轴的圆片叠加而成，取其中的一片，设它位于 x 处，则它的半径为 $y = f(x)$，厚度为 $\mathrm{d}x$（见图 5 - 18），从而此片对应的扁圆柱体的体积元素等于圆片的面积与其厚度的乘积，即

$$\mathrm{d}V = \pi y^2 = \pi[f(x)]^2\mathrm{d}x$$

于是得到

$$V = \int_a^b \pi y^2 \mathrm{d}x = \pi\int_a^b[f(x)]^2\mathrm{d}x .$$

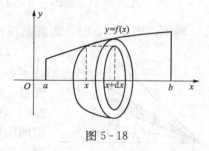

图 5 - 18

类似地，由平面曲线 $x = \varphi(y)$，y 轴及直线 $y = c$、$y = d$ 所围成的曲边梯形绕 y 轴旋转一周而成的旋转体的体积为

$$V = \int_c^d \pi x^2 \mathrm{d}y = \pi\int_c^d[\varphi(y)]^2\mathrm{d}y .$$

【**例 5 - 39**】　求由抛物线 $y = x^2$，直线 $x = 2$ 与 x 轴所围成的平面图形分别绕 x 轴［见图 5 - 19（a）］、绕 y 轴［见图 5 - 19（b）］旋转一周所得立体的体积．

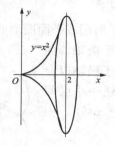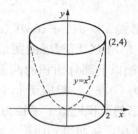

图 5 - 19

解　抛物线 $y = x^2$ 与直线 $x = 2$ 的交点为 $A(2,4)$．

（a）积分变量为 x，积分区间为 $[0,2]$．抛物线 $y = x^2$ 绕 x 轴旋转而成的旋转体体积为

$$V = \int_0^2 \pi y^2 \mathrm{d}x = \int_0^2 \pi x^4 \mathrm{d}x = \frac{\pi}{5}x^5\Big|_0^2 = \frac{32}{5}\pi .$$

（b）积分变量为 y，积分区间为 $[0,4]$．抛物线 $x = \sqrt{y}$ 绕 y 轴旋转而成的旋转体体积为

$$V = 16\pi - \int_0^4 \pi x^2 \mathrm{d}y = 16\pi - \int_0^4 \pi y \mathrm{d}y = 16\pi - \frac{\pi}{2}y^2 \Big|_0^4 = 8\pi.$$

【例 5-40】 计算由 $\dfrac{x^2}{a^2} + \dfrac{y^2}{b^2} = 1$ 所围成的图形绕 y 轴旋转而成的旋转体的体积（见图 5-20）.

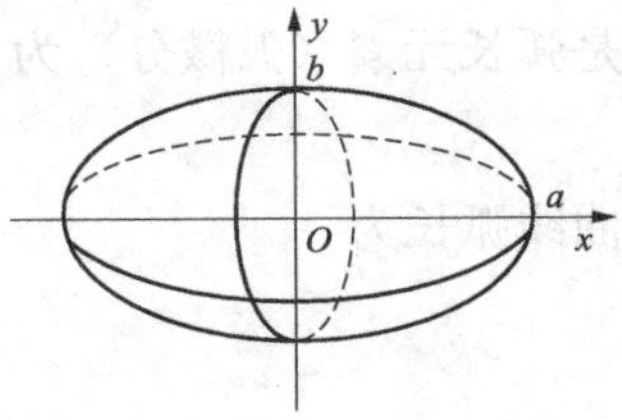

解 此椭球体可看作是由半个椭圆 $x = \dfrac{a}{b}\sqrt{b^2 - y^2}$ 及 y 轴所围成的图形绕 y 轴旋转而成的立体，由公式可得所求体积为

$$V = \int_{-b}^{b} \pi x^2 \mathrm{d}y = \pi \int_{-b}^{b} \frac{a^2}{b^2}(b^2 - y^2)\mathrm{d}y = \frac{4}{3}\pi a^2 b.$$

图 5-20

特别地，当 $a = b$ 时，旋转椭球体就变成为半径为 a 的球体，它的体积为 $\dfrac{4}{3}\pi a^3$.

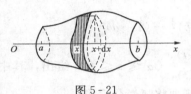

图 5-21

（2）平行截面面积为已知的立体的体积. 设有一立体，如图 5-21 所示，其垂直于 x 轴的截面的面积是已知的连续函数 $A(x)$，且立体位于 $x = a$、$x = b$ 两点处垂直于 x 轴的两个平面之间，求此立体的体积.

取 x 为积分变量，其变化区间为 $[a,b]$，相应于 $[a,b]$ 上任一小区间 $[x, x + \mathrm{d}x]$ 的小薄片的体积近似等于底面积为 $A(x)$、高为 $\mathrm{d}x$ 的扁柱体的体积，从而得到所求的体积元素为

$$\mathrm{d}V = A(x)\mathrm{d}x$$

则立体的体积为

$$V = \int_a^b A(x)\mathrm{d}x.$$

【例 5-41】 两个半径为 a 的圆柱体，中心轴垂直相交，求这两个圆柱体公共部分的体积.

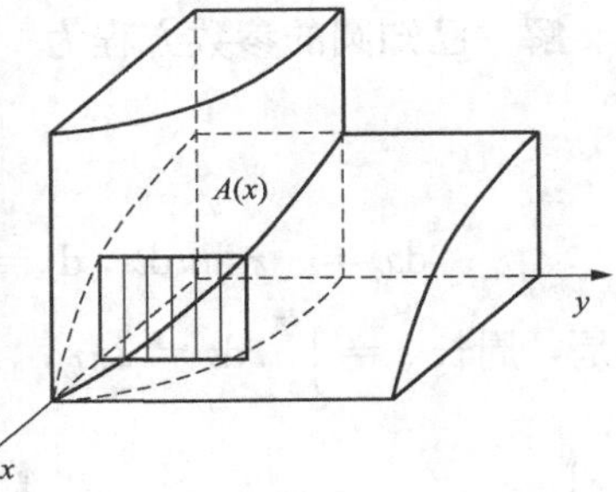

解 如图 5-22 所示建立坐标系，由对称性可得所求体积为第一象限体积的 8 倍，取 x 为积分变量，过点 $(x, 0)$ $(0 \leqslant x \leqslant a)$ 作垂直于 x 轴的平面，得截面为边长为 $\sqrt{a^2 - x^2}$ 的正方形，截面面积为 $A(x) = a^2 - x^2$，则

$$V = 8\int_0^a (a^2 - x^2)\mathrm{d}x = 8\left(a^2 x - \frac{1}{3}x^3\right)\Big|_0^a = \frac{16}{3}a^3.$$

图 5-22

3. 平面曲线的弧长

一条线段的长度可直接度量，但一条曲线段的"长度"一般却不能直接度量，因此需用不同的方法来求.

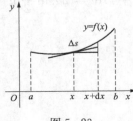

图 5-23

（1）直角坐标系情形. 设函数 $y = f(x)$ 具有一阶连续导数，也就是说曲线 $y = f(x)$ 为一条光滑曲线，下面我们来求该曲线上相应于 x 从 a 到 b 的一段弧的长度 s（见图 5-23）.

取 x 作为积分变量，则 $x \in [a,b]$，在 $[a,b]$ 上任取一个小区间 $[x, x + \mathrm{d}x]$，则曲线 $y = f(x)$ 上相应于 $[x, x + \mathrm{d}x]$ 的小曲线弧的长度为 Δs，可用该曲线在点 $(x, f(x))$ 处的切线上相应

的一小段的长度来近似代替，而切线上这相应的小段的长度为

$$\sqrt{(\mathrm{d}x)^2+(\mathrm{d}y)^2}=\sqrt{1+[f'(x)]^2}\mathrm{d}x$$

于是弧长元素（弧微分）为

$$\mathrm{d}s=\sqrt{1+[f'(x)]^2}\mathrm{d}x$$

则曲线弧长为

$$s=\int_a^b\sqrt{1+[f'(x)]^2}\mathrm{d}x.$$

【例 5 - 42】 计算曲线 $y=\dfrac{2}{3}x^{\frac{3}{2}}$ $(a\leqslant x\leqslant b)$ 的弧长.

解 按弧长公式，得

$$\mathrm{d}s=\sqrt{1+(y')^2}=\sqrt{1+(\sqrt{x})^2}\mathrm{d}x=\sqrt{1+x}\mathrm{d}x$$

于是

$$s=\int_a^b\sqrt{1+x}\mathrm{d}x=\frac{2}{3}(1+x)^{\frac{3}{2}}\Big|_a^b=\frac{2}{3}\big[(1+b)^{\frac{3}{2}}-(1+a)^{\frac{3}{2}}\big].$$

（2）参数方程情形. 平面曲线 C 由参数方程 $\begin{cases}x=\varphi(t),\\y=\psi(t),\end{cases}$ $(\alpha\leqslant t\leqslant\beta)$ 给出，其中 $\varphi(t)$，$\psi(t)$ 在 $[\alpha,\beta]$ 上具有连续导数，计算它的弧长时，只需要将弧微分写成

$$\mathrm{d}s=\sqrt{(\mathrm{d}x)^2+(\mathrm{d}y)^2}=\sqrt{[\varphi'(t)]^2+[\psi'(t)]^2}\mathrm{d}t$$

因而得参数方程下，曲线弧长公式为

$$s=\int_a^\beta\sqrt{[\psi'(t)]^2+[\varphi'(t)]^2}\mathrm{d}t.$$

【例 5 - 43】 计算半径为 r 的圆的周长.

解 已知圆的参数方程为

$$\begin{cases}x=r\cos t\\y=r\sin t\end{cases}\qquad(0\leqslant t\leqslant2\pi)$$

$$\mathrm{d}x=-r\sin t\mathrm{d}t,\ \mathrm{d}y=r\cos t\mathrm{d}t,\ \mathrm{d}s=\sqrt{(-r\sin t)^2+(r\cos t)^2}\mathrm{d}t=r\mathrm{d}t$$

于是，周长 $s=\int_0^{2\pi}r\mathrm{d}t=2\pi r$.

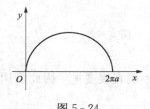

图 5 - 24

【例 5 - 44】 求摆线 $\begin{cases}x=a(t-\sin t)\\y=a(1-\cos t)\end{cases}$ $(0\leqslant t\leqslant2\pi)(a>0)$ 的弧长（见图 5 - 24）.

解 $\mathrm{d}x=a(1-\cos t)\mathrm{d}t,\ \mathrm{d}y=a\sin t\mathrm{d}t,$

$$\mathrm{d}s=\sqrt{(\mathrm{d}x)^2+(\mathrm{d}y)^2}=\sqrt{a^2(1-2\cos t+1)}\mathrm{d}t=2a\sin\frac{t}{2}\mathrm{d}t$$

所求摆线的弧长为

$$s=2a\int_0^{2\pi}\sin\frac{t}{2}\mathrm{d}t=-4a\cos\frac{t}{2}\Big|_0^{2\pi}=8a.$$

【例 5 - 45】 求星形线 $\sqrt[3]{x^2}+\sqrt[3]{y^2}=\sqrt[3]{a^2}$ 的全长（见图 5 - 25）.

解 星形线的参数方程为 $\begin{cases}x=a\cos^3t\\y=a\sin^3t\end{cases}$ $(0\leqslant t\leqslant2\pi)$

$$dx = -3a\cos^2 t\sin t dt, \quad dy = 3a\cos t\sin^2 t dt$$

$$ds = 3a\sqrt{\cos^4 t\sin^2 t + \cos^2 t\sin^4 t}dt = 3a\,|\sin t\cos t|\,dt.$$

所求星形线的弧长为

$$s = 4\int_0^{\frac{\pi}{2}} 3a\sin t\cos t dt = 6a\sin^2 t\,\Big|_0^{\frac{\pi}{2}} = 6a.$$

（3）极坐标系情形. 若曲线方程为极坐标形式

$$\rho = \rho(\theta) \quad (\alpha \leqslant \theta \leqslant \beta)$$

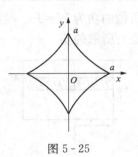

图 5 - 25

要计算这段曲线弧的长度，可将极坐标方程化成参数方程，再利用参数方程下的弧长计算公式即可求得.

将极坐标方程化为参数方程为

$$\begin{cases} x = \rho(\theta)\cos\theta \\ y = \rho(\theta)\sin\theta \end{cases} (\alpha \leqslant \theta \leqslant \beta)$$

此时 θ 变成了参数，且弧长元素为

$$ds = \sqrt{(dx)^2 + (dy)^2}$$
$$= \sqrt{(\rho'\cos\theta - \rho\sin\theta)^2 (d\theta)^2 + (\rho'\sin\theta + \rho\cos\theta)^2 (d\theta)^2}$$
$$= \sqrt{\rho^2 + \rho'^2}d\theta$$

从而有

$$s = \int_\alpha^\beta \sqrt{\rho^2 + \rho'^2}d\theta.$$

【例 5 - 46】 计算心脏线 $\rho = a(1 + \cos\theta)(0 \leqslant \theta \leqslant 2\pi)$ 的弧长.

解 $ds = \sqrt{a^2(1 + \cos\theta)^2 + (-a\sin\theta)^2}d\theta$

$$= \sqrt{4a^2\left(\cos^4\frac{\theta}{2} + \sin^2\frac{\theta}{2}\cos^2\frac{\theta}{2}\right)}d\theta = 2a\left|\cos\frac{\theta}{2}\right|d\theta$$

$$s = \int_0^{2\pi} 2a\left|\cos\frac{\theta}{2}\right|d\theta = 4a\int_0^\pi |\cos\varphi|\,d\varphi$$

$$= 4a\left(\int_0^{\frac{\pi}{2}}\cos\varphi d\varphi - \int_{\frac{\pi}{2}}^\pi\cos\varphi d\varphi\right) = 8a\left(\text{其中 }\varphi = \frac{\theta}{2}\right).$$

【例 5 - 47】 求阿基米德螺线 $\rho = a\theta\,(a > 0)$ 相应于 θ 从 0 到 2π 一段的弧长（见图 5 - 26）.

解 弧长元素为

$$ds = \sqrt{a^2\theta^2 + a^2}d\theta = a\sqrt{1 + \theta^2}d\theta$$

于是所求弧长为

$$s = \int_0^{2\pi} a\sqrt{1 + \theta^2}d\theta = \frac{a}{2}\left[2\pi\sqrt{1 + 4\pi^2} + \ln(2\pi + \sqrt{1 + 4\pi^2})\right].$$

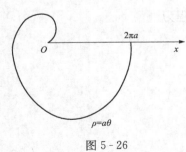

图 5 - 26

*三、定积分的物理应用

1. 变力沿直线所做的功

由物理学可知，在一个常力 F 的作用下，物体沿力的方向做直线运动的位移为 s 时，F

所做的功为 $W=Fs$. 但在实际中，经常需要计算变力所做的功，下面通过例子用微分法计算变力所做的功.

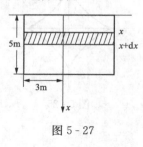

图 5-27

【例 5-48】 有一圆柱形蓄水池，池口直径为 6m，深为 5m，池中盛满了水，求将全部的池水抽到池外需要做多少功.

解 如图 5-27 所示建立坐标系，以 x 为积分变量，变化区间为 $[0,5]$，从中任意取一子区间，考虑深度 $[x,x+\mathrm{d}x]$ 的一层水量 ΔT 抽到池口处所做的功 ΔW，当 $\mathrm{d}x$ 很小时，抽出 ΔT 中的每一体积水所做的功为 $x\Delta T$，其中水的比重为 $9.8\mathrm{kN/m^3}$，而 ΔT 的体积约 $\pi 3^2\mathrm{d}x$，功元素 $\mathrm{d}W=88.2\pi x\mathrm{d}x$，于是所求的功为

$$W=\int_0^5 88.2\pi x\mathrm{d}x\approx 3462(\mathrm{kJ}).$$

【例 5-49】 一个弹簧，用 4N 的力可以把它拉长 0.04m，求把它拉长 0.1m 所做的功.

解 已知胡克定理 $F=kx$，将 $x=0.04$，$F=4$ 代入 得 $k=100$，于是 $F=100x$，功微元 $\mathrm{d}w=100x\mathrm{d}x$，因此所做的功为

$$w=\int_0^{0.1}100x\mathrm{d}x=0.5(\mathrm{J}).$$

2. 水压力

定积分也可以用来计算水压力，现举例说明如下.

【例 5-50】 有一等腰梯形闸门直立在水中，它的上底为 6m，下底为 2m，高为 10m，且上底与水面平齐，试计算此闸门的一侧所受的水压力.

解 由于压强是随水深而变化的，是一个变量，所以不能直接用压强为常量时的公式"压力＝压强×受压面积"来计算，而必须采用积分的方法.

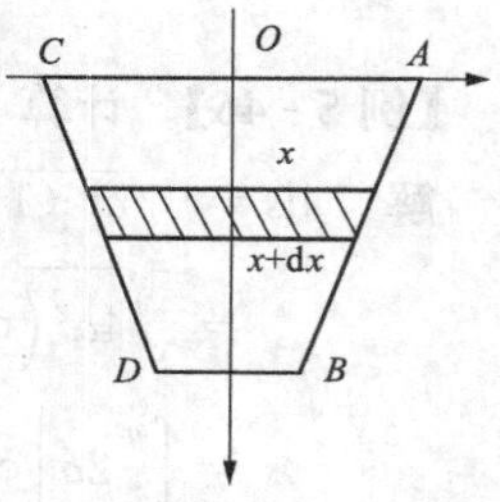

建立坐标系如图 5-28 所示，取深度 x 为积分变量，它的变化区间为 $[0,10]$，设 $[x,x+\mathrm{d}x]$ 为 $[0,10]$ 上的任一小区间，我们把闸门相应于 $[x,x+\mathrm{d}x]$ 的窄条上各点处的压强近似地看作常量，即都看作水深 x 处的压强 γx（γ 为水的比重），且把小窄条的面积近似看作 $2y\mathrm{d}x$. 因此这小窄条的一侧所受的水压力的近似值为

图 5-28

$$\mathrm{d}p=2\times 9.8xy\mathrm{d}x$$

由于 A,B 两点的坐标分别为 $A(0,3),B(10,1)$，所以直线的方程为

$$\frac{x-0}{10-0}=\frac{y-3}{1-3}$$

即

$$y=-\frac{1}{5}x+3$$

故得压力元素

$$\mathrm{d}p=19.6x\left(-\frac{1}{5}x+3\right)\mathrm{d}x$$

于是所求的水压力为

$$p=\int_0^{10}19.6x\left(-\frac{1}{5}x+3\right)\mathrm{d}x=\frac{4900}{3}(\mathrm{kN}).$$

* 四、定积分在经济中的应用

在经济管理中，如果已知总函数（总产量、总成本、总收益）的变化率，求总函数在某个范围内的改变量时，可采用定积分来解决.

【**例 5 - 51**】 已知某产品在时刻 t（天）总产量的变化率为

$$f(t) = 100 + 12t - 0.6t^2 \text{（单位/天）}$$

求第 2 天到第 4 天这两天的总产量.

解 因为总产量是它的变化率的原函数，所以从第 2 天到第 4 天这两天的总产量为

$$\int_2^4 f(t)\,\mathrm{d}t = \int_2^4 (100 + 12t - 0.6t^2)\,\mathrm{d}t$$

$$= (100t + 6t^2 - 0.2t^3)\Big|_2^4$$

$$= 260.8 \text{（单位）}.$$

【**例 5 - 52**】 某产品生产 x 个单位时，总收益的变化率（边际收益）为

$$R'(x) = 200 - \frac{x}{100} \text{（元/单位）}$$

(1) 生产了 50 个单位时的总收益；

(2) 如果已经生产了 100 个单位，求再生产 100 个单位时的总收益.

解 （1）生产了 50 个单位时的总收益 R_1 为

$$R_1 = \int_0^{50} \left(200 - \frac{x}{100}\right)\mathrm{d}x = \left(200x - \frac{1}{200}x^2\right)\Big|_0^{50} = 9987.5 \text{（元）}.$$

(2) 已知生产了 100 个单位，再生产 100 个单位时的总收益 R_2 为

$$R_2 = \int_{100}^{200} \left(200 - \frac{x}{100}\right)\mathrm{d}x = \left(200x - \frac{1}{200}x^2\right)\Big|_{100}^{200} = 19850 \text{（元）}.$$

习题 5 - 5

1. 求图 5 - 29 中画斜线部分的面积.

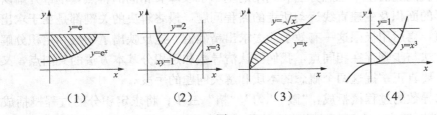

$$\text{（1）} \qquad \text{（2）} \qquad \text{（3）} \qquad \text{（4）}$$

图 5 - 29

2. 求下列各曲线所围成图形的面积.

(1) $y = \sin x \left(0 \leqslant x \leqslant \frac{\pi}{2}\right)$，$x = 0$，$y = 1$；

(2) $y = \sin x$，$y = \cos x$，$x = 0$，$x = \pi$；

(3) $xy = 1$，$y = x$，$y = 2$；

(4) $r = ae^\theta$，$\theta = -\pi$，$\theta = \pi$；

(5) $x = 2t - t^2$，$y = 2t^2 - t^3 (0 \leqslant t \leqslant 2)$.

3. 已知直线 $x = k$ 平分由抛物线 $y = x^2$ 与直线 $y = 0$ 及 $x = 1$ 所围成的图形的面积，求 k 的值.

4. 求下列各曲线所围成的图形，按指定的轴旋转所生成的旋转体的体积.

(1) $2x - y + 4 = 0$，$x = 0$，$y = 0$，绕 x 轴旋转；

(2) $y = \sin x$，$x = \dfrac{\pi}{2}$，$y = 0$，绕 y 轴旋转；

(3) $x^2 = 4y(x > 0)$，$y = 1$，$x = 0$，分别绕 x 轴与 y 轴旋转.

5. 计算曲线相应于 $1 \leqslant x \leqslant e$ 的一段弧的长度.

6. 计算曲线 $y^2 = x^3$ 上相应于 $x = 0$ 与 $x = 1$ 一段弧的长度.

*7. 一物体在某种介质中按规律 $x = ct^3$ 做直线运动，介质的阻力与速度的平方成正比，求物体由 $x = 0$ 移至 $x = a$ 时，克服阻力所做的功.

*8. 一底为 8cm、高为 6cm 的等腰三角形片，铅直地沉没在水中，顶在上，底在下且与水面平行，而顶离水面 3cm，试求它每面所受的压力.

*9. 已知生产某商品 x 单位时，边际收益函数为 $R'(x) = 200 - \dfrac{x}{50}$（元/单位），试求生产 x 单位时总收益. 并求生产这种产品 2000 单位时的总收益.

小结与学习指导

一、小结

至此，一元函数微分学的基本内容已经学习完成了，对它也有了初步的了解. 下面，我们将微积分学的基本分析方法以及微分学与积分学之间的内在联系等方面做一回顾，来进一步巩固和加深所学的知识.

1. 微积分学的基本分析方法

导数和定积分是微积分学中两个重要的基本概念. 它们对于问题的本质和范围的研究略有不同，但解决问题的基本思想方法和利用的基本手段却有相同的特点，本章开篇所举二引例：曲边梯形的面积及变速直线运动所走的路程问题，最终解决的关键都是在于求出微小区间上的近似值，再运用极限这一有效手段去求出精确值. 这反映出了导数和定积分解决问题的基本思想方法与步骤存在相同点，我们要认清导数和定积分基本方法的共同点，又要区别它们的差异. 要真正掌握这两个概念的本质和解决问题的手段.

可以将求导数的过程概括成："微""匀""精"三步；将求定积分的过程概括成："分""粗""合""精"四步. 也可把这四步中的分、粗合起来说成"分割求近似"，合、精两步合起来说成"求和取极限".

2. 牛顿—莱布尼茨公式是沟通微分学和积分学的基本定理

在研究曲线的切线和计算平面图形的面积、立体的体积等问题中，人们得出导数与定积分这两个基本概念. 它们是两种不同意义下的极限，其中有些特殊情形的极限在古代已有不少数学家进行过研究，但未能发现它们彼此之间的联系，因而也就未能形成理论和总结出普遍适用的方法. 到了 17 世纪，伟大的科学家牛顿和莱布尼茨在前人的一些纷乱的猜测和阐说中吸取了一些有价值的想法和一些零散的结果，加以组织、整理，并通过他们敏锐的思维和想象力创造了微积分学. 这一发展的关键在于把过去一直分散研究的微分和积分彼此互逆地联系了起来. 这种联系的基础就是微积分学基本定理.

第一，基本定理表明了变上限积分函数 $\varphi(x) = \int_a^x f(t)\mathrm{d}t$ 是一个可导函数，且它的导数 $\dfrac{\mathrm{d}\varphi}{\mathrm{d}x} = \dfrac{\mathrm{d}}{\mathrm{d}x}\int_a^x f(t)\mathrm{d}t = f(x)$，这个结果表明了微分运算和积分运算的互逆关系，即一个连续函数 $f(x)$ 的变上限积分是它的一个原函数，而这个原函数 $\varphi(x)$ 的导数又回到了这个函数自身.

第二，基本定理告诉我们，一个连续函数的原函数不止一个，而有无穷多个，且其中任意两个只相差一个常数，即如果 $F(x)$ 和 $\varphi(x)$ 都是 $f(x)$ 的原函数，那么就有

$$F(x) = \varphi(x) + C = \int_a^x f(t)\mathrm{d}t + C$$

在此基础上，我们推得了牛顿—莱布尼茨公式

$$\int_a^b f(x)\mathrm{d}x = F(b) - F(a).$$

这个公式为我们计算定积分提供了一种新的方法，它把定积分的计算转化为求 $f(x)$ 的任意一个原函数或者说求 $f(x)$ 的不定积分上面来，因为 $f(x)$ 的不定积分是它任意一个原函数的代表. 牛顿—莱布尼茨公式也为定积分的广泛应用奠定了基础.

3. 在定积分应用中积分式的建立问题

前面已经提到，用定积分解决实际问题的步骤是"分""粗""合""精"四步，这四步可概括成"分割求近似，求和取极限"两步. 其实，凡可用定积分解决的问题都可以采用这种方法去建立积分式.

但是，在自然科学和工程技术中更多的是用所谓"微元法"去建立积分式. 这种方法是先求出待求量 Q 的微元 $\mathrm{d}Q = q(x)\mathrm{d}x$，再把微元 $\mathrm{d}Q$ 在考虑的区间上积分，从而得出 Q 的值. 其实"求微元"相当于"分割求近似"."把微元积分"相当于"求和取极限". 不论用哪种方法，关键都在于求出待求量 Q 的部分量 ΔQ 的近似值. 所求的近似值都应是部分量 ΔQ 的线性主部，即 Q 的微分 $\mathrm{d}Q = q(x)\Delta x = q(x)\mathrm{d}x$.

二、学习指导

1. 本章要求

(1) 正确理解定积分的概念及其基本性质和几何意义.

(2) 熟悉积分变上限函数及其求导定理，了解微分与积分之间的内在联系，能熟练运用牛顿—莱布尼茨公式计算定积分.

(3) 能熟练运用定积分换元法和分部积分法计算定积分，会证明简单的积分论证题.

(4) 了解两类反常积分的概念，会计算简单的反常积分，能判断简单反常积分的敛散性.

(5) 理解定积分的微元法的基本思想，会用微元法建立定积分表达式，并会计算一些几何量（面积、弧长、旋转体和平行截面面积为已知的立体体积）和简单物理量（功、液体侧压力）.

重点：定积分的概念及几何意义，牛顿—莱布尼茨公式，定积分的换元积分法与分部积分法.

2．对学习的建议

（1）本章篇幅较大，内容多而重要，既有概念、理论、计算，又有应用．因此，要把主要精力放在学习重点与难点内容上，对重点内容，要把课文逐段细读，逐句推敲，务求把基本概念、基本理论彻底研究清楚，深刻理解；基本方法要牢固掌握．对定积分应用这一难点，除了掌握解决问题的基本方法外，关键在于多做一些练习，多看教材中的一些典型例题．

（2）学好本章内容，首先要理解定积分的概念，掌握用定积分的思想分析问题解决问题的方法．

（3）要深刻理解微积分基本定理：牛顿—莱布尼茨公式．微积分基本定理，一方面揭示了定积分与微分的互逆性质；另一方面它又是联系定积分与原函数（不定积分）之间的一条纽带．

（4）计算定积分的着眼点是算出数值，因此我们除了应用牛顿—莱布尼茨公式及积分方法（换元法、分部积分法）计算定积分以外，还要尽量利用定积分的几何意义、被积函数的奇偶性（对称区间上的定积分）以及递推公式 $\int_0^{\frac{\pi}{2}} \sin^n x \, dx = \int_0^{\frac{\pi}{2}} \cos^n x \, dx$ 的已有结果来算出数值．

（5）应用牛顿—莱布尼茨公式计算有限区间定积分时，应注意不要忽略了被积函数在积分区间上连续或有第一类间断点的条件，否则会出现错误的结果．

（6）掌握"微元法"思想的精髓，无论是几何应用还是物理应用，合理运用微元法；正确地选择坐标系与积分变量是解决问题的关键．

 数学拾零

数学的三个发展时期（二）——变量数学时期

变量数学时期从 17 世纪中叶到 19 世纪 20 年代，这一时期数学研究的主要内容是数量的变化及几何变换．这一时期的主要成果是解析几何、微积分、高等代数等学科，它们构成了现代大学数学课程（非数学专业）的主要内容．

16、17 世纪，欧洲封建社会开始解体，代之而起的是资本主义社会．由于资本主义工场手工业的繁荣和向机器生产的过渡，以及航海、军事等的发展，促使技术科学和数学急速向前发展．原来的初等数学已经不能满足实践的需要，在数学研究中自然而然地就引入了变量与函数的概念，从此数学进入了变量数学时期．它以笛卡儿的解析几何的建立为起点（1637 年），接着是微积分的兴起．

在数学史上，引人注目的 17 世纪是一个开创性的世纪．这个世纪中发生了对于数学具有重大意义的三件大事．

首先是伽利略实验数学方法的出现，它表明了数学与自然科学的一种崭新的结合．其特点是在所研究的现象中，找出一些可以度量的因素，并把数学方法应用到这些量的变化规律中去．具体可归结为：①从所要研究的现象中，选择出若干个可以用数量表示出来的特点；②提出一个假设，它包含所观察各量之间的数学关系式；③从这个假设推

导出某些能够实际验证的结果；④进行实验观测—改变条件—再观测，并把观察结果尽可能地用数值表示出来；⑤以实验结果来肯定或否定所提的假设；⑥以肯定的假设为起点，提出新假设，再度使新假设接受检验.

第二件大事是笛卡儿的重要著作《方法谈》及其附录《几何学》于 1637 年发表.它引入了运动着的一点的坐标的概念，引入了变量和函数的概念.由于有了坐标，平面曲线与二元方程之间建立起了联系，由此产生了一门用代数方法研究几何学的新学科——解析几何学.这是数学的一个转折点，也是变量数学发展的第一个决定性步骤.

第三件大事是微积分学的建立，最重要的工作是由牛顿和莱布尼茨各自独立完成的.他们认识到微分和积分实际上是一对逆运算，从而给出了微积分学基本定理，即牛顿—莱布尼茨公式.到 1700 年，现在大学里学习的大部分微积分内容已经建立起来，其中还包括较高等的内容，例如变分法.第一本微积分课本出版于 1696 年，是洛比达写的.

但是在其后的相当一段时间里，微积分的基础还是不清楚的，并且很少被人注意，因为早期的研究者都被此学科的显著的可应用性所吸引了.

除了这三件大事外，还有笛沙格在 1639 年发表的一书中，进行了射影几何的早期工作；帕斯卡于 1649 年制成了计算器；惠更斯于 1657 年提出了概率论这一学科中的第一篇论文.

17 世纪的数学，发生了许多深刻的、明显的变革.在数学的活动范围方面，数学教育扩大了，从事数学工作的人迅速增加，数学著作在较广的范围内得到传播，而且建立了各种学会.在数学的传统方面，从形的研究转向了数的研究，代数占据了主导地位.在数学发展的趋势方面，开始了科学数学化的过程.最早出现的是力学的数学化，它以 1687 年牛顿写的《自然哲学的数学原理》为代表，从三大定律出发，用数学的逻辑推理将力学定律逐个地、必然地引申出来.

1705 年纽可门制成了第一台可供实用的蒸汽机；1768 年瓦特制成了近代蒸汽机.由此引起了英国的工业革命，以后遍及全欧，生产力迅速提高，从而促进了科学的繁荣.法国掀起的启蒙运动，人们的思想得到进一步解放，为数学的发展创造了良好条件.

18 世纪数学的各个学科，如三角学、解析几何学、微积分学、数论、方程论、概率论、微分方程和分析力学得到快速发展.同时还开创了若干新的领域，如保险统计科学、高等函数（指微分方程所定义的函数）、偏微分方程、微分几何等.

这一时期主要的数学家有伯努利家族的几位成员、隶莫弗尔、泰勒、麦克劳林、欧拉、克雷罗、达朗贝尔、兰伯特、拉格朗日和蒙日等.他们中大多数的数学成就，就来自微积分在力学和天文学领域的应用.但是达朗贝尔关于分析的基础不可取的认识，兰伯特在平行公设方面的工作、拉格朗日在位微积分严谨化上做的努力以及卡诺的哲学思想向人们发出预告：几何学和代数学的解放即将来临，现在是深入考虑数学的基础的时候了.此外，开始出现专业化的数学家，像蒙日在几何学中那样.

18 世纪的数学表现出几个特点：①以微积分为基础，发展出宽广的数学领域，成为后来数学发展中的一个主流；②数学方法完成了从几何方法向解析方法的转变；③数学发展的动力除了来自物质生产之外，还来自物理学；④已经明确地把数学分为纯粹数学和应用数学.

19 世纪 20 年代出现了一个伟大的数学成就，它就是把微积分的理论基础牢固地建立在极限的概念上. 柯西于 1821 年在《分析教程》一书中，发展了可接受的极限理论，然后极其严格地定义了函数的连续性、导数和积分，强调了研究级数收敛性的必要，给出了正项级数的根式判别法和积分判别法. 柯西的著作震动了当时的数学界，他的严谨推理激发了其他数学家努力摆脱形式运算和单凭直观的分析. 今天的初等微积分课本中写得比较认真的内容，实质上是柯西的这些定义.

19 世纪前期出版的重要数学著作还有高斯的《算术研究》（1801 年，数论）；蒙日的《分析在几何学上的应用》（1809 年，微分几何）；拉普拉斯的《分析概率论》（1812 年），书中引入了著名的拉普拉斯变换；彭赛莱的《论图形的射影性质》（1822 年）；斯坦纳的《几何形的相互依赖性的系统发展》（1832 年）等. 以高斯为代表的数论的新开拓，以彭资莱、斯坦纳为代表的射影几何的复兴，都是引人瞩目的.

总复习题五

1. 填空题.

(1) 当 $f(x) \geqslant 0$ 时，区间 $[a,b]$ 上定积分 $\int_a^b f(x)\mathrm{d}x$ 的数值表示以曲线 $y = f(x)$，直线 $x = a$，$x = b$ 及 x 轴所围成的_____的面积.

(2) 设函数 $f(x) = \begin{cases} \sqrt[3]{x}, & 0 \leqslant x < 1, \\ \mathrm{e}^{-x}, & 1 \leqslant x < 3, \end{cases}$ 则 $\int_0^3 f(x)\mathrm{d}x = $_____.

(3) 函数 $f(x)$ 在闭区间 $[a,b]$ 上连续是定积分 $\int_a^b f(x)\mathrm{d}x$ 存在的_____条件.

(4) 设一物体受连续的变力 $F(x)$ 作用，沿力的方向做直线运动，则物体从 $x = a$ 运动到 $x = b$，变力所做的功为 $W = $_____，其中_____为变力 $F(x)$ 使物体由 $[a,b]$ 内的任一闭区间 $[x, x+\mathrm{d}x]$ 的左端点 x 到右端点 $x + \mathrm{d}x$ 所做功的近似值，也称其为_____.

2. 选择题.

(1) 若 $\int_0^1 (2x + k)\mathrm{d}x = 2$，则 $k = $_____.

(A) 0；　　　　　　(B) -1；　　　　(C) 1；　　　　(D) $\dfrac{1}{2}$.

(2) 下列选项正确的是_____.

(A) $\int_0^1 \mathrm{e}^x \mathrm{d}x < \int_0^1 \mathrm{e}^{x^2} \mathrm{d}x$；

(B) $\int_0^1 \mathrm{e}^{-x} \mathrm{d}x < \int_1^2 \mathrm{e}^{-x} \mathrm{d}x$；

(C) $f(x)$ 在 $[a,b]$ 上连续，$\int_a^b f(x)\mathrm{d}x = 0$，则在 $[a,b]$ 上 $f(x) = 0$；

(D) $f(x)$ 在 $[a,b]$ 上连续，$\int_a^b f(x)\mathrm{d}x = 0$，则至少在 $[a,b]$ 内存在一点 ξ，使 $(\xi) = 0$.

(3) 当_____时，广义积分 $\int_{-\infty}^0 \mathrm{e}^{-kx}\mathrm{d}x$ 收敛.

(A) $k>0$；　　　　(B) $k\geqslant0$；　　　　(C) $k<0$；　　　　(D) $k\leqslant0$．

(4) 设函数 $f(x)$ 在 $(-\infty,+\infty)$ 上连续，且 $f(x)>0$，又设 $g(x)=\displaystyle\int_a^x(x-t)f(t)\mathrm{d}t$，则 $g'(x)$ _____ ．

(A) 在 $(-\infty,+\infty)$ 内单调递减；

(B) 在 $(-\infty,+\infty)$ 内单调递增；

(C) 在 $(-\infty,a)$ 内单调递减，在 $(a,+\infty)$ 内单调递增；

(D) 在 $(-\infty,a)$ 内单调递增，在 $(a,+\infty)$ 内单调递减．

3. 计算下列定积分．

(1) $\displaystyle\int_{-2}^2|x^2-1|\,\mathrm{d}x$ ；

(2) $\displaystyle\int_2^{+\infty}\frac{\mathrm{d}x}{x^2-x}$ ；

(3) $\displaystyle\int_1^8\frac{\mathrm{e}^{\sqrt[3]{x}}}{\sqrt[3]{x}}\mathrm{d}x$ ；

(4) $\displaystyle\int_0^{\frac{\pi}{4}}x\cos2x\,\mathrm{d}x$ ；

(5) $\displaystyle\int_{-\sqrt2}^{\sqrt2}\sqrt{8-2x^2}\,\mathrm{d}x$ ；

(6) $\displaystyle\int_{\frac{\pi}{4}}^{\frac{\pi}{3}}\frac{x}{\sin^2x}\mathrm{d}x$ ；

(7) $\displaystyle\int_0^8\frac{\mathrm{d}x}{1+\sqrt[3]{x}}$ ；

(8) $\displaystyle\int_0^1(\arcsin x)^3\,\mathrm{d}x$ ；

(9) $\displaystyle\int_{-5}^5\frac{\sin^3x}{x^4+x^2+3}\mathrm{d}x$ ；

(10) $\displaystyle\int_0^{+\infty}x\mathrm{e}^{-x}\,\mathrm{d}x$ ；

(11) $\displaystyle\int_{-1}^1\frac{\mathrm{d}x}{\sqrt{1-x^2}}$ ；

(12) $\displaystyle\int_{-\infty}^{+\infty}\frac{\mathrm{d}x}{x^2+2x+2}$ ．

4. 求极限．

(1) $\displaystyle\lim_{x\to0}\frac{x}{\displaystyle\int_0^x\cos t^2\,\mathrm{d}t}$ ；

(2) $\displaystyle\lim_{x\to0}\frac{\displaystyle\int_0^x\tan^2t\,\mathrm{d}t}{\displaystyle\int_0^{\sin x}\arcsin t\,\mathrm{d}t}$ ；

(3) $\displaystyle\lim_{x\to1}\frac{\displaystyle\int_1^x t(t-1)\,\mathrm{d}t}{x-1}$ ；

(4) $\displaystyle\lim_{x\to0}\frac{\displaystyle\int_0^x(\sqrt{1+t}-\sqrt{1-t})}{x^2}\mathrm{d}t$ ．

5. 设 $f(x)=\begin{cases}\dfrac{1}{1+x},&x\geqslant0\\[2mm]\dfrac{1}{1+\mathrm{e}^x},&x<0\end{cases}$ ，求 $\displaystyle\int_0^2 f(x-1)\mathrm{d}x$ 的值．

6. 证明题．

(1) 设 $f(x)$ 在 $[a,b]$ 上连续，求证：$\displaystyle\int_a^b f(x)\,\mathrm{d}x=\int_a^b f(a+b-x)\,\mathrm{d}x$．

(2) 设 $f(x)$ 为连续函数，求证：$\displaystyle\int_{\frac{1}{n}}^n\left(1-\frac{1}{x^2}\right)f\left(x+\frac{1}{x}\right)\mathrm{d}x=0$．

7. 求圆盘 $(x-2)^2+y^2\leqslant1$ 绕 y 轴旋转所形成的旋转体的体积．

8. 求抛物线 $y=\dfrac{1}{2}x^2$ 被圆 $x^2+y^2=3$ 所截得的有限部分的弧长．

9. 某质点做直线运动，速度为 $v = t^2 + \sin 3t$，求质点在 T 秒内所经过的路程.

*10. 半径为 r 的球沉入水中，球的上部与水面相切，球的密度与水相同，现将球从水中取出，需做多少功.

*11. 边长为 a 和 b 的矩形薄板，与液面成 α 角斜沉于液体内，长边平行于液面而位于深 h 处，设 $a > b$，液体的密度为 ρ，试求薄板每面所受的压力.

*12. 有某产品的总成本 C（万元）的变化率（边际成本）C'，总收入 R（万元）的变化率（边际收益）为生产 x（百台）的函数，$R'(x) = 5 - x$ 求生产量等于多少时，总利润 $L = R - C$ 为最大.

考研真题五

1. 填空题.

（1）曲线 $\begin{cases} x = \displaystyle\int_0^{1-t} \mathrm{e}^{-u^2} \mathrm{d}u \\ y = t^2 \ln(2 - t^2) \end{cases}$ 在 $(0,0)$ 处的切线方程为_____.

（2）已知 $\displaystyle\int_{-\infty}^{+\infty} \mathrm{e}^{k|x|} \mathrm{d}x = 1$，则 $k = $_____.

（3）$\displaystyle\lim_{n \to \infty} \int_0^1 \mathrm{e}^{-x} \sin nx \, \mathrm{d}x = $_____.

2. 选择题.

（1）设函数 $y = f(x)$ 在区间 $[-1, 3]$ 上的图形如右图：则函数 $F(x) = \displaystyle\int_0^x f(t) \mathrm{d}t$ 的图形为_____；

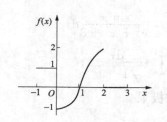

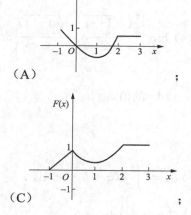

（A）   ；   （B）   ；

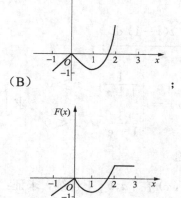

（C）   ；   （D）   .

（2）设 $f(x)$ 是连续函数，$F(x)$ 是 $f(x)$ 的原函数，则_____.

（A）当 $f(x)$ 为奇函数时，$F(x)$ 必为偶函数；

（B）当 $f(x)$ 为偶函数时，$F(x)$ 必为奇函数；

(C) 当 $f(x)$ 为周期函数时，$F(x)$ 必为周期函数；

(D) 当 $f(x)$ 为单调增函数时，$F(x)$ 必为单调增函数.

3. 计算 $\displaystyle\int_0^1 \frac{x^2 \arcsin x}{\sqrt{1-x^2}} \mathrm{d}x$.

4. 证明题.

(1) 证明积分中值定理：若函数 $f(x)$ 在闭区间 $[a,b]$ 上连续，则至少存在一点 $\eta \in [a,b]$，使得 $\displaystyle\int_a^b f(x)\mathrm{d}x = f(\eta)(b-a)$ ；

(2) 若函数 $\varphi(x)$ 具有二阶导数，且满足 $\varphi(2) > \varphi(1)$ ，$\varphi(2) > \displaystyle\int_2^3 \varphi(x)\mathrm{d}x$ ，则至少存在一点 $\xi \in (1,3)$ ，使得 $\varphi''(\xi) < 0$.

附录 A 基本初等函数的图形及其主要性质

1. 幂函数 $y = x^{\mu}$，μ 是常数（见附图 A-1）

定义域随 μ 不同而不同．当 $\mu > 0$ 时，$y = x^{\mu}$ 在 $[0, +\infty)$ 内单调增加；当 $\mu < 0$ 时，$y = x^{\mu}$ 在 $(0, +\infty)$ 内单调减少．

2. 指数函数 $y = a^{x}$（a 是常数且 $a > 0$，$a \neq 1$）（见附图 A-2）．定义域 $(-\infty, +\infty)$，值域 $(0, +\infty)$．当 $a > 1$ 时，$y = a^{x}$ 单调增加；当 $0 < a < 1$ 时，$y = a^{x}$ 单调减少．$y = 0$ 为其图形的水平渐近线．

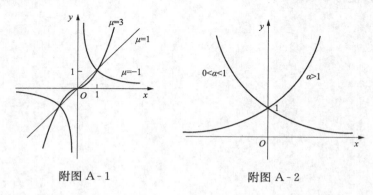

附图 A-1   附图 A-2

3. 对数函数 $y = \log_{a} x$（a 是常数且 $a > 0$，$a \neq 1$）（见附图 A-3）．定义域 $(0, +\infty)$，值域 $(-\infty, +\infty)$．当 $a > 1$ 时，$y = \log_{a} x$ 单调增加；当 $0 < a < 1$ 时，$y = \log_{a} x$ 单调减少．$x = 0$ 为其图形的铅直渐近线．

4. 三角函数

（1）正弦函数 $y = \sin x$（见附图 A-4）．定义域 $(-\infty, +\infty)$，值域 $[-1, 1]$．$y = \sin x$ 是以 2π 为周期的周期函数，并且是在 $\left[-\dfrac{\pi}{2}, \dfrac{\pi}{2}\right]$ 上单调增加的奇函数．

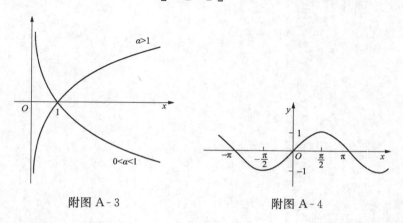

附图 A-3   附图 A-4

（2）余弦函数 $y = \cos x$（见附图 A-5）．定义域 $(-\infty, +\infty)$，值域 $[-1, 1]$．$y = \cos x$ 是以 2π 为周期的周期函数，并且是在 $[0, \pi]$ 上单调减少的偶函数．

（3）正切函数 $y = \tan x$（见附图 A-6）. 当 $x \neq k\pi + \dfrac{\pi}{2}$，$k \in Z$ 时有定义，值域 $(-\infty, +\infty)$.

$y = \tan x$ 是以 π 为周期的周期函数，并且是在 $\left(-\dfrac{\pi}{2}, \dfrac{\pi}{2}\right)$ 内单调增加的奇函数.

$x = (2n+1)\dfrac{\pi}{2}$ $(n = 0, \pm 1, \pm 2, \cdots)$ 为函数图形的铅直渐近线.

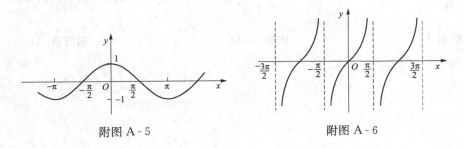

附图 A-5　　　　　　　附图 A-6

（4）余切函数 $y = \cot x$（见附图 A-7）. 当 $x \neq k\pi$，$k \in Z$ 时有定义，值域 $(-\infty, +\infty)$. $y = \cot x$ 是以 π 为周期的周期函数，并且是在 $(0, \pi)$ 内单调减少的奇函数. $x = n\pi$ $(n = 0, \pm 1, \pm 2, \cdots)$ 为函数图形的铅直渐近线.

5. 反三角函数

（1）反正弦函数 $y = \arcsin x$（见附图 A-8）. 定义域 $[-1, 1]$，值域 $\left[-\dfrac{\pi}{2}, \dfrac{\pi}{2}\right]$. $y = \arcsin x$ 是单调增加的奇函数.

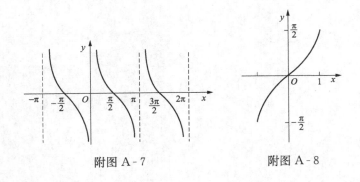

附图 A-7　　　　　　　附图 A-8

（2）反余弦函数 $y = \arccos x$（见附图 A-9）. 定义域 $[-1, 1]$，值域 $[0, \pi]$. $y = \arccos x$ 是单调减少函数.

（3）反正切函数 $y = \arctan x$（见附图 A-10）. 定义域 $(-\infty, +\infty)$，值域 $\left(-\dfrac{\pi}{2}, \dfrac{\pi}{2}\right)$.

$y = \arctan x$ 是单调增加的奇函数. $y = \pm \dfrac{\pi}{2}$ 为函数图形的水平渐近线.

（4）反余切函数 $y = \operatorname{arccot} x$（见附图 A-11）. 定义域 $(-\infty, +\infty)$，值域 $(0, \pi)$. $y = \operatorname{arccot} x$ 是单调减少函数. 直线 $y = 0$ 及 $y = \pi$ 为函数图形的水平渐近线.

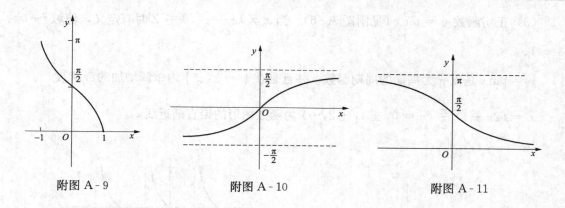

附图 A - 9　　　　　　　附图 A - 10　　　　　　　附图 A - 11

附录 B 三角函数公式总结

一、同角三角函数基本关系式

$\sin^2\alpha + \cos^2\alpha = 1$; $1 + \tan^2\alpha = \sec^2\alpha$; $1 + \cot^2\alpha = \csc^2\alpha$; $\tan\alpha\cot\alpha = 1$;

$\cos\alpha\sec\alpha = 1$; $\sin\alpha\csc\alpha = 1$; $\tan\alpha = \dfrac{\sin\alpha}{\cos\alpha}$; $\cot\alpha = \dfrac{\cos\alpha}{\sin\alpha}$

二、两角和与差的公式

$\cos(\alpha+\beta) = \cos\alpha\cos\beta - \sin\alpha\sin\beta$; $\qquad$ $\cos(\alpha-\beta) = \cos\alpha\cos\beta + \sin\alpha\sin\beta$;

$\sin(\alpha+\beta) = \sin\alpha\cos\beta + \cos\alpha\sin\beta$; $\qquad$ $\sin(\alpha-\beta) = \sin\alpha\cos\beta - \cos\alpha\sin\beta$

三、二倍角公式

$\sin 2\alpha = 2\sin\alpha\cos\alpha$; $\qquad$ $\tan 2\alpha = \dfrac{2\tan\alpha}{1 - \tan^2\alpha}$;

$\cos 2\alpha = \cos^2\alpha - \sin^2\alpha = 2\cos^2\alpha - 1 = 1 - 2\sin^2\alpha$;

$\sin^2\alpha = \dfrac{1 - \cos 2\alpha}{2}$; $\qquad$ $\cos^2\alpha = \dfrac{1 + \cos 2\alpha}{2}$

四、万能公式

$\sin\alpha = \dfrac{2\tan\dfrac{\alpha}{2}}{1 + \tan^2\dfrac{\alpha}{2}}$; $\qquad$ $\cos\alpha = \dfrac{1 - \tan^2\dfrac{\alpha}{2}}{1 + \tan^2\dfrac{\alpha}{2}}$; $\qquad$ $\tan\alpha = \dfrac{2\tan\dfrac{\alpha}{2}}{1 - \tan^2\dfrac{\alpha}{2}}$

五、积化和差公式

$\cos\alpha\cos\beta = \dfrac{1}{2}\left[\cos(\alpha+\beta) + \cos(\alpha-\beta)\right]$; $\quad$ $\sin\alpha\sin\beta = -\dfrac{1}{2}\left[\cos(\alpha+\beta) - \cos(\alpha-\beta)\right]$;

$\sin\alpha\cos\beta = \dfrac{1}{2}\left[\sin(\alpha+\beta) + \sin(\alpha-\beta)\right]$; $\quad$ $\cos\alpha\sin\beta = \dfrac{1}{2}\left[\sin(\alpha+\beta) - \sin(\alpha-\beta)\right]$

六、和差化积公式

$\sin x + \sin y = 2\sin\dfrac{x+y}{2}\cos\dfrac{x-y}{2}$; $\qquad$ $\sin x - \sin y = 2\cos\dfrac{x+y}{2}\sin\dfrac{x-y}{2}$;

$\cos x + \cos y = 2\cos\dfrac{x+y}{2}\cos\dfrac{x-y}{2}$; $\qquad$ $\cos x - \cos y = -2\sin\dfrac{x+y}{2}\sin\dfrac{x-y}{2}$

附录 C 积 分 表

一、含有 $ax+b$ 的积分 $(a\neq0)$

1. $\displaystyle\int \frac{\mathrm{d}x}{ax+b} = \frac{1}{a}\ln|ax+b| + C$;

2. $\displaystyle\int (ax+b)^{\mu}\mathrm{d}x = \frac{1}{a(\mu+1)}(ax+b)^{\mu+1} + C\ (\mu\neq-1)$;

3. $\displaystyle\int \frac{x}{ax+b}\mathrm{d}x = \frac{1}{a^2}(ax+b-b\ln|ax+b|) + C$;

4. $\displaystyle\int \frac{x^2}{ax+b}\mathrm{d}x = \frac{1}{a^3}\left[\frac{1}{2}(ax+b)^2 - 2b(ax+b) + b^2\ln|ax+b|\right] + C$;

5. $\displaystyle\int \frac{\mathrm{d}x}{x(ax+b)} = -\frac{1}{b}\ln\left|\frac{ax+b}{x}\right| + C$;

6. $\displaystyle\int \frac{\mathrm{d}x}{x^2(ax+b)} = -\frac{1}{bx} + \frac{a}{b^2}\ln\left|\frac{ax+b}{x}\right| + C$;

7. $\displaystyle\int \frac{x}{(ax+b)^2}\mathrm{d}x = \frac{1}{a^2}\left(\ln|ax+b| + \frac{b}{ax+b}\right) + C$;

8. $\displaystyle\int \frac{x^2}{(ax+b)^2}\mathrm{d}x = \frac{1}{a^3}\left(ax+b - 2b\ln|ax+b| - \frac{b^2}{ax+b}\right) + C$;

9. $\displaystyle\int \frac{\mathrm{d}x}{x(ax+b)^2} = \frac{1}{b(ax+b)} - \frac{1}{b^2}\ln\left|\frac{ax+b}{x}\right| + C$.

二、含有 $\sqrt{ax+b}$ 的积分

10. $\displaystyle\int \sqrt{ax+b}\,\mathrm{d}x = \frac{2}{3a}\sqrt{(ax+b)^3} + C$;

11. $\displaystyle\int x\sqrt{ax+b}\,\mathrm{d}x = \frac{2}{15a^2}(3ax-2b)\sqrt{(ax+b)^3} + C$;

12. $\displaystyle\int x^2\sqrt{ax+b}\,\mathrm{d}x = \frac{2}{105a^3}(15a^2x^2 - 12abx + 8b^2)\sqrt{(ax+b)^3} + C$;

13. $\displaystyle\int \frac{x}{\sqrt{ax+b}}\mathrm{d}x = \frac{2}{3a^2}(ax-2b)\sqrt{ax+b} + C$;

14. $\displaystyle\int \frac{x^2}{\sqrt{ax+b}}\mathrm{d}x = \frac{2}{15a^3}(3a^2x^2 - 4abx + 8b^2)\sqrt{ax+b} + C$;

15. $\displaystyle\int \frac{\mathrm{d}x}{x\sqrt{ax+b}} = \begin{cases} \dfrac{1}{\sqrt{b}}\ln\left|\dfrac{\sqrt{ax+b}-\sqrt{b}}{\sqrt{ax+b}+\sqrt{b}}\right| + C & (b>0) \\[4mm] \dfrac{2}{\sqrt{-b}}\arctan\sqrt{\dfrac{ax+b}{-b}} + C & (b<0) \end{cases}$;

16. $\displaystyle\int \frac{\mathrm{d}x}{x^2\sqrt{ax+b}} = -\frac{\sqrt{ax+b}}{bx} - \frac{a}{2b}\int \frac{\mathrm{d}x}{x\sqrt{ax+b}}$;

17. $\displaystyle\int \frac{\sqrt{ax+b}}{x}\mathrm{d}x = 2\sqrt{ax+b} + b\int \frac{\mathrm{d}x}{x\sqrt{ax+b}}$;

18. $\displaystyle\int \frac{\sqrt{ax+b}}{x^2}\mathrm{d}x = -\frac{\sqrt{ax+b}}{x} + \frac{a}{2}\int \frac{\mathrm{d}x}{x\sqrt{ax+b}}.$

三、含有 $x^2 \pm a^2$ 的积分

19. $\displaystyle\int \frac{\mathrm{d}x}{x^2+a^2} = \frac{1}{a}\arctan \frac{x}{a} + C;$

20. $\displaystyle\int \frac{\mathrm{d}x}{(x^2+a^2)^n} = \frac{x}{2(n-1)a^2 (x^2+a^2)^{n-1}} + \frac{2n-3}{2(n-1)a^2}\int \frac{\mathrm{d}x}{(x^2+a^2)^{n-1}};$

21. $\displaystyle\int \frac{\mathrm{d}x}{x^2-a^2} = \frac{1}{2a}\ln \left|\frac{x-a}{x+a}\right| + C.$

四、含有 $ax^2+b(a>0)$ 的积分

22. $\displaystyle\int \frac{\mathrm{d}x}{ax^2+b} = \begin{cases} \dfrac{1}{\sqrt{ab}}\arctan \sqrt{\dfrac{a}{b}}x + C & (b>0) \\[3mm] \dfrac{1}{2\sqrt{-ab}}\ln \left|\dfrac{\sqrt{ax}-\sqrt{-b}}{\sqrt{ax}+\sqrt{-b}}\right| + C & (b<0) \end{cases};$

23. $\displaystyle\int \frac{x}{ax^2+b}\mathrm{d}x = \frac{1}{2a}\ln|ax^2+b| + C;$

24. $\displaystyle\int \frac{x^2}{ax^2+b}\mathrm{d}x = \frac{x}{a} - \frac{b}{a}\int \frac{\mathrm{d}x}{ax^2+b};$

25. $\displaystyle\int \frac{\mathrm{d}x}{x(ax^2+b)} = \frac{1}{2b}\ln \frac{x^2}{|ax^2+b|} + C;$

26. $\displaystyle\int \frac{\mathrm{d}x}{x^2(ax^2+b)} = -\frac{1}{bx} - \frac{a}{b}\int \frac{\mathrm{d}x}{ax^2+b};$

27. $\displaystyle\int \frac{\mathrm{d}x}{x^3(ax^2+b)} = \frac{a}{2b^2}\ln \frac{|ax^2+b|}{x^2} - \frac{1}{2bx^2} + C;$

28. $\displaystyle\int \frac{\mathrm{d}x}{(ax^2+b)^2} = \frac{x}{2b(ax^2+b)} + \frac{1}{2b}\int \frac{\mathrm{d}x}{ax^2+b}.$

五、含有 $ax^2+bx+c(a>0)$ 的积分

29. $\displaystyle\int \frac{\mathrm{d}x}{ax^2+bx+c} = \begin{cases} \dfrac{2}{\sqrt{4ac-b^2}}\arctan \dfrac{2ax+b}{\sqrt{4ac-b^2}} + C & (b^2<4ac) \\[3mm] \dfrac{1}{\sqrt{b^2-4ac}}\ln \left|\dfrac{2ax+b-\sqrt{b^2-4ac}}{2ax+b+\sqrt{b^2-4ac}}\right| + C & (b^2>4ac) \end{cases};$

30. $\displaystyle\int \frac{x}{ax^2+bx+c}\mathrm{d}x = \frac{1}{2a}\ln|ax^2+bx+c| - \frac{b}{2a}\int \frac{\mathrm{d}x}{ax^2+bx+c}.$

六、含有 $\sqrt{x^2+a^2}\,(a>0)$ 的积分

31. $\displaystyle\int \frac{\mathrm{d}x}{\sqrt{x^2+a^2}} = \operatorname{arsh}\frac{x}{a} + C_1 = \ln(x+\sqrt{x^2+a^2}) + C;$

32. $\displaystyle\int \frac{\mathrm{d}x}{\sqrt{(x^2+a^2)^3}} = \frac{x}{a^2\sqrt{x^2+a^2}} + C;$

33. $\displaystyle\int \frac{x}{\sqrt{x^2+a^2}}\mathrm{d}x = \sqrt{x^2+a^2} + C;$

34. $\displaystyle\int \frac{x}{\sqrt{(x^2+a^2)^3}}\mathrm{d}x = -\frac{1}{\sqrt{x^2+a^2}} + C;$

35. $\int \dfrac{x^2}{\sqrt{x^2+a^2}}dx = \dfrac{x}{2}\sqrt{x^2+a^2} - \dfrac{a^2}{2}\ln(x+\sqrt{x^2+a^2}) + C$;

36. $\int \dfrac{x^2}{\sqrt{(x^2+a^2)^3}}dx = -\dfrac{x}{\sqrt{x^2+a^2}} + \ln(x+\sqrt{x^2+a^2}) + C$;

37. $\int \dfrac{dx}{x\sqrt{x^2+a^2}} = \dfrac{1}{a}\ln\dfrac{\sqrt{x^2+a^2}-a}{|x|} + C$;

38. $\int \dfrac{dx}{x^2\sqrt{x^2+a^2}} = -\dfrac{\sqrt{x^2+a^2}}{a^2 x} + C$;

39. $\int \sqrt{x^2+a^2}\,dx = \dfrac{x}{2}\sqrt{x^2+a^2} + \dfrac{a^2}{2}\ln(x+\sqrt{x^2+a^2}) + C$;

40. $\int \sqrt{(x^2+a^2)^3}\,dx = \dfrac{x}{8}(2x^2+5a^2)\sqrt{x^2+a^2} + \dfrac{3}{8}a^4\ln(x+\sqrt{x^2+a^2}) + C$;

41. $\int x\sqrt{x^2+a^2}\,dx = \dfrac{1}{3}\sqrt{(x^2+a^2)^3} + C$;

42. $\int x^2\sqrt{x^2+a^2}\,dx = \dfrac{x}{8}(2x^2+a^2)\sqrt{x^2+a^2} - \dfrac{a^4}{8}\ln(x+\sqrt{x^2+a^2}) + C$;

43. $\int \dfrac{\sqrt{x^2+a^2}}{x}dx = \sqrt{x^2+a^2} + a\ln\dfrac{\sqrt{x^2+a^2}-a}{|x|} + C$;

44. $\int \dfrac{\sqrt{x^2+a^2}}{x^2}dx = -\dfrac{\sqrt{x^2+a^2}}{x} + \ln(x+\sqrt{x^2+a^2}) + C$.

七、含有 $\sqrt{x^2-a^2}\,(a>0)$ 的积分

45. $\int \dfrac{dx}{\sqrt{x^2-a^2}} = \dfrac{x}{|x|}\operatorname{arch}\dfrac{|x|}{a} + C_1 = \ln|x+\sqrt{x^2-a^2}| + C$;

46. $\int \dfrac{dx}{\sqrt{(x^2-a^2)^3}} = -\dfrac{x}{a^2\sqrt{x^2-a^2}} + C$;

47. $\int \dfrac{x}{\sqrt{x^2-a^2}}dx = \sqrt{x^2-a^2} + C$;

48. $\int \dfrac{x}{\sqrt{(x^2-a^2)^3}}dx = -\dfrac{1}{\sqrt{x^2-a^2}} + C$;

49. $\int \dfrac{x^2}{\sqrt{x^2-a^2}}dx = \dfrac{x}{2}\sqrt{x^2-a^2} + \dfrac{a^2}{2}\ln|x+\sqrt{x^2-a^2}| + C$;

50. $\int \dfrac{x^2}{\sqrt{(x^2-a^2)^3}}dx = -\dfrac{x}{\sqrt{x^2-a^2}} + \ln|x+\sqrt{x^2-a^2}| + C$;

51. $\int \dfrac{dx}{x\sqrt{x^2-a^2}} = \dfrac{1}{a}\arccos\dfrac{a}{|x|} + C$;

52. $\int \dfrac{dx}{x^2\sqrt{x^2-a^2}} = \dfrac{\sqrt{x^2-a^2}}{a^2 x} + C$;

53. $\int \sqrt{x^2-a^2}\,dx = \dfrac{x}{2}\sqrt{x^2-a^2} - \dfrac{a^2}{2}\ln|x+\sqrt{x^2-a^2}| + C$;

54. $\int \sqrt{(x^2-a^2)^3}\,dx = \dfrac{x}{8}(2x^2-5a^2)\sqrt{x^2-a^2} + \dfrac{3}{8}a^4\ln|x+\sqrt{x^2-a^2}| + C$;

55. $\int x \sqrt{x^2-a^2}\,\mathrm{d}x = \dfrac{1}{3}\sqrt{(x^2-a^2)^3}+C$;

56. $\int x^2 \sqrt{x^2-a^2}\,\mathrm{d}x = \dfrac{x}{8}(2x^2-a^2)\sqrt{x^2-a^2}-\dfrac{a^4}{8}\ln\left|x+\sqrt{x^2-a^2}\right|+C$;

57. $\int \dfrac{\sqrt{x^2-a^2}}{x}\,\mathrm{d}x = \sqrt{x^2-a^2}-a\arccos\dfrac{a}{|x|}+C$;

58. $\int \dfrac{\sqrt{x^2-a^2}}{x^2}\,\mathrm{d}x = -\dfrac{\sqrt{x^2-a^2}}{x}+\ln\left|x+\sqrt{x^2-a^2}\right|+C$.

八、含有 $\sqrt{a^2-x^2}\,(a>0)$ 的积分

59. $\int \dfrac{\mathrm{d}x}{\sqrt{a^2-x^2}} = \arcsin\dfrac{x}{a}+C$;

60. $\int \dfrac{\mathrm{d}x}{\sqrt{(a^2-x^2)^3}} = \dfrac{x}{a^2\sqrt{a^2-x^2}}+C$;

61. $\int \dfrac{x}{\sqrt{a^2-x^2}}\,\mathrm{d}x = -\sqrt{a^2-x^2}+C$;

62. $\int \dfrac{x}{\sqrt{(a^2-x^2)^3}}\,\mathrm{d}x = \dfrac{1}{\sqrt{a^2-x^2}}+C$;

63. $\int \dfrac{x^2}{\sqrt{a^2-x^2}}\,\mathrm{d}x = -\dfrac{x}{2}\sqrt{a^2-x^2}+\dfrac{a^2}{2}\arcsin\dfrac{x}{a}+C$;

64. $\int \dfrac{x^2}{\sqrt{(a^2-x^2)^3}}\,\mathrm{d}x = \dfrac{x}{\sqrt{a^2-x^2}}-\arcsin\dfrac{x}{a}+C$;

65. $\int \dfrac{\mathrm{d}x}{x\sqrt{a^2-x^2}} = \dfrac{1}{a}\ln\dfrac{a-\sqrt{a^2-x^2}}{|x|}+C$;

66. $\int \dfrac{\mathrm{d}x}{x^2\sqrt{a^2-x^2}} = -\dfrac{\sqrt{a^2-x^2}}{a^2 x}+C$;

67. $\int \sqrt{a^2-x^2}\,\mathrm{d}x = \dfrac{x}{2}\sqrt{a^2-x^2}+\dfrac{a^2}{2}\arcsin\dfrac{x}{a}+C$;

68. $\int \sqrt{(a^2-x^2)^3}\,\mathrm{d}x = \dfrac{x}{8}(5a^2-2x^2)\sqrt{a^2-x^2}+\dfrac{3}{8}a^4\arcsin\dfrac{x}{a}+C$;

69. $\int x \sqrt{a^2-x^2}\,\mathrm{d}x = -\dfrac{1}{3}\sqrt{(a^2-x^2)^3}+C$;

70. $\int x^2 \sqrt{a^2-x^2}\,\mathrm{d}x = \dfrac{x}{8}(2x^2-a^2)\sqrt{a^2-x^2}+\dfrac{a^4}{8}\arcsin\dfrac{x}{a}+C$;

71. $\int \dfrac{\sqrt{a^2-x^2}}{x}\,\mathrm{d}x = \sqrt{a^2-x^2}+a\ln\dfrac{a-\sqrt{a^2-x^2}}{|x|}+C$;

72. $\int \dfrac{\sqrt{a^2-x^2}}{x^2}\,\mathrm{d}x = -\dfrac{\sqrt{a^2-x^2}}{x}-\arcsin\dfrac{x}{a}+C$.

九、含有 $\sqrt{\pm ax^2+bx+c}\,(a>0)$ 的积分

73. $\int \dfrac{\mathrm{d}x}{\sqrt{ax^2+bx+c}} = \dfrac{1}{\sqrt{a}}\ln\left|2ax+b+2\sqrt{a}\sqrt{ax^2+bx+c}\right|+C$;

74. $\int \sqrt{ax^2+bx+c}\,\mathrm{d}x = \dfrac{2ax+b}{4a}\sqrt{ax^2+bx+c}$

$$+\frac{4ac-b^2}{8\sqrt{a^3}}\ln\left|2ax+b+2\sqrt{a}\,\sqrt{ax^2+bx+c}\right|+C;$$

75. $\displaystyle\int\frac{x}{\sqrt{ax^2+bx+c}}dx=\frac{1}{a}\sqrt{ax^2+bx+c}-\frac{b}{2\sqrt{a^3}}\ln|2ax+b$

$$+2\sqrt{a}\,\sqrt{ax^2+bx+c}|+C;$$

76. $\displaystyle\int\frac{dx}{\sqrt{c+bx-ax^2}}=-\frac{1}{\sqrt{a}}\arcsin\frac{2ax-b}{\sqrt{b^2+4ac}}+C;$

77. $\displaystyle\int\sqrt{c+bx-ax^2}\,dx=\frac{2ax-b}{4a}\sqrt{c+bx-ax^2}+\frac{b^2+4ac}{8\sqrt{a^3}}\arcsin\frac{2ax-b}{\sqrt{b^2+4ac}}+C;$

78. $\displaystyle\int\frac{x}{\sqrt{c+bx-ax^2}}dx=-\frac{1}{a}\sqrt{c+bx-ax^2}+\frac{b}{2\sqrt{a^3}}\arcsin\frac{2ax-b}{\sqrt{b^2+4ac}}+C.$

十、含有 $\sqrt{\pm\dfrac{x-a}{x-b}}$ 或 $\sqrt{(x-a)(b-x)}$ 的积分

79. $\displaystyle\int\sqrt{\frac{x-a}{x-b}}dx=(x-b)\sqrt{\frac{x-a}{x-b}}+(b-a)\ln(\sqrt{|x-a|}+\sqrt{|x-b|})+C;$

80. $\displaystyle\int\sqrt{\frac{x-a}{b-x}}dx=(x-b)\sqrt{\frac{x-a}{b-x}}+(b-a)\arcsin\sqrt{\frac{x-a}{b-x}}+C;$

81. $\displaystyle\int\frac{dx}{\sqrt{(x-a)(b-x)}}=2\arcsin\sqrt{\frac{x-a}{b-x}}+C\quad(a<b);$

82. $\displaystyle\int\sqrt{(x-a)(b-x)}\,dx=\frac{2x-a-b}{4}\sqrt{(x-a)(b-x)}+\frac{(b-a)^2}{4}\arcsin\sqrt{\frac{x-a}{b-x}}$

$$+C\quad(a<b).$$

十一、含有三角函数的积分

83. $\displaystyle\int\sin x\,dx=-\cos x+C;$

84. $\displaystyle\int\cos x\,dx=\sin x+C;$

85. $\displaystyle\int\tan x\,dx=-\ln|\cos x|+C;$

86. $\displaystyle\int\cot x\,dx=\ln|\sin x|+C;$

87. $\displaystyle\int\sec x\,dx=\ln\left|\tan(\frac{\pi}{4}+\frac{x}{2})\right|+C=\ln|\sec x+\tan x|+C;$

88. $\displaystyle\int\csc x\,dx=\ln\left|\tan\frac{x}{2}\right|+C=\ln|\csc x-\cot x|+C;$

89. $\displaystyle\int\sec^2 x\,dx=\tan x+C;$

90. $\displaystyle\int\csc^2 x\,dx=-\cot x+C;$

91. $\displaystyle\int\sec x\tan x\,dx=\sec x+C;$

92. $\displaystyle\int\csc x\cot x\,dx=-\csc x+C;$

93. $\displaystyle\int \sin^2 x \mathrm{d}x = \frac{x}{2} - \frac{1}{4}\sin 2x + C$;

94. $\displaystyle\int \cos^2 x \mathrm{d}x = \frac{x}{2} + \frac{1}{4}\sin 2x + C$;

95. $\displaystyle\int \sin^n x \mathrm{d}x = -\frac{1}{n}\sin^{n-1}x\cos x + \frac{n-1}{n}\int \sin^{n-2}x \mathrm{d}x$;

96. $\displaystyle\int \cos^n x \mathrm{d}x = \frac{1}{n}\cos^{n-1}x\sin x + \frac{n-1}{n}\int \cos^{n-2}x \mathrm{d}x$;

97. $\displaystyle\int \frac{\mathrm{d}x}{\sin^n x} = -\frac{1}{n-1}\cdot\frac{\cos x}{\sin^{n-1}x} + \frac{n-2}{n-1}\int \frac{\mathrm{d}x}{\sin^{n-2}x}$;

98. $\displaystyle\int \frac{\mathrm{d}x}{\cos^n x} = \frac{1}{n-1}\cdot\frac{\sin x}{\cos^{n-1}x} + \frac{n-2}{n-1}\int \frac{\mathrm{d}x}{\cos^{n-2}x}$;

99. $\displaystyle\int \cos^m x \sin^n x \mathrm{d}x = \frac{1}{m+n}\cos^{m-1}x\sin^{n+1}x + \frac{m-1}{m+n}\int \cos^{m-2}x\sin^n x \mathrm{d}x$

$\displaystyle = -\frac{1}{m+n}\cos^{m+1}x\sin^{n-1}x + \frac{n-1}{m+n}\int \cos^m x\sin^{n-2}x \mathrm{d}x$;

100. $\displaystyle\int \sin ax\cos bx \mathrm{d}x = -\frac{1}{2(a+b)}\cos(a+b)x - \frac{1}{2(a-b)}\cos(a-b)x + C$;

101. $\displaystyle\int \sin ax\sin bx \mathrm{d}x = -\frac{1}{2(a+b)}\sin(a+b)x + \frac{1}{2(a-b)}\sin(a-b)x + C$;

102. $\displaystyle\int \cos ax\cos bx \mathrm{d}x = \frac{1}{2(a+b)}\sin(a+b)x + \frac{1}{2(a-b)}\sin(a-b)x + C$;

103. $\displaystyle\int \frac{\mathrm{d}x}{a+b\sin x} = \frac{2}{\sqrt{a^2-b^2}}\arctan\frac{a\tan\frac{x}{2}+b}{\sqrt{a^2-b^2}} + C \quad (a^2 > b^2)$;

104. $\displaystyle\int \frac{\mathrm{d}x}{a+b\sin x} = \frac{1}{\sqrt{b^2-a^2}}\ln\left|\frac{a\tan\frac{x}{2}+b-\sqrt{b^2-a^2}}{a\tan\frac{x}{2}+b+\sqrt{b^2-a^2}}\right| + C \quad (a^2 < b^2)$;

105. $\displaystyle\int \frac{\mathrm{d}x}{a+b\cos x} = \frac{2}{a+b}\sqrt{\frac{a+b}{a-b}}\arctan\left(\sqrt{\frac{a-b}{a+b}}\tan\frac{x}{2}\right) + C \quad (a^2 > b^2)$;

106. $\displaystyle\int \frac{\mathrm{d}x}{a+b\cos x} = \frac{1}{a+b}\sqrt{\frac{a+b}{b-a}}\ln\left|\frac{\tan\frac{x}{2}+\sqrt{\frac{a+b}{b-a}}}{\tan\frac{x}{2}-\sqrt{\frac{a+b}{b-a}}}\right| + C \quad (a^2 < b^2)$;

107. $\displaystyle\int \frac{\mathrm{d}x}{a^2\cos^2 x + b^2\sin^2 x} = \frac{1}{ab}\arctan\left(\frac{b}{a}\tan x\right) + C$;

108. $\displaystyle\int \frac{\mathrm{d}x}{a^2\cos^2 x - b^2\sin^2 x} = \frac{1}{2ab}\ln\left|\frac{b\tan x + a}{b\tan x - a}\right| + C$;

109. $\displaystyle\int x\sin ax \mathrm{d}x = \frac{1}{a^2}\sin ax - \frac{1}{a}x\cos ax + C$;

110. $\displaystyle\int x^2\sin ax \mathrm{d}x = -\frac{1}{a}x^2\cos ax + \frac{2}{a^2}x\sin ax + \frac{2}{a^3}\cos ax + C$;

111. $\displaystyle\int x\cos ax \mathrm{d}x = \frac{1}{a^2}\cos ax + \frac{1}{a}x\sin ax + C$;

112. $\int x^2\cos ax\,dx = \dfrac{1}{a}x^2\sin ax + \dfrac{2}{a^2}x\cos ax - \dfrac{2}{a^3}\sin ax + C$.

十二、含有反三角函数的积分（其中 $a>0$）

113. $\int \arcsin\dfrac{x}{a}\,dx = x\arcsin\dfrac{x}{a} + \sqrt{a^2-x^2} + C$;

114. $\int x\arcsin\dfrac{x}{a}\,dx = \left(\dfrac{x^2}{2}-\dfrac{a^2}{4}\right)\arcsin\dfrac{x}{a} + \dfrac{x}{4}\sqrt{a^2-x^2} + C$;

115. $\int x^2\arcsin\dfrac{x}{a}\,dx = \dfrac{x^3}{3}\arcsin\dfrac{x}{a} + \dfrac{1}{9}(x^2+2a^2)\sqrt{a^2-x^2} + C$;

116. $\int \arccos\dfrac{x}{a}\,dx = x\arccos\dfrac{x}{a} - \sqrt{a^2-x^2} + C$;

117. $\int x\arccos\dfrac{x}{a}\,dx = \left(\dfrac{x^2}{2}-\dfrac{a^2}{4}\right)\arccos\dfrac{x}{a} - \dfrac{x}{4}\sqrt{a^2-x^2} + C$;

118. $\int x^2\arccos\dfrac{x}{a}\,dx = \dfrac{x^3}{3}\arccos\dfrac{x}{a} - \dfrac{1}{9}(x^2+2a^2)\sqrt{a^2-x^2} + C$;

119. $\int \arctan\dfrac{x}{a}\,dx = x\arctan\dfrac{x}{a} - \dfrac{a}{2}\ln(a^2+x^2) + C$;

120. $\int x\arctan\dfrac{x}{a}\,dx = \dfrac{1}{2}(a^2+x^2)\arctan\dfrac{x}{a} - \dfrac{a}{2}x + C$;

121. $\int x^2\arctan\dfrac{x}{a}\,dx = \dfrac{x^3}{3}\arctan\dfrac{x}{a} - \dfrac{a}{6}x^2 + \dfrac{a^3}{6}\ln(a^2+x^2) + C$.

十三、含有指数函数的积分

122. $\int a^x\,dx = \dfrac{1}{\ln a}a^x + C$;

123. $\int e^{ax}\,dx = \dfrac{1}{a}e^{ax} + C$;

124. $\int xe^{ax}\,dx = \dfrac{1}{a^2}(ax-1)e^{ax} + C$;

125. $\int x^n e^{ax}\,dx = \dfrac{1}{a}x^n e^{ax} - \dfrac{n}{a}\int x^{n-1}e^{ax}\,dx$;

126. $\int xa^x\,dx = \dfrac{x}{\ln a}a^x - \dfrac{1}{(\ln a)^2}a^x + C$;

127. $\int x^n a^x\,dx = \dfrac{1}{\ln a}x^n a^x - \dfrac{n}{\ln a}\int x^{n-1}a^x\,dx$;

128. $\int e^{ax}\sin bx\,dx = \dfrac{1}{a^2+b^2}e^{ax}(a\sin bx - b\cos bx) + C$;

129. $\int e^{ax}\cos bx\,dx = \dfrac{1}{a^2+b^2}e^{ax}(b\sin bx + a\cos bx) + C$;

130. $\int e^{ax}\sin^n bx\,dx = \dfrac{1}{a^2+b^2n^2}e^{ax}\sin^{n-1}bx(a\sin bx - nb\cos bx)$
$$+ \dfrac{n(n-1)b^2}{a^2+b^2n^2}\int e^{ax}\sin^{n-2}bx\,dx ;$$

131. $\int e^{ax}\cos^n bx\,dx = \dfrac{1}{a^2+b^2n^2}e^{ax}\cos^{n-1}bx(a\cos bx + nb\sin bx)$

$$+ \frac{n(n-1)b^2}{a^2+b^2n^2} \int e^{ax} \cos^{n-2}bx\,dx .$$

十四、含有对数函数的积分

132. $\displaystyle\int \ln x\,dx = x\ln x - x + C$;

133. $\displaystyle\int \frac{dx}{x\ln x} = \ln|\ln x| + C$;

134. $\displaystyle\int x^n \ln x\,dx = \frac{1}{n+1}x^{n+1}\left(\ln x - \frac{1}{n+1}\right) + C$;

135. $\displaystyle\int (\ln x)^n dx = x\,(\ln x)^n - n\int (\ln x)^{n-1}dx$;

136. $\displaystyle\int x^m(\ln x)^n dx = \frac{1}{m+1}x^{m+1}(\ln x)^n - \frac{n}{m+1}\int x^m(\ln x)^{n-1}dx$.

十五、含有双曲函数的积分

137. $\displaystyle\int \mathrm{sh}x\,dx = \mathrm{ch}x + C$;

138. $\displaystyle\int \mathrm{ch}x\,dx = \mathrm{sh}x + C$;

139. $\displaystyle\int \mathrm{th}x\,dx = \ln\mathrm{ch}x + C$;

140. $\displaystyle\int \mathrm{sh}^2 x\,dx = -\frac{x}{2} + \frac{1}{4}\mathrm{sh}2x + C$;

141. $\displaystyle\int \mathrm{ch}^2 x\,dx = \frac{x}{2} + \frac{1}{4}\mathrm{sh}2x + C$.

十六、定积分

142. $\displaystyle\int_{-\pi}^{\pi} \cos nx\,dx = \int_{-\pi}^{\pi} \sin nx\,dx = 0$;

143. $\displaystyle\int_{-\pi}^{\pi} \cos mx\sin nx\,dx = 0$;

144. $\displaystyle\int_{-\pi}^{\pi} \cos mx\cos nx\,dx = \begin{cases} 0, & m \neq n \\ \pi, & m = n \end{cases}$;

145. $\displaystyle\int_{-\pi}^{\pi} \sin mx\sin nx\,dx = \begin{cases} 0, & m \neq n \\ \pi, & m = n \end{cases}$;

146. $\displaystyle\int_{0}^{\pi} \sin mx\sin nx\,dx = \int_{0}^{\pi} \cos mx\cos nx\,dx = \begin{cases} 0, & m \neq n \\ \dfrac{\pi}{2}, & m = n \end{cases}$;

147. $\displaystyle I_n = \int_{0}^{\frac{\pi}{2}} \sin^n x\,dx = \int_{0}^{\frac{\pi}{2}} \cos^n x\,dx$;

$I_n = \dfrac{n-1}{n}I_{n-2}$;

$I_n = \dfrac{n-1}{n} \cdot \dfrac{n-3}{n-2} \cdot \cdots \cdot \dfrac{4}{5} \cdot \dfrac{2}{3}$ （ n 为大于 1 的正奇数）， $I_1 = 1$;

$I_n = \dfrac{n-1}{n} \cdot \dfrac{n-3}{n-2} \cdot \cdots \cdot \dfrac{3}{4} \cdot \dfrac{1}{2} \cdot \dfrac{\pi}{2}$ （ n 为正偶数）， $I_0 = \dfrac{\pi}{2}$.

附录 D　MATLAB　简　介

MATLAB 是一个集数值计算、符号分析、图像显示、文字处理于一体的大型集成化软件．它最初由美国的 Cleve Moler 博士研制．其目的是为线性代数等课程中的矩阵运算提供一种方便可行的实验手段．经几年的校际流传，在 Little 的推动下，由 Little、Moler、Steve Bangert 合作，于 1984 年成立了 MathWorks 公司，并把 MATLAB 正式推向市场．现在，MATLAB 已发展成为在自动控制、生物医学工程、信号分析处理、语言处理、图像信号处理、雷达工程、统计分析、计算机技术、金融界和数学界等各行各业中都有极其广泛应用的数学软件．

归纳起来，MATLAB 具有以下几个特点．

（1）它将一个优秀软件的易用性与可靠性、通用性与专业性、一般目的的应用与高深的科学技术应用有机的相结合．

（2）MATLAB 是一种直译式的高级语言，比其他程序设计语言容易．

（3）MATLAB 已经不仅仅是一个"矩阵实验室"了，它集科学计算、图像处理；声音处理于一身，并提供了丰富的 Windows 图形界面设计方法．

（4）MATLAB 语言是功能强大的计算机高级语言，它以超群的风格与性能风靡全世界，成功地应用于各工程学科的研究领域．

由于 MATLAB 的强大功能，它能使使用者从繁重的计算工作中解脱出来，把精力集中于研究、设计以及基本理论的理解上，所以，MATLAB 已成为在校大学生、硕士生、博士生所热衷的基本数学软件．在此，我们把 MATLAB 作为学习数学的工具介绍给读者，希望能有利于读者今后的学习．

一、MATLAB 的运行

1. 启动 MATLAB

点击 MATLAB 图标，进入到 MATLAB 命令窗（MATLAB Command Window）．在命令窗内，可以输入命令、编程、进行计算．

2. 学会使用 help 命令

在命令窗内输入 help 命令，再敲"回车"键．在屏幕上出现了在线帮助总览．（注意：MATLAB 命令被输入后，必需敲"回车"键才能执行．为行文方便，以后不再每次提醒"敲'回车'键"．）学会使用 help 命令，是学习 MATLAB 的有效方法．例如：要想知道 MATLAB 中的基本数学函数有哪些，可以在总览的第五行查到：MATLAB 中的"基本数学函数"用 elfun 表示，于是，可进一步键入 help elfun，屏幕上将出现"基本数学函数"表（注意：help elfun 之间有空格，以后不再每次提醒）．如果想了解 sin 函数怎样使用，可进一步键入 help sin. 在菜单栏中点击 Help 按钮，或在工具栏点击 ? 按钮，与上面获取帮助信息的方法是等效的．

二、变量、语句、矩阵与函数

1. 变量

在 MATLAB 中，变量由字母、数和下划线组成．第一个字符必须是字母．一个变量最多

由 31 个字符组成，并区分大小写．下面是 MATLAB 中表示特殊量的字符：Inf（正无穷大）、
i，j（虚数单位）、pi（圆周率）、eps（最小浮点数）、NaN（表示 0/0 或 inf‑inf 等不定值）．

2. 语句

MATLAB 语句的一般形式为：变量＝表达式．当某一语句的输入完成后，按"回车"键，
计算机就执行该命令．如果该语句末没输入其他符号或输入了逗号，将显示结果；如果句末输
入了分号，将不显示结果．如果语句中省略了变量和等号，那么计算机将结果赋值给变量 ans.

3. 矩阵

把 $m \times n$ 个数排成 m 行 n 列的数表，此数表被称为 m 行 n 列的矩阵，记为

$$Am \times n = \begin{bmatrix} a_{11} & \cdots & a_{1n} \\ \vdots & \vdots & \vdots \\ a_{m1} & \cdots & a_{mn} \end{bmatrix}$$

MATLAB 中矩阵的输入方法如下：$A = [a_{11}, \cdots, a_{1n}; \cdots; a_{m1}, \cdots, a_{mn}]$．逗号是数
之间的分隔符（也可用空格代替）；分号是换行符．

三、绘图

1. 绘制二维图形

绘制二维图形的基本命令是 plot（x，y）．其中 x、y 是 $1 \times n$ 阶矩阵．也可以用格式
plot（x1，y1，x2，y2，…）把多条曲线画在同一坐标系下．在这种格式中，每个二元对
(x,y) 的意义都与 plot（x，y）的相同，每个二元对 (x,y) 的结构也必须符合 plot（x，y）
的要求．但二元对之间没有约束关系．以上三种格式中的 x、y 都可以是表达式，但表达式
的运算结果必须符合上述格式要求．MATLAB 的图形功能还提供了一组开关命令．关于颜
色和线形用下面的方法进行控制．

plot（x，'r*'）　　　 表示用红色* 号画线

plot（x，y，'b+'）　　　　 表示用蓝色+ 号画线

plot（x1，y1，'y‑'，x2，y2，'g:'）表示第一组用黄色实线画线，第二组用绿色点线画线．

MATLAB 的线型字符有很多，可以随心所欲地把图画得很漂亮．下面几个线型字符大
家可以选用：

S：小方块；H：六角星；D：钻石形；V：向下三角形；^：向上三角形．

MATLAB 还提供了图形的加注命令：

title　　　　　 题头标注

xlabel　　　　 x 轴标注

ylabel　　　　 y 轴标注

gtext　　　　 鼠标定位标注

grid　　　　　 网格

axis （[xmin xmax ymin ymax]）　　 [ ] 中给出 x 轴和 y 轴的最小、最大值

命令 polar （theta，rho）或 polar （theta，rho，'s'）绘制极坐标系的二维图形．详情
可通过 Help 查阅．

2. 绘制三维图形

（1）空间曲线的绘制．绘制空间曲线的基本命令为 plot3 （x，y，z）；plot3 （x，y，z，
's'）或 plot3 （x1，y1，z1，'s1'，x2，y2，z2，'s2'，…），其中 x，y，z 是同维的向量或矩阵．

当它们是矩阵时，以它们的列对应元素为空间曲线上点的坐标．s 是线形、颜色开关，这一点与二维曲线时的情形相同．

（2）曲面的绘制．绘制空间曲面的基本命令为 mesh（x，y，z）．

如果 x、y 是向量，则要求 x 的长度等于矩阵 z 的列维；y 的长度等于矩阵 z 的行维．以 z_{ij} 为竖坐标，x 的第 i 个分量为横坐标，y 的第 j 个分量为纵坐标绘网格图．

如果是同维矩阵，则数据点的坐标分别取自这三个矩阵．meshc（x，y，z）带等高线的网格图，waterfall（x，y，z）瀑布水线图，surf（x，y，z，'c'）可着色的曲面图，surfc（x，y，z）带等高线的可着色的曲面图．

以上这些命令都可用来绘制曲面图，用法与 mesh 完全一样．

四、MATLAB 编程

1. 控制语句

MATLAB 也有控制流语句，用于控制程序的流程．主要有 for 循环、while 循环、if 和 break 三种控制语句．虽然语句很少，但功能很强．

（1）for 循环语．for 循环语句的一般表达形式为

```
for      i＝表达式
         可执行语句 1
         ……
         可执行语句 n
end
```

例：求 S＝1＋2＋3＋…＋10，可编程如下．

```
s= 0;
for k= 1: 10
  s= s+ k;
end
```

（2）while 循环．while 循环语句用来控制一个或一组语句在某逻辑条件下重复预先确定或不确定的次数．

while 循环语句的一般表达形式为

```
while     表达式
          循环体语句
end
```

例：对于上面同样的问题，可编程如下．

```
S= 0; k= 0;
while k< 11
 S= S+ k; k= k+ 1;        % 当条件 k< 11 时，反复执行语句 S= S+ k, k= k+ 1
end
```

（3）if 和 break 语句．MATLAB 中 if 和 break 语句的作用与使用方式同其他编程语言一样，用来将控制流程进行分流与中断退出．

2. 创建 M 文件

创建 M 文件是 MATLAB 中的非常重要的内容．事实上，正是由于在 MATLAB 工具

箱中存放着大量的 M 文件，使得 MATLAB 在应用起来显得简单、方便且功能强大．如果用户根据自己的需要，开发出适用于自己的 M 文件，不仅能使 MATLAB 更加贴近用户自己，而且能使 MATLAB 的功能得到扩展．

先在 MATLAB 的命令窗口的工具栏点击图标 ，进入编辑/调试器．再在编辑/调试器中，输入以下命令，在 file 下拉菜单中选 Save 项，依提示输入文件名．至此，完成了函数文件的创建．

五、MATLAB 的符号运算

前面介绍的内容基本上是 MATLAB 的数值计算功能，参与运算过程的变量都是被赋了值的数值变量．在 MATLAB 环境下，符号运算是指参与运算的变量都是符号变量，即使是数字也认为是符号变量．数值变量和符号变量是不同的．

符号数学工具箱是操作和解决符号表达式的符号数学工具箱（函数）集合，符号表达式是代表数字、函数、算子和变量的 MATLAB 字符串，或字符串数组．不要求变量有预先确定的值，符号方程式是含有等号的符号表达式．符号算术是使用已知的规则和给定符号恒等式求解这些符号方程的实践，它与代数和微积分所学到的求解方法完全一样．符号矩阵是数组，其元素是符号表达式．

1. 建立符号变量和符号常量

MATLAB 提供了两个建立符号对象的函数：sym 和 syms，两个函数的用法不同．

（1）sym 函数．sym 函数用来建立单个符号量，一般调用格式为符号量名＝sym（'符号字符串'）

该函数可以建立一个符号量，符号字符串可以是常量、变量、函数或表达式．

应用 sym 函数还可以定义符号常量，使用符号常量进行代数运算时和数值常量进行的运算不同．下面的命令用于比较符号常量与数值常量在代数运算时的差别．

（2）syms 函数．函数 sym 一次只能定义一个符号变量，使用不方便．MATLAB 提供了另一个函数 syms，一次可以定义多个符号变量．syms 函数的一般调用格式为

syms 符号变量名 1 符号变量名 2 … 符号变量名 n

用这种格式定义符号变量时不要在变量名上加字符串分界符（'），变量间用空格而不要用逗号分隔．

2. 建立符号表达式

含有符号对象的表达式称为符号表达式．建立符号表达式有以下 3 种方法.

（1）利用单引号来生成符号表达式．MATLAB 在内部把符号表达式表示成字符串，如附表 A‑1.

附表 A‑1

符 号 表 达 式	MATLAB 表达式
$\dfrac{1}{2x^n}$	'1/(2*x^n)'
$\dfrac{1}{\sqrt{2x}}$	y='1/sqrt(2*x)'
$\cos(x^2) - \sin(2x)$	'cos(x^2) - sin(2*x)'

（2）用 sym，syms 函数建立符号表达式．

```
syms x
f= 1/(2* x^n)
```

（3）使用已经定义的符号变量组成符号表达式.

3. 符号微积分

下面介绍一些与微积分有关的指令，这些指令需要符号表达式作为输入宗量.

（1）求和.

symsum（S）	对通项 S 求和，其中 k 为变量且从 0 变到 k - 1
symsum（S, v）	对通项 S 求和，指定其中 v 为变量且 v 从 0 变到 v - 1
symsum（S, a, b）	对通项 S 求和，其中 k 为变量且从 a 变到 b
symsum（S, v, a, b）	对通项 S 求和，指定其中 v 为变量且 v 从 a 变到 b

例如：求 $\sum\limits_{i=0}^{k-1} i$，可键入

```
k= sym('k')   % k 是一个符号变量;
symsum(k)
```

得　　　`ans = 1/2* k^2- 1/2* k`

（2）求极限.

limit（P）	表达式 P 中自变量趋于零时的极限
limit（P, a）	表达式 P 中自变量趋于 a 时的极限
limit（P, x, a, 'left'）	表达式 P 中自变量 x 趋于 a 时的左极限
limit（P, x, a, 'right'）	表达式 P 中自变量 x 趋于 a 时的右极限

例如：求 $\lim\limits_{x\to 0}\dfrac{\sin x}{x}$，可键入

```
P= sym('sin(x)/x');
limit(P)
```

得　`ans = 1`

（3）求导数.

diff（S, v）	求表达式 S 对变量 v 的一阶导数
diff（S, v, n）	求表达式 S 对变量 v 的 n 阶导数

例如：求 $y = \sin x + e^x$ 的三阶导数，可键入

```
diff ('sin (x) + x* exp (x) ', 3)
```

得　`ans = - cos (x) + 3* exp (x) + x* exp (x)`

（4）求 Taylor 展开式.

taylor（f, v）	f 对 v 的五阶 Maclaurin 展开.
taylor（f, v, n）	f 对 v 的 n−1 阶 Maclaurin 展开.

例如：求 $y = \sin x e^{-x}$ 的 7 阶 Maclaurin 展开，可键入

```
f= sym('sin(x)* exp(- x)');F= taylor(f,8)
```
得

```
F= x- x^2+ 1/3* x^3- 1/30* x^5+ 1/90* x^6- 1/630* x^7
```

(5) 求积分.

int (P)	对表达式 P 进行不定积分
int (P, v)	以 v 为积分变量对 P 进行不定积分
int (P, v, a, b)	以 v 为积分变量, 以 a 为下限, b 为上限对 P 进行定积分

例如: 求 $\int \dfrac{-2x}{(1+x^2)^2} \mathrm{d}x$, 可键入

```
int('- 2* x/(1+ x^2)^2')
```

得 ans = 1/(1+ x^2)

(6) 线性方程组的求解.

线性方程组的形式为 A * X＝B; 其中 A 至少行满秩.

X＝linsolve (A, B)　　　输出方程的特解 X.

例如: 解方程组 $\begin{pmatrix} \cos t & \sin t \\ \sin t & \cos t \end{pmatrix} X = \begin{pmatrix} 1 \\ 1 \end{pmatrix}$. 可键入

```
A= sym('[cos(t),sin(t);sin(t),cos(t)]');B= sym('[1;1]');
c= linsolve(A,B)
c = [ 1/(sin(t)+ cos(t))]
    [ 1/(sin(t)+ cos(t))]
```

(7) 代数方程的求解.

solve (P, v)　　　对方程 P 中的指定变量 v 求解. v 可省略

solve (p1, P2, …, Pn, v1, v2, …, vn)

对方程 P1, P2, …Pn 中的指定变量 v1, v2…vn 求解.

例如: 解 $\begin{cases} x^2 + xy + y = 3 \\ x^2 - 4x + 3 = 0 \end{cases}$, 可键入

```
P1= 'x^2+ x* y+ y= 3';
P2= 'x^2- 4* x+ 3= 0';
[x,y]= solve(P1,P2)得:
x = [ 1]
    [ 3]
y = [ 1]
    [ - 3/2]
```

(8) 解符号微分方程. 解符号微分方程的命令格式为: dsolve ('eq1', 'eq2', …). 其中 eq 表示相互独立的常微分方程、初始条件或指定的自变量. 默认的自变量为 t. 如果输入的初始条件少于方程的个数, 则在输出结果中出现常数 c1, c2 等字符. 关于微分方程的表达式有如下的约定: 字母 y 表式函数, Dy 表示 y 对 t 的一阶导数; Dny 表示 y 对 t 的 n 阶导数.

例如：求 $\begin{cases} \dfrac{\mathrm{d}x}{\mathrm{d}t} = y \\[2mm] \dfrac{\mathrm{d}y}{\mathrm{d}t} = -x \end{cases}$ 的解．可键入

[x,y]= dsolve('Dx= y','Dy= - x') 得

x = cos(t)* C1+ sin(t)* C2;y = - sin(t)* C1+ cos(t)* C2.

附录 E　MATLAB 的函数及指令索引

一、MATLAB 的标点及符号

1. 算术运算符 Arithmetic operators

＋	加；正号
—	减；负号
*	矩阵乘
.*	数组乘
\	矩阵左除
/	矩阵右除
.\	数组左除
./	数组右除
ˆ	矩阵幂
.ˆ	数组幂

2. 关系运算符 Relational operators

==	等于
~=	不等于
<	小于
>	大于
<=	小于等于
>=	大于等于

3. 逻辑运算符 Logical operators

&	逻辑与
|	逻辑或
~	逻辑非

二、MATLAB 的函数及指令 Functions and Commands

abs	绝对值、模、字符的 ASCII 码值
acos	反余弦
acosh	反双曲余弦
acot	反余切
acoth	反双曲余切
acsc	反余割
acsch	反双曲余割
angle	相角
ans	表达式计算结果的缺省变量名
asec	反正割
asech	反双曲正割

asin	反正弦
asinh	反双曲正弦
atan	反正切
atan2	四象限反正切
atanh	反双曲正切
bar	二维直方图
bar3	三维直方图
bar3h	三维水平直方图
barh	二维水平直方图
base2dec	X 进制转换为十进制
bin2dec	二进制转换为十进制
cart2pol	直角坐标变为极或柱坐标
cart2sph	直角坐标变为球坐标
chi2cdf	χ^2 分布累计概率函数
chi2inv	χ^2 分布逆累计概率函数
chi2pdf	χ^2 分布概率密度函数
chi2rnd	χ^2 分布随机数发生器
chol	Cholesky 分解
clc	清除指令窗
clear	清除内存变量和函数
clf	清除图对象
clock	时钟
collect	符号计算中同类项合并
compose	求复合函数
cond	（逆）条件数
condeig	计算特征值、特征向量同时给出条件数
condest	范-1 条件数估计
conv	多项式乘、卷积
cos	余弦
cosh	双曲余弦
cot	余切
coth	双曲余切
csc	余割
csch	双曲余割
dblquad	二重数值积分
deconv	多项式除、解卷
det	行列式
diag	矩阵对角元素提取、创建对角阵
diff	数值差分、符号微分

plot	平面线图
plot3	三维线图
poisscdf	泊松分布概率分布函数
pol2cart	极或柱坐标变为直角坐标
polar	极坐标图
poly	矩阵的特征多项式、根集对应的多项式
polyder	多项式导数
polyval	计算多项式的值
polyvalm	计算矩阵多项式
ppval	计算分段多项式
rand	产生均匀分布随机数
rank	矩阵的秩
rats	有理输出
real	复数的实部
roots	求多项式的根
rref	简化矩阵为梯形形式
sec	正割
sech	双曲正割
sign	根据符号取值函数
sin	正弦
sinh	双曲正弦
size	矩阵的大小
solve	求代数方程的符号解
sqrt	平方根
stairs	阶梯图
symsum	符号计算求级数和
tan	正切
tanh	双曲正切
title	图名
toc	关闭计时器
tril	下三角阵
triu	上三角阵
var	方差
xlabel	X 轴名
ylabel	Y 轴名
zeros	全零数组
zlabel	Z 轴名

附录 F 数 学 实 验

从数学本身的发展来看，今日数学已不仅是一门科学，还是一种关键的普遍使用技术．为了使学生更好地掌握这门技术，这里介绍一种方法——数学实验．通俗地讲，数学实验就是为获得某种数学理论，检验某种数学思想，解决某个数学问题，实验者运用一定的物质手段．这里我们借助 MATLAB 软件，使同学熟悉并掌握微积分的基本概念和运算．

实验一 绘 制 函 数 图 形

MATLAB 语言丰富的图形表现方法，使得数学计算结果可以方便地、多样性地实现了可视化，这是其他语言所不能比拟的．它不仅能绘制标准图形，而且其表现形式也是丰富多样的上，使得用户可以用来开发各专业的专用图形．

实验目的

1. 了解基本初等函数及图形特征，会用 MATLAB 图形命令画图；
2. 绘画函数、分段函数及参数函数的图形．

实验要求

熟悉 MATLAB 图形命令 plot，格式如下．

plot（x，y）　　　　　　　x 为横坐标、y 为纵坐标绘制二维图形，x，y 是同维数的向量
plot（x1，y1，x2，y2）[x1；x2] 是横坐标向量，[y1；y2] 是由若干函数的纵坐标向量
plot（x，y，'b'，'linewidth'，4）用蓝色曲线画出图形，线宽为 4

hold on 保留当前图形及坐标的全部属性，使得随后绘制的图形附加到已存在的图像上去．

实验内容

【附例 F-1】　绘出 $y = \sin x$，$z = \ln(1+x)$ 在区间 $[0, 10]$ 的图形．

程序设计：

```
>> x= 0:0.02:10
>> y= sin(x);
>> z= log(1+ x);
>> plot(x,y,x,z,'linewidth',2)
```

运行结果：

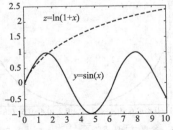

附图 F-1　$y = \sin x$，$z = \ln(1+x)$ 的图形

【附例 F - 2】　绘出函数 $f(x) = \begin{cases} x, & x \geqslant 0 \\ \sin x, & x < 0 \end{cases}$ 在区间 $[-10, 10]$ 上的图像.

程序设计：

```
> > x= 0:0.1:10;
> > y= x;
> > hold on
> > plot(x,y,'linewidth',2)
> > x= - 10:0.1:0;
> > y= sin(x);
> > hold on
> > plot(x,y,'linewidth',2)
```

运行结果：

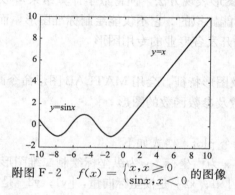

附图 F - 2　$f(x) = \begin{cases} x, x \geqslant 0 \\ \sin x, x < 0 \end{cases}$ 的图像

【附例 F - 3】　绘出参数方程 $\begin{cases} x = \cos t \\ y = \sin t \end{cases}$, $t \in [0, 2\pi]$ 表示的平面曲线.

程序设计：

```
> > t= 0:0.2:2* pi;
> > x= cos(t);
> > y= sin(t);
> > plot(x,y,'linewidth',2)
```

运行结果：

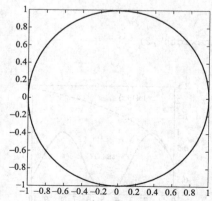

附图 F - 3　参数方程 $\begin{cases} x = \cos t \\ y = \sin t \end{cases}$, $t \in [0, 2\pi]$ 的图像

实验二　求复合函数和反函数

在工程技术中，有很多函数的表达非常复杂，用数学软件的符号运算功能，可以使函数的复合与反函数的求解简便化．

实验目的

1. 掌握单调函数的反函数求法；

2. 掌握两个函数的复合函数的求法．

实验要求

熟悉 MATLAB 中求反函数与复合函数命令的调用格式：

syms　x　y　t　h　a	符号变量说明
finverse（f）	求 f 的反函数
compose（f，g）	求 f，g 的复合函数 f（g）

实验内容

【附例 F-4】　求 $f = x^3$ 的反函数．

程序设计：

```
> > syms x;
> > f= x^3;
V> > g= finverse(f)
```

运行结果：

```
g =
x^(1/3)
```

【附例 F-5】　求 $f(x) = \dfrac{x}{1+u^2}, g(t) = \cos(t)$ 的复合函数 $f(g)$．

程序设计：

```
> > syms x t u;
> > f= x/(1+ u^2);
> > g= cos(t);
> > fg1= compose(f,g)
```

运行结果：

```
fg1 =
cos(t)/(1+ u^2)
```

实验三　函数极限的运算

极限在高等数学发展史上有着举足轻重的作用，用数学软件的符号运算功能，可以轻而易举地求出函数的极限．

实验目的

1. 熟悉函数极限的概念；

2. 掌握求各种类型函数的极限方法；

3. 会用 MATLAB 命令求函数极限.

实验要求

熟悉 MATLAB 中求极限命令调用格式：

limit（f，x，a）　　　　　　求当 x 趋于 a 时，函数 f 的极限

limit（f，a）　　　　　　　默认变量 x 或唯一符号变量

limit（f）　　　　　　　　默认变量 x，且 a＝0

limit（f，x，a，'right'）　求右极限

limit（f，x，a，'left'）　　求左极限

实验内容

【附例 F - 6】　计算下列函数极限：

(1) $\lim\limits_{x \to 1} x^3 + 3x - 5$ ；(2) $\lim\limits_{x \to 0} \dfrac{1 - \cos x}{x \sin x}$ ；(3) $\lim\limits_{x \to 0} \dfrac{\sin ax}{\sin bx}$ ；(4) $\lim\limits_{x \to \infty} \left(1 + \dfrac{2}{x}\right)^x$

程序设计：

(1) >> limit(sym('x^3+ 3* x- 5'),'x',1)

运行结果：

```
ans =
- 1
```

(2) >> f= sym(' (1- cos(x))/(x* sin(x))');
　 >> limit(f)

运行结果：

```
ans =
1/2
```

(3) >> syms x a b
　 >> limit(sin(a* x)/sin(b* x),x,0)

运行结果：

```
ans =
a/b
```

(4) >> syms x
　 >> limit((1+ 2/x)^x,inf)

运行结果：

```
ans =
exp(2)
```

【附例 F - 7】　考察函数 $f(x) = \begin{cases} x^2, & x \leqslant 0 \\ 2, & x > 0 \end{cases}$ 在 $x = 0$ 点的连续性，若是间断点，说明其类型.

程序设计：

```
> > syms x
> > a= limit(x^2,x,0,'left')
> > b= limit(2,x,0,'right')
```

运行结果：

```
a =
0
b =
2
```

$f(0^-) = 0$，$f(0^+) = 2$，所以 $x = 0$ 点是跳跃间断点．

实 验 四　初 等 函 数 的 导 数

MATLAB 的符号运算工具箱中有强大的求导运算功能，下面我们介绍其一般函数的求导运算和高阶求导运算．

实验目的

1. 熟悉基本求导公式，掌握初等函数在给定点处的导数值；

2. 会求函数在给定点处的导数值；

3. 掌握隐函数求导的方法和步骤；

4. 掌握参数方程求一阶导数和二阶导数的方法和公式．

实验要求

熟悉 MATLAB 中求导命令的调用格式：

diff (f) 　　　　关于符号变量对 f 求一阶导数

diff (f，v) 　　　关于变量 v 对 f 求一阶导数

diff (f，n) 　　　关于符号变量求 n 阶导数

diff (f，v，n) 关于变量 v 对 f 求 n 阶导数

inline (f) 　　　赋值命令

solve ('eqn1', 'eqn2', …, 'eqnn') 求 n 个方程 eqn1，…，eqnn 所构成的方程组的根（符号解）

实验内容

【附例 F-8】　　已知函数 $f(x) = \dfrac{1}{x}$，求 $f'(1)$，$f'(-2)$．

程序设计：

```
> > f= '1/x';
> > f1= diff(f)
> > ff= inline(f1)
> > a= ff(1)
> > b= ff(- 2)
```

运行结果：

```
f1 =
- 1/x^2
ff =  Inline function: ff(x) = - 1./x.^2
a =
- 1
b =
- 0.2500
```

【附例 F-9】　已知 $y = \sin ax$ ，求 $A = \dfrac{\mathrm{d}y}{\mathrm{d}x}$ ， $B = \dfrac{\mathrm{d}y}{\mathrm{d}a}$ ， $C = \dfrac{\mathrm{d}^2 y}{\mathrm{d}x^2}$.

程序设计：

```
> > syms a x;
> > y= sin(a* x);
> > A= diff(y,x)
> > B= diff(y,a)
> > C= diff(y,x,2)
```

运行结果：

```
A=
cos(a* x)* a
B=
cos(a* x)* x
C=
- sin(a* x)* a^2
```

【附例 F-10】　设 $x^2 + t^2 = R^2$ ，求 t' .

程序设计：

解法一

```
> > syms x t R
> > f= x^2+ t^2- R^2;
> > f1= diff(f,x);
> > f2= diff(f,t);
> > - f1/f2
```

运行结果：

```
ans =
- x/t
```

解法二

```
> > syms x t R
> > f= solve('x^2+ t^2- R^2= 0',t);
> > diff(f,x)
```

运行结果：

```
ans =
[ - 1/(- x^2+ R^2)^(1/2)* x]
[   1/(- x^2+ R^2)^(1/2)* x]
```

【附例 F - 11】 已知 $\begin{cases} x = t^2 \\ y = 4t \end{cases}$ ，求 $\dfrac{\mathrm{d}y}{\mathrm{d}x}$，$\dfrac{\mathrm{d}^2 y}{\mathrm{d}x^2}$．

程序设计：

```
> > syms x y t
> > x= t^2;
> > y= 4* t;
> > f1= diff(x,t);
> > f2= diff(y,t);
> > dydx= f2/f1
> > erjiedao= diff(dydx,t)/f1
```

运行结果：

```
dydx=
2/t
erjiedao =
- 1/t^3
```

程序说明：

求高阶导数运算对计算机硬件要求较高，如果阶次太高可能导致计算机死机．

实验五 导 数 的 应 用

微分是研究函数局部性质的有力工具，通过对函数导数的研究，我们可以清楚的描述函数的变化趋势．简单的通式相加往往能表达非常复杂的关系，所以翻过来，如果把一些函数表达式展开成 Taylor 展式往往能展现出函数的许多性质；另外，借助 MATLAB 工具的有力帮助，我们还可以讨论函数的极值和最值．

实验目的

1. 掌握如何求泰勒展开式；
2. 掌握求函数极值和最值的方法．

实验要求

熟悉 MATLAB 中求泰勒展开式的命令 Taylor，泰勒展式调用格式：

taylor（f）　　　　　在 x＝0 点将 f 展开 6 项

taylor（f，n，x0）　在 x＝x0 点将 f 展开 n 项

熟悉 MATLAB 中求最值的方法，最小值调用格式：

fminbnd（f，a，b）在区间 [a，b] 上求 f 的最小值

实验内容

【附例 F - 12】 求下列函数的泰勒展开式．

(1) 在 x0＝0 点展开 sin（x）成 7 项；(2) 在 x0＝1 点展开 sin（x）成 6 项；

（3）在 x0＝1 点展开 log（x）成 5 项；（4）在 x0＝0 点展开 f＝'exp（x）＋2 * cos（x）'成 4 项.

程序设计：

```
>> syms  x ;
>> f1= taylor(sin(x),x,7);
>> f2= taylor(sin(x),x,6,1);
>> f3= taylor(log(x),x,5,1);
>> f= 'exp(x)+ 2* cos(x)';
>> f4= taylor(f,x,4)
```

运行结果：

```
f1 =
x- 1/6* x^3+ 1/120* x^5
f2=
sin(1)+ cos(1)* (x- 1)- 1/2* sin(1)* (x- 1)^2- 1/6* cos(1)* (x- 1)^3+ 1/24* sin(1)*
    (x- 1)^4+ 1/120* cos(1)* (x- 1)^5
f3=
x- 1- 1/2* (x- 1)^2+ 1/3* (x- 1)^3- 1/4* (x- 1)^4
f4=
3+ x- 1/2* x^2+ 1/6* x^3
```

【附例 F - 13】　求 $f(x) = x^3 - x^2 - x + 1$ 在 $[-2, 2]$ 内的极值点和极值.

程序设计：

```
>> syms x y z
>> y= diff(x^3- x^2- x+ 1)
>> z= 'x^3- x^2- x+ 1'
>> [x]= solve(y)
```

运行结果：

```
y =
3* x^2- 2* x- 1
z =
x^3- x^2- x+ 1
x =
[ - 1/3]
[  1]
```

程序设计：

```
>> x= - 1/3;
>> jizhi1= eval( z)
>> x= 1
>> jizhi2= eval( z)
```

运行结果：

```
x =
- 0.3333
jizhi1 =
1.1852,x = 1
jizhi2 =
 0
```

【附例 F - 14】   求 $f(x) = x^3 - x^2 - x + 1$ 在 $[-2,2]$ 内的最值点和最值.

程序设计：

```
> > syms x ;
> > f= 'x^3- x^2- x+ 1';
> > x1= fminbnd( f ,- 2,2)
> > x2= fminbnd('- x^3+ x^2+ x- 1',- 2,2)
> > x= x1;
> > minf = eval(f)
> > x= x2;
> > maxf = eval(f)
```

运行结果：

```
x1 =
- 2
x2 =
2
minf =
- 9
maxf =
3
```

$f(x)$ 在 $x = -2$ 处取得最小值 -9，在 $x = 2$ 处取得最大值 3.

实验六 不 定 积 分

不定积分是高等数学的一个基本而又非常重要的组成部分，它是微分的逆运算. 不定积分的求解方法包含很大的技巧性，其运算要比求导复杂得多. MATLAB 为积分运算提供一个简洁而又功能强大的工具，完成积分运算的函数命令为 int().

实验目的

1. 掌握求函数的原函数的方法；

2. 熟悉基本积分公式和积分方法.

实验要求

掌握 MATLAB 中的积分命令 int，调用格式：

int (f)   对于 f 关于符号变量求不定积分

int (f, v)   对 f 关于变量 v 求不定积分

实验内容

【附例 F - 15】　计算不定积分 $A = \int x^2 \sin x \mathrm{d}x$，$B = \int \arcsin x \mathrm{d}x$，并用 diff 验证.

程序设计：

```
> > A= int('x^2* sin(x)')
> > B= int('asin(x)')
> > A1= diff(A)
> > B1= diff(B)
```

运行结果：

```
A =
- x^2* cos(x)+ 2* cos(x)+ 2* x* sin(x)
B =
x* asin(x)+ (1- x^2)^(1/2)
A1 =
x^2* sin(x)
B1 =
asin(x)
```

程序说明：

MATLAB 的计算结果中略去了常数项 C.

实验七　定积分与反常积分

定积分在某种程度上可以看作在一定范围内的微小量的和. 我们常常用牛顿－莱布尼茨公式求一个函数定积分的值，而 MATLAB 里面用来求定积分的命令函数仍然是 int（），只是在参数里加上了积分的上限和下限.

实验目的

1. 掌握求函数定积分的方法；

2. 掌握求函数反常积分的方法；

3. 会求变上限函数的导数和带有上限函数的极限.

实验要求

熟悉 MATLAB 中求定积分命令的调用格式：

int（f，a，b）　　　　　对 f 关于符号变量从 a 到 b 求定积分

int（f，v，a，b）　　　对 f 关于变量 v 从 a 到 b 求定积分

实验内容

【附例 F - 16】　计算定积分 $C = \int_0^{\frac{\pi}{2}} \dfrac{\cos x}{\sin x + \cos x} \mathrm{d}x$，$D = \int_0^1 \dfrac{x\mathrm{e}^x}{(1+x)^2} \mathrm{d}x$.

程序设计：

```
> > syms x
> > g1= cos(x)/(sin(x)+ cos(x));
> > g2= x* exp(x)/(1+ x)^2;
```

```
>> C= int(g1,0,pi/2)
>> D= int(g2,0,1)
```

运行结果：

```
C =
1/4* pi
 D =
1/2* exp(1)- 1
```

【附例 F-17】　计算反常积分 $E = \int_0^{+\infty} \dfrac{1}{x^2+2x+3}dx$，$F = \int_{-1}^{+1}\dfrac{1}{x}dx$．

程序设计：

```
>> h1= '1/(x^2+ 2* x+ 3)';
 >> E= int(h1,0,inf)
>> F= int('1/x',- 1,1)
```

运行结果：

```
E =
1/2* atan(2^(1/2))* 2^(1/2)
>> Warning: Explicit integral could not be found.
In E:\MATLAB6p5\toolbox\symbolic\@ sym\int.m at line 58
In E:\MATLAB6p5\toolbox\symbolic\@ char\int.m at line 9
In E:\MATLAB6p5\work\shiyan.m at line 2
F =
int(1/x,x = - 1.. 1)
```

【附例 F-18】　求积分变限函数 $\int_0^x t^2 dt$．

程序设计：

```
>> F1= int('t^2','t',0,'x')
```

运行结果：

```
F1 =
1/3* x^3
```

程序说明：
反常积分若不收敛，MATLAB 会给出错误警告．

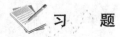 习　　题

1. 画出下列常见曲线图形．

(1) $y = e^{-x^2}$；

(2) $y = x^3 - 2x + 5$；

(3) $y = \sqrt[3]{x}$；

(4) 摆线 $x = t - \sin t, y = 1 - \cos t, t \in [0, 2\pi]$．

2. 考察下列函数 $f(x) = \begin{cases} x-2, x \leqslant 2 \\ 5-x, x > 2 \end{cases}$ 在 $x = 0$ 点的连续性，若是间断点，说明其类型.

3. 计算下列函数的极限.

(1) $\lim\limits_{x \to 0} x^2 \sin \dfrac{1}{x}$;

(2) $\lim\limits_{x \to 1} \left(\dfrac{1}{1-x} - \dfrac{1}{1-x^3} \right)$;

(3) $\lim\limits_{n \to \infty} \left(1 - \dfrac{1}{n} \right)^n$;

(4) $\lim\limits_{x \to \infty} \left(\cos \dfrac{m}{x} \right)^x$.

4. 计算下列函数的导数.

(1) $y = \mathrm{e}^x \cos x$;

(2) $y = \dfrac{\sin x}{x}$;

(3) $y = \ln(x + \sqrt{1 + x^2})$;

(4) $y = x \arctan x$.

5. 求下列函数的二阶导数.

(1) $y = x \sin x$;

(2) $y = x^4 + \ln x + 4$.

6. 已知 $y \mathrm{e}^{xy} - x \cos^3 x^2 + 1 = 0$ ，求 $\dfrac{\mathrm{d}y}{\mathrm{d}x}$.

7. 求椭圆 $\begin{cases} x = a\cos t \\ y = b\sin t \end{cases}$ $t \in [0, 2\pi]$ 在 $x = \dfrac{\pi}{4}$ 处的切线.

8. 求函数 $y = x^4 + 8x^2 - 2, -1 \leqslant x \leqslant 3$ 的最大值和最小值.

9. 在 $x_0 = 0$ 点展开 $y = \mathrm{e}^{x^2}$ 成 10 项.

10. 计算下列不定积分.

(1) $\displaystyle\int \dfrac{-2x}{(1+x^2)^2} \mathrm{d}x$;

(2) $\displaystyle\int \dfrac{x}{(1+z^2)} \mathrm{d}z$;

(3) $\displaystyle\int \dfrac{1}{\sqrt{4x^2 - 9}} \mathrm{d}x$;

(4) $\displaystyle\int \sec^3 x \mathrm{d}x$.

11. 计算下列定积分.

(1) $\displaystyle\int_0^1 x\ln(1+x) \mathrm{d}x$;

(2) $\displaystyle\int_{\sin t}^{\ln t} 2x \mathrm{d}x$;

(3) $\displaystyle\int_{-1}^1 \mathrm{e}^{-x^2} \mathrm{d}x$;

(4) $\displaystyle\int_1^4 \dfrac{\ln x}{\sqrt{x}} \mathrm{d}x$.

12. 计算下列反常积分.

(1) $\displaystyle\int_1^{+\infty} \dfrac{1}{x^4} \mathrm{d}x$;

(2) $\displaystyle\int_1^2 \dfrac{x}{\sqrt{x-1}} \mathrm{d}x$.

13. 求积分变限函数 $y = \displaystyle\int_x^1 \dfrac{1}{1+t^2} \mathrm{d}t$.

习 题 答 案 与 提 示

第一章

习题 1-1

1. 0 , $-\dfrac{5}{3}$, -3 .

2. (1) $(-1,+\infty)$;
   (2) $(-\infty,-1)\bigcup(-1,+\infty)$;
   (3) $(-\infty,0)\bigcup(0,+\infty)$;
   (4) $(-\infty,0)\bigcup(0,3]$.

3. (1) 不同；(2) 相同 .

4. 单调增加 .

6. (1) $y=u^3$, $u=1+x$;
   (2) $y=u^2$, $u=\ln x$;
   (3) $y=4^u$, $u=v^3$; $v=2x+1$;
   (4) $y=u^2$, $u=\tan v$, $v=3x$.

习题 1-2

1. (1) 0 ; (2) 1 ; (3) 2 ; (4) 3 .

习题 1-3

4. $f(3^-)=3$, $f(3^+)=8$; $\lim\limits_{x\to3}f(x)$ 不存在 .

习题 1-4

1. (1) 无穷大；(2) 无穷大；(3) 无穷小；(4) 无穷大 .

2. (1) 0 ; (2) 0 .

3. 不一定 . 例如：$x\to0$ 时的两个无穷小 $\alpha=2x$ 与 $\beta=3x$, 它们的商 $\dfrac{\alpha}{\beta}=\dfrac{2x}{3x}=\dfrac{2}{3}$ 当 $x\to0$ 时不是无穷小 .

习题 1-5

1. $-\dfrac{1}{5}$.

2. 0 .

3. $\dfrac{2}{3}$.

4. $\dfrac{5}{7}$.

5. 12 .

6. $2x$.

7. ∞ .

8. $\left(\dfrac{3}{2}\right)^{20}$.

9. $\dfrac{1}{4}$.

10. 2 .

11. $\dfrac{1}{2}$.

12. -2.

13. ∞.

14. ∞.

习题 1-6

1. (1) 7 ；　　(2) $\dfrac{2}{3}$ ；　　(3) 0 ；　　(4) $\dfrac{1}{2}$ ；　　(5) 1 ；　　(6) x ；

(7) e^{-1} ；　　(8) e^4 ；　　(9) e^{-6} ；　　(10) e^3 ；　　(11) e ；　　(12) e.

2. 提示：$\dfrac{n}{n^2+n\pi} \leqslant \dfrac{1}{n^2+\pi} + \dfrac{1}{n^2+2\pi} + \cdots + \dfrac{1}{n^2+n\pi} \leqslant \dfrac{n}{n^2+\pi}$.

习题 1-7

1. (1) 不是；　　　　(2) 是；　　　　(3) 不是；　　　　(4) 是.

2. (1) 同阶，不等价；　　　　(2) 等价.

4. (1) $\dfrac{5}{2}$ ；　　(2) $\dfrac{3}{2}$ ；　　(3) 2 ；　　(4) -2.

习题 1-8

1. 连续.

2. 不连续，因函数 $f(x)$ 在 $x=-1$ 处不连续.

3. (1) $x=1$ 为第二类间断点；

(2) $x=1$ 为可去间断点，$x=2$ 为第二类间断点；

(3) $x=2$ 为跳跃间断点.

4. (1) $\sin 1$ ；(2) 0 ；(3) 0.

总复习题一

1. (1) 错；　　(2) 对；　　(3) 错；　　(4) 错；　　(5) 对.

2. (1) D ；　　(2) A ；　　(3) D.

3. $f[g(x)] = \begin{cases} x^2, & x<0 \\ 1+x, & x \geqslant 0 \end{cases}$.

4. 5.

5. (1) $\ln 2$ ；　　(2) $\dfrac{4}{3}$ ；　　(3) e ；　　(4) $\mathrm{e}^{-\frac{1}{2}}$ ；　　(5) 1 ；　　(6) 0.5.

6. $a=b$

考研真题一

1. (1) 2 ；　　(2) $y=\dfrac{1}{5}$ ；　　(3) 1.

2. D.

3. 1.

第二章

习题 2-1

1. (1) 30.5m/s, $(30+5\Delta t)$m/s ；　　(2) 30m/s.

2. $\dfrac{1}{2}$.

3. $2\cos2x$.

4. (1) -9；(2) 9；(3) -6 .

6. $(2,4)$.

7. (1) 对；(2) 错；(3) 错；(4) 对；(5) 错；(6) 错.

8. (1) 连续，不可导；　　　　(2) 连续，可导，且 $f'(0)=0$.

习题 2 - 2

1. (1) $x-\dfrac{4}{x^3}$ ；　　　　　　　(2) e；

(3) $\dfrac{1}{\sqrt{x}}+\dfrac{1}{x^2}$ ；　　　　　(4) $-\dfrac{1}{2x^{\frac{3}{2}}}-\dfrac{5}{2}x^{\frac{3}{2}}$ ；

(5) $6x^2-2x$ ；　　　　　　(6) $\dfrac{1}{6}x^{-\frac{5}{6}}$ ；

(7) $\dfrac{a}{a+b}$ ；　　　　　　(8) $\sec^3 x(1+\sin^2 x)$ ；

(9) $\dfrac{2}{(1-x)^2}$ ；　　　　　(10) $\dfrac{7}{8}x^{-\frac{1}{8}}$ ；

(11) $\dfrac{1}{1+\cos x}$ ；　　　　(12) $\dfrac{1}{x}\cos x-\ln x\cdot\sin x$ ；

(13) $\tan x+x\sec^2 x-2\sec x\tan x$ ；

(14) $(x-b)(x-c)+(x-a)(x-c)+(x-a)(x-b)$.

2. (1) 6 ；　　　　　　　(2) $\dfrac{1}{2}$，0 .

4. $a=2x_0$ ，$b=-x_0^2$.

5. 切线方程：$x-y-1=0$ ；法线方程：$x+y-1=0$.

习题 2 - 3

1. (1) $12(4x+7)^2$ ；　　　　(2) $2\tan x\sec^2 x$ ；

(3) $\dfrac{1}{2x^2+2x+1}$ ；　　　　(4) $e^{\sin x}\cos x$ ；

(5) $\dfrac{1}{x^2}\tan\dfrac{1}{x}$ ；　　　　(6) $6\sec^2 3x\tan3x$ ；

(7) $\dfrac{1}{x\ln x\ln(\ln x)}$ ；　　　(8) $\dfrac{2^{\frac{x}{\ln x}}(\ln x-1)\ln2}{\ln^2 x}$ ；

(9) $\dfrac{1}{\sqrt{x^2+a^2}}$ ；　　　　(10) $\dfrac{1}{2x}\left(1+\dfrac{1}{\sqrt{\ln x}}\right)$ ；

(11) $2(\cos2x+x\cos x^2)$ ；　　(12) $\dfrac{\ln x}{x\sqrt{1+\ln^2 x}}$ ；

(13) $-e^{-x}\left[\ln(1-x)+\dfrac{1}{1-x}\right]$ ；(14) $\arcsin(\ln x)+\dfrac{1}{\sqrt{1-\ln^2 x}}$ ；

(15) $\dfrac{x^2}{1-x^4}$ ；　　　　(16) $\dfrac{x\cos\sqrt{1+x^2}}{\sqrt{1+x^2}}$.

3. $\dfrac{1}{x}f'(\ln x)$.

习题 2 - 4

2. (1) $-4\sin 2x$;　　(2) $9e^{-3x}$;　(3) $\cot x$;　　(4) $-2\sin x - x\cos x$;

(5) $6 - \dfrac{1}{x^2}$;　　　　　　　　(6) $-\dfrac{1}{4}(1+x)^{-\frac{3}{2}}$;

(7) $\dfrac{1}{x}$;　　　　　　　　　　(8) $2\arctan x + \dfrac{2x}{1+x^2}$.

3. 16 .

4. $y''(0) = 0$, $y'''(0) = -2$.

5. $v(t) = A\omega\cos\omega t$, $a(t) = -A\omega^2\sin\omega t$.

6. (1) $(-1)^n \dfrac{(n-2)!}{x^{n-1}}(n \geqslant 2)$; (2) $e^x(x+n)$;

(3) $(\ln 2)^n 2^x$;　　　　　　　　(4) $(-1)^{n-1}\dfrac{(n-1)!}{(1+x)^n}$.

习题 2 - 5

1. (1) $\dfrac{y}{y-1}$;　　　　　　　(2) $\dfrac{2a}{3(1-y^2)}$;

(3) $-\dfrac{y}{x+e^y}$;　　　　　　(4) $\dfrac{xy\ln y - y^2}{xy\ln x - x^2}$.

2. (1) 1 ;　　　　　　　　　　(2) $\dfrac{y(y - x\ln y)}{x(x - y\ln x)}$;　　　　　(3) 1 .

3. 切线方程为：$x + y - \dfrac{\sqrt{2}}{2}a = 0$ ，法线方程为：$x - y = 0$.

4. $\dfrac{6(x^2 + 3y^2)(y^2 - x^2)y}{(3y^2 - x^2)^3}$.

5. (1) $x^{\tan x}\left(\sec^2 x\ln x + \dfrac{\tan x}{x}\right)$;　(2) $\dfrac{1}{5}\sqrt[5]{\dfrac{x-5}{\sqrt[5]{x^2+2}}}\left[\dfrac{1}{x-5} - \dfrac{2x}{5(x^2+2)}\right]$;

(3) $1 + x^x(\ln x + 1)$.

6. (1) $2t^2$, $4t^2$;　　　　　　　(2) $\dfrac{t}{2}$, $\dfrac{1}{4t} + \dfrac{t}{4}$.

7. 切线方程为 $\sqrt{2}x + y - 2 = 0$ ，法线方程为 $x - \sqrt{2}y - \sqrt{2} = 0$.

习题 2 - 6

1. 4 .

2. (1) $(10x + 3)dx$;　　　　　(2) $\dfrac{e^y}{2-y}dx$;

(3) $\left(-\dfrac{1}{x^2} + \dfrac{1}{\sqrt{x}}\right)dx$;　　　(4) $\dfrac{2\ln(1-x)}{x-1}dx$;

(5) $\dfrac{\sin 2x}{2\sqrt{1+\sin^2 x}}dx$;　　　(6) $\dfrac{5^{\arctan x}\ln 5}{1+x^2}dx$.

3. (1) $3x$;　　　(2) x^2 ;　　　(3) $-\dfrac{1}{x}$;　　　　(4) $-\cos t$;

(5) $\dfrac{1}{5}\sin 5x$; (6) $\arctan x$; (7) $-\dfrac{1}{5}e^{-5x}$; (8) $-3\ln(1-x)$.

4. (1) 0.03; (2) 0.5076.

5. 43.63cm^2 , 104.72cm^2 .

6. 1.57cm^3 .

总复习题二

1. (1) 对；(2) 错；(3) 错；(4) 错；(5) 对；(6) 错；(7) 对；(8) 错.

2. (1) 同阶； (2) $n!f^{n+1}(x)$.

3. (1) B； (2) A； (3) D； (4) C； (5) A.

4. (1) $x=0$ 处的连续但不可导； (2) $x=0$ 处连续性且可导.

5. $a=3, b=-2$.

6. $f'(x)=\begin{cases}\cos x, & x<0 \\ 2x, & x>0\end{cases}$, $x=0$ 处不可导.

7. (1) $y'=e^{-\frac{x}{2}}\left(-\dfrac{1}{2}\cos 3x-3\sin 3x\right)$;

(2) $y'=\dfrac{4x}{3\sin\frac{2x^2}{3}}$;

(3) $y'=\dfrac{1}{2}\sqrt{a^2-x^2}-\dfrac{x^2}{2\sqrt{a^2-x^2}}+\dfrac{a^2}{2}\dfrac{1}{\sqrt{1-\frac{x^2}{a^2}}}\cdot\dfrac{1}{a}=\sqrt{a^2-x^2}$

(4) $y'=\left(\dfrac{x}{2+x}\right)^x\left(\ln\dfrac{x}{2+x}-\dfrac{2}{2+x}\right)$.

8. (1) $\dfrac{\mathrm{d}y}{\mathrm{d}x}=\dfrac{x+y}{x-y}$; (2) 0.

9. (1) 2; (2) $\dfrac{\mathrm{d}y}{\mathrm{d}x}=\dfrac{1}{(t-1)^2}$; $\dfrac{\mathrm{d}^2y}{\mathrm{d}x^2}=\dfrac{2(1+t^2)}{(1-t)^5}$.

10. 切线方程 $y=e^{-1}x-1$ ；法线方程 $y=-ex-1$.

11. $\dfrac{16}{25\pi}$.

12. $\mathrm{d}y=[-2f'(1-2x)+\cos f(x)\cdot f'(x)]\mathrm{d}x$.

13. 1.01 .

考研真题二

1. (1) $-\pi\mathrm{d}x$ ；(2) $-e$; (3) $2e^3$. (4) $-\dfrac{\sin x+ye^{xy}}{2y+xe^{xy}}$.

2. (1) A；(2) C；(3) C ；(4) D；(5) A.

3. $(1+2t)e^{2t}$.

4. 切线 $y-\dfrac{1}{\sqrt{a}}=-\dfrac{1}{2\sqrt{a^3}}(x-a)$ ；面积 $S=\dfrac{9}{4}\sqrt{a}$ ；当切点沿 x 轴正方向趋于无穷远时，

有 $\lim\limits_{a\to+\infty}S=+\infty$ ；当切点沿 y 轴正方向趋于无穷远时，有 $\lim\limits_{a\to 0^+}S=0$.

第三章

习题 3 - 1

1. $\xi = 2$.

5. 提示：反证法. 假设 $f(x) = x^3 - 3x^2 + c$ 在 $(0,1)$ 内至少有两个不相等的实根 x_1、x_2，再由罗尔定理即得矛盾.

习题 3 - 2

1. $f(x) = 5 + 11(x-1) + 11(x-1)^2 + 5(x-1)^3 + (x-1)^4$.

2. $\cos x = 1 - \dfrac{x^2}{2!} + \dfrac{x^4}{4!} - \cdots + (-1)^m \dfrac{x^{2m}}{(2m)!} + (-1)^{m+1} \dfrac{x^{2m+2}}{(2m+2)!} \cos\theta x$ $(0 < \theta < 1)$.

3. $\ln(1+x) = x - \dfrac{x^2}{2} + \dfrac{x^3}{3} + \cdots + (-1)^{n-1} \dfrac{x^n}{n} + (-1)^n \dfrac{x^{n+1}}{(n+1)(1+\theta x)^{n+1}}$ $(0 < \theta < 1)$.

4. $\sqrt{e} \approx 1.65$，$|R_3| < 0.01$.

5. $-\dfrac{1}{12}$.

习题 3 - 3

1. (1) $\dfrac{a}{b}$；   (2) 2；   (3) $\dfrac{1}{2}$；   (4) $\dfrac{1}{2}$；   (5) $\cos a$；   (6) 0；

(7) 1；   (8) $\dfrac{2}{\pi}$；   (9) $\dfrac{1}{2}$；   (10) $-\dfrac{1}{2}$；   (11) 1；   (12) e.

习题 3 - 4

1. (1) 单调增加；   (2) 单调减少.

2. (1) 在 $[-1,1]$ 上单调减少，在 $(-\infty, -1]$，$[1, +\infty)$ 上单调增加；

(2) 在 $\left(0, \dfrac{1}{2}\right]$ 上单调减少，在 $\left[\dfrac{1}{2}, +\infty\right)$ 上单调增加；

(3) 在 $\left(0, \dfrac{3a}{4}\right]$ 上单调增加，在 $\left[\dfrac{3a}{4}, a\right)$ 上单调减少；

(4) 在 $\left(-\infty, \dfrac{1}{2}\right)$ 上单调减少，在 $\left[\dfrac{1}{2}, +\infty\right)$ 上单调增加.

3. (1) 极小值 $f(3) = -3$，极大值 $f(1) = 1$；   (2) 没有极值；

(3) 极小值 $f(0) = 0$；   (4) 极大值 $f(2) = 1$.

6. $a = 2$，$f\left(\dfrac{\pi}{3}\right)$ 为极大值.

习题 3 - 5

1. (1) 最大值 $f(\pm 2) = 13$，最小值 $f(\pm 1) = 4$；

(2) 最大值 $f(4) = 8$，最小值 $f(0) = 0$；

(3) 最大值 $f(1) = 2$，最小值 $f(-1) = -10$.

2. $AD = 15$km.

3. $\dfrac{a\pi}{4+\pi}$，$\dfrac{4a}{4+\pi}$.

4. $x = 12$ 时，总利润最大，此时总利润为 112 万元.

习题 3 − 6

1. (1) 凸的；　　　　　　(2) 凹的.

2. (1) 在 $(-\infty,1]$ 上是凹的，在 $[1,+\infty)$ 上是凸的，拐点 $(1,2)$；

(2) 在 $[0,+\infty)$ 上是凸的，在 $(-\infty,0]$ 上是凹的，拐点 $(0,0)$；

(3) 在 $(-\infty,1]$ 上是凸的，在 $[1,+\infty)$ 上是凹的，拐点 $(1,-1)$；

(4) 在 $(-\infty,+\infty)$ 上是凹的，没有拐点.

习题 3 − 8

1. $k = \dfrac{\sqrt{2}}{2}$.

2. $k = |\cos x|$, $\rho = |\sec x|$.

习题 3 − 9

1. $R'(x) = 200 - x$, $L'(x) = 200 - \dfrac{3}{2}x$.

2. 13.5（百元）.

3. (1) $Q'(4) = -8$, $\eta(4) \approx 0.54$ ；　　　(2) $P = 5$.

总复习题三

1. (1) $\xi = \dfrac{1}{2}$ ；　　　　(2) $(-1,0]$, $[0,1)$ ；　　　(3) -4 ；

(4) 2 ；　　　　(5) $y = \ln 3$, $x = \dfrac{e}{3}$ ；　　(6) 2 .

2. (1) C；　　(2) C；　　(3) A；　　(4) D；　　(5) B；　　　(6) B .

3. (1) $-\dfrac{1}{8}$ ；　(2) 1 ；　(3) $\dfrac{1}{3}$.

4. 极小值为 $y(-1) = -\dfrac{\sqrt{3}\pi}{4} + \dfrac{\pi}{3}$ ，极大值为 $y(1) = \dfrac{\sqrt{3}\pi}{4} - \dfrac{\pi}{3}$.

x	$(-\infty,-1)$	-1	$(-1,1)$	1	$(1,+\infty)$
y'	$-$	0	$+$	0	$-$
y	减少	极小值	增加	极大值	减少

5. 最大值为 $y|_{x=-1} = 17$ ，最小值为 $y|_{x=3} = -47$.

6. $y(0) = 0$, $y\left(\dfrac{1}{4}\right) = -\dfrac{3}{16\sqrt[3]{16}}$ ，拐点为 $(0,0)$ 和 $\left(\dfrac{1}{4}, -\dfrac{3}{16\sqrt[3]{16}}\right)$.

x	$(-\infty,0)$	0	$\left(0,\dfrac{1}{4}\right)$	$\dfrac{1}{4}$	$\left(\dfrac{1}{4},+\infty\right)$
y''	$+$	不存在	$-$	0	$+$
y	凹	拐点	凸	拐点	凹

考研真题三

1. (1) $y = \dfrac{1}{5}$ ；　　　　　　(2) $\dfrac{1}{\sqrt{e}}$ ；　　　　　(3) $(-\infty,1)$.

2. (1) B;　　　　　　　　　　　　(2) D.

3. (1) $\dfrac{1}{2}$;　　　　　　　　　　　(2) $\dfrac{a^2}{2}$.

第四章

习题 4-1

1. (1) $f(x) = 2^x \ln 2 - \sin x$;　　(2) $f(x) = 4x^3$;　　　(3) $\cos x + C$.

2. (1) $\dfrac{n}{m+n} x^{\frac{m+n}{n}} + C$;　　　(2) $\sin x + 2\cos x + C$;

(3) $\dfrac{5^x}{3^x(\ln 5 - \ln 3)} - \dfrac{2^x}{3^x(\ln 2 - \ln 3)} + C$;　(4) $\dfrac{2^x}{\ln 2} + 3\arcsin x + C$;

(5) $2\ln|x| + \tan x - 5e^x + C$;　　(6) $\dfrac{8}{7} x^{\frac{7}{2}} + \dfrac{2}{3} x^{\frac{3}{2}} - \dfrac{8}{5} x^{\frac{5}{2}} + C$;

(7) $x - 2\ln|x| + \dfrac{1}{x} + C$;　　(8) $-\dfrac{1}{2} x^2 + 3x - \dfrac{1}{x} - 3\ln x + C$;

(9) $\dfrac{3}{8} x^{\frac{8}{3}} - \dfrac{6}{5} x^{\frac{5}{3}} + \dfrac{3}{2} x^{\frac{2}{3}} + C$;　(10) $-\dfrac{6}{7} x^{\frac{7}{6}} + \dfrac{6}{13} x^{\frac{13}{6}} + C$;

(11) $\dfrac{1}{2} x^2 + 3x + C$;　　　(12) $x - \arctan x + C$;

(13) $\dfrac{1}{2}(x - \sin x) + C$;　　(14) $\tan x - x + C$;

(15) $\dfrac{2^x e^x}{1 + \ln 2} + \dfrac{3^{2x}}{2\ln 3} + C$;　　(16) $-\cot x + \tan x + C$;

(17) $e^{x+1} + C$;　　　　　(18) $e^x + \dfrac{3}{4} x^{\frac{4}{3}} + C$;

(19) $-4\cot x + C$;　　　　(20) $\dfrac{2^{2x}}{2\ln 2} + \dfrac{3^{2x}}{2\ln 3} + \dfrac{2 \times 6^x}{\ln 6} + C$.

3. $y = x^3 + x$.

4. $F(x) = x - \cos x + \dfrac{\sqrt{2}}{2} - \dfrac{\pi}{4}$.

习题 4-2

1. (1) $\dfrac{1}{a}$;　　(2) $\dfrac{1}{2}$;　　(3) $\dfrac{1}{20}$;　　(4) $\dfrac{1}{2}$;　　(5) $\dfrac{1}{3}$;

(6) $\dfrac{1}{2}$;　　(7) $-\dfrac{1}{2}$;　　(8) $\dfrac{3}{2}$;　　(9) -1;　　(10) $-\dfrac{1}{5}$.

2. (1) $\dfrac{\sin^6 x}{6} + C$;　　(2) $\sin x - \dfrac{\sin^3 x}{3} + C$;　　(3) $-2\cos\sqrt{x} + C$;

(4) $-\dfrac{5}{2} e^{-x^2} + C$;　　(5) $-\sqrt{1 - x^2} + C$;　　(6) $\dfrac{1}{4}\arctan\dfrac{x^2}{2} + C$;

(7) $\dfrac{1}{2}\ln^2 x + C$;　　(8) $\dfrac{1}{6}(2x+3)^3 + C$;　　(9) $\ln|\arcsin x| + C$;

(10) $\ln|\arctan x| + C$;　　(11) $\dfrac{\sqrt{2}}{2}\arctan\dfrac{\sqrt{2}}{2} x + C$;　　(12) $\arcsin\dfrac{x}{2} + C$;

(13) $8 \cdot \arcsin \dfrac{x}{4} + \dfrac{x\sqrt{16-x^2}}{2} + C$;

(14) $\dfrac{x}{2\sqrt{4+x^2}} + C$;

(15) $\dfrac{2}{3}(x-2)^{\frac{3}{2}} + 4(x-2)^{\frac{1}{2}} + C$;

(16) $\arctan e^x + C$;

(17) $2\arctan\sqrt{x} + C$;

(18) $\arcsin\dfrac{x-2}{2} + C$;

(19) $-e^{1-x} + C$;

(20) $\dfrac{1}{12}\sqrt{(2x+1)^3} + \dfrac{1}{4}\sqrt{2x+1} + C$;

(21) $\ln(\sqrt{1+e^x}-1) - \ln(\sqrt{1+e^x}+1) + C$;

(22) $\arccos\dfrac{1}{|x|} + C$;

(23) $\dfrac{1}{2}\left\{\dfrac{x+1}{x^2+1} + \ln(x^2+1) + \arctan x\right\} + C$;

(24) $\arcsin x - \dfrac{x}{1+\sqrt{1-x^2}} + C$;

(25) $\dfrac{\arctan\left(\dfrac{5}{2}\right)^x}{\ln 5 - \ln 2} + C$;

(26) $\sqrt{x^2-9} - 3\arccos\dfrac{3}{x} + C$;

(27) $(\arctan\sqrt{x})^2 + C$.

习题 4-3

(1) $\dfrac{1}{3}x\sin 3x + \dfrac{1}{9}\cos 3x + C$;　　(2) $x\tan x + \ln|\cos x| + C$;

(3) $\dfrac{1}{2}e^{2x}\left(x^2 - x + \dfrac{1}{2}\right) + C$;　　(4) $\dfrac{x^2}{2}\arctan 2x - \dfrac{x}{4} + \dfrac{1}{8}\arctan 2x + C$;

(5) $x(\arcsin x)^2 + 2\sqrt{1-x^2}\arcsin x - 2x + C$;

(6) $\dfrac{e^x}{1+x} + C$;　　(7) $\dfrac{x}{2}\{\sin(\ln x) - \cos(\ln x)\} + C$;

(8) $x\arctan 2x - \dfrac{1}{4}\ln(1+4x^2) + C$;

(9) $(x+1)\arctan\sqrt{x} - \sqrt{x} + C$;　　(10) $\dfrac{5^x}{\ln 5}\left(x - \dfrac{1}{\ln 5} - 1\right) + C$;

(11) $x\ln(x+\sqrt{1+x^2}) - \sqrt{1+x^2} + C$;　　(12) $x\ln 2x - x + C$;

(13) $-e^{-x}\arctan e^x + x - \dfrac{1}{2}\ln(1+e^{2x}) + C$;　　(14) $-\dfrac{(\ln x)^2 + 2\ln x + 2}{x} + C$;

(15) $\dfrac{1}{41}e^{5x}(5\sin 4x - 4\cos 4x) + C$.

习题 4-4

1. (1) $\dfrac{1}{3}\ln\left|\dfrac{x-3}{x}\right| + C$;　　(2) $\dfrac{1}{6}\ln\left|\dfrac{x-3}{x+3}\right| + C$;

(3) $-5\ln(x-2) + 6\ln(x-3) + C$;

(4) $\dfrac{1}{2\sqrt{2}}\left[\arctan\dfrac{x^2-1}{\sqrt{2}x} - \dfrac{1}{2}\ln\dfrac{x^2+1-\sqrt{2}x}{x^2+1+\sqrt{2}x}\right] + C$;

(5) $\dfrac{1}{\sqrt{2}}\arctan\dfrac{x-\dfrac{1}{x}}{\sqrt{2}} + C$;

(6) $\dfrac{x^3}{3} - x^2 + 4x - 8\ln|x+2| + C$;

(7) $7\ln |x-2|+\dfrac{3}{2}\ln |x^2+2x+4|+\dfrac{1}{\sqrt{3}}\arctan\left(\dfrac{x+1}{\sqrt{3}}\right)$;

(8) $\ln |x-1|+\dfrac{1}{x-1}-\ln |x+2|+C$.

2. (1) $\dfrac{1}{4}\ln\dfrac{2+\tan\dfrac{x}{2}}{2-\tan\dfrac{x}{2}}+C$; \qquad (2) $\sin x-\dfrac{2}{3}\sin^3 x+\dfrac{1}{5}\sin^5 x+C$;

(3) $\ln\left|1+\tan\dfrac{x}{2}\right|+C$; \qquad (4) $-\cot\dfrac{x}{2}+2\ln\sin\dfrac{x}{2}+C$.

习题 4－5

(1) $\dfrac{1}{2}\ln |8x+3+4\sqrt{4x^2+3x+2}|+C$; \qquad (2) $-\dfrac{1}{12}\cos 6x+\dfrac{1}{4}\cos 2x+C$;

(3) $\dfrac{x(x^2-1)\sqrt{x^2-2}}{4}-\dfrac{1}{2}\ln |x+\sqrt{x^2-2}|+C$;

(4) $\dfrac{1}{13}e^{2x}(3\sin 3x+2\cos 3x)+C$; \qquad (5) $\dfrac{1}{8}\ln\dfrac{|x^2+2|}{x^2}-\dfrac{1}{4x^2}+C$;

(6) $\dfrac{x^3}{3}\arctan\dfrac{x}{3}-\dfrac{x^2}{2}+\dfrac{9}{2}\ln(9+x^2)+C$.

总复习题四

1. (1) $F(\ln x)+C$; \qquad (2) $\dfrac{1}{3}f^3(x)+C$; \qquad (3) $(x+1)e^{-x}+C$;

(4) $2\sqrt{x}+C$; \qquad (5) $\dfrac{1}{x}+C$; \qquad (6) $\dfrac{1}{4}f^2(x^2)+C$.

2. (1) A ; \qquad (2) A ; \qquad (3) C ; \qquad (4) D .

3. (1) $\dfrac{1}{3}\cos^3 x-\cos x+C$; \qquad\qquad (2) $2e^{\sqrt{x}}+C$;

(3) $\dfrac{1}{2}(1+x^2)[\ln(1+x^2)-1]+C$; \qquad (4) $\arcsin(\ln x)+C$;

(5) $\dfrac{2}{1-x}-\ln(1+x)+C$; \qquad (6) $2\sqrt{x+1}\sin\sqrt{x+1}+2\cos\sqrt{x+1}+C$;

(7) $x\tan x+\ln |\cos x|-\dfrac{1}{2}x^2+C$; \qquad (8) $\dfrac{1}{2}\ln(1+x^2)+\dfrac{1}{3}(\arctan x)^3+C$;

(9) $-\dfrac{1}{\ln x}-\dfrac{1+\ln x}{x}+C$; \qquad (10) $-\dfrac{1}{2}[x\cot^2 x+\cot x+x]+C$;

(11) $\ln |x+\dfrac{\sqrt{x^2+1}}{x}|-\sqrt{1+x^2}+C$; \qquad (12) $3\tan x+2\cot x+c$;

(13) $\dfrac{x-1}{2\sqrt{1+x^2}}e^{\arctan x}+C$;

(14) $\dfrac{1}{6}\ln |x-1|-\dfrac{1}{2}\ln |x+1|+\dfrac{4}{3}\ln |x+2|+C$.

4. $\displaystyle\int f(x)\mathrm{d}x=\begin{cases}x+C, & x<0 \\[2mm] \dfrac{1}{2}x^2+x+C, & 0\leqslant x\leqslant 1 \\[2mm] x^2+C, & x>1\end{cases}$.

考研真题四

1. $x\ln\left(1+\sqrt{\dfrac{1+x}{x}}\right)+\dfrac{1}{2}\ln(\sqrt{1+x}+\sqrt{x})-\dfrac{1}{2}\sqrt{x}(\sqrt{1+x}-\sqrt{x})+C$.

2. $2x\sqrt{e^x-1}-4\sqrt{e^x-1}+4\arctan\sqrt{e^x-1}+C$.

3. $-\dfrac{1}{8}\ln\dfrac{1+\cos x}{1-\cos x}+\dfrac{1}{4(1+\cos x)}+C$.

第五章

习题 5−1

3. (1) 2;   (2) 2π.

4. (1) $\displaystyle\int_0^1 x\,\mathrm{d}x$ 较大;   (2) $\displaystyle\int_3^4 (\ln x)^2\,\mathrm{d}x$ 较大;

(3) $\displaystyle\int_0^1 e^x\,\mathrm{d}x$ 较大;   (4) $\displaystyle\int_0^\pi \sin x\,\mathrm{d}x$ 较大.

5. $2e^{-\frac{1}{4}}\leqslant\displaystyle\int_0^2 e^{x^2-x}\,\mathrm{d}x\leqslant 2e^2$.

7. 提示: 利用积分中值理, 存在一 $\xi\in\left(\dfrac{3}{4},1\right)$, 使得, $f(0)=f(\xi)$, 再利用罗尔定理得证.

习题 5−2

1. (1) $\sin x^2$;   (2) $2x\sin x^4$;   (3) 0.

2. $y=(e^{-1}-1)x+1$.

3. (1) $\dfrac{495}{\ln 10}$;   (2) $\dfrac{\pi}{3}$;   (3) $\dfrac{44}{3}$;   (4) $\dfrac{\pi}{3}$;   (5) $\dfrac{e+e^{-1}}{2}-1$;

(6) 2;   (7) $\dfrac{\pi}{6}$;   (8) $\dfrac{\pi}{2}-1$;   (9) $e-1$.

4. (1) 1;   (2) $\dfrac{9}{4}$;   (3) $\dfrac{1}{3}$;   (4) $\dfrac{2}{3}$.

5. $F(x)=\begin{cases} x, & x<0 \\ \sin x, & 0\leqslant x\leqslant\pi \\ x-\pi, & x>\pi \end{cases}$.

6. $x=1$ 时, 函数有极小值 0.

习题 5−3

1. (1) $\dfrac{\pi}{4}$;   (2) $\dfrac{1}{6}$;   (3) $\dfrac{2}{3}\left(1+\ln\dfrac{2}{3}\right)$;   (4) $\dfrac{\pi}{4}$;

(5) $\dfrac{3}{10}$;   (6) $4-2\sqrt{2}$; (7) $\dfrac{4}{3}$;   (8) $4-2\arctan 2$;

(9) $1-\dfrac{\pi}{4}$;   (10) 0.

2. 提示: 设 $\theta=\dfrac{\pi}{2}-t$ 利用换元法证 $\displaystyle\int_0^{\frac{\pi}{2}}\dfrac{\sin\theta}{\sin\theta+\cos\theta}\,\mathrm{d}\theta=\dfrac{\pi}{4}$.

3. 提示: 设 $x=-t$ 利用换元法证 $\displaystyle\int_{-\frac{\pi}{2}}^{\frac{\pi}{2}}\dfrac{e^x}{1+e^x}\sin^2 x\,\mathrm{d}x=\dfrac{\pi}{4}$.

5. (1) $\dfrac{\pi}{8}$;   (2) $\dfrac{e^\pi - 2}{5}$;   (3) $\left(\dfrac{1}{4} - \dfrac{\sqrt{3}}{9}\right)\pi + \dfrac{1}{2}\ln\dfrac{3}{2}$;

(4) $\dfrac{\pi}{2} - 1$;   (5) $2 - \dfrac{2}{e}$;   (6) e^5 ;

(7) $\dfrac{3\ln 3 - 2}{\ln^2 3} + \dfrac{2}{9}e^3 + \dfrac{14}{45}$;   (8) $-\dfrac{2\pi}{\omega^2}$.

习题 5 - 4

1. (1) $\dfrac{\pi}{2}$;   (2) $\dfrac{1}{a}e^{-a}$;   (3) 发散;   (4) 发散;

(5) $3(\sqrt[3]{2} + \sqrt[3]{4})$; (6) $\dfrac{1}{2}$;   (7) 1;   (8) $\dfrac{\pi}{2}$.

习题 5 - 5

1. (1) 1;   (2) $5 - \ln 3 - \ln 2$;   (3) $\dfrac{1}{6}$;   (4) $\dfrac{3}{4}$.

2. (1) $\dfrac{\pi}{2} - 1$;   (2) $2\sqrt{2}$;   (3) $\dfrac{3}{2} - \ln 2$;

(4) $\dfrac{a^2}{4}(e^{2\pi} - e^{-2\pi})$;   (5) $\dfrac{8}{15}$.

3. $\dfrac{1}{\sqrt[3]{2}}$.

4. (1) $V_x = \dfrac{32}{3}\pi$;   (2) $V_y = 2\pi$;   (3) $V_x = \dfrac{2}{5}\pi$, $V_y = 2\pi$.

5. $\dfrac{1}{4}(e^2 + 1)$.

6. $\dfrac{2(13\sqrt{13} - 8)}{27}$.

7. $\dfrac{27}{7}kc^{\frac{2}{3}}a^{\frac{7}{3}}$ （其中 k 为比例常数）.

8. 1.65N.

9. $200x - \dfrac{x^2}{100}$, 360000.

总复习题五

1. (1) 曲边梯形;   (2) $\dfrac{3}{4} - e^{-3} + e^{-1}$;   (3) 充分条件;

(4) $\displaystyle\int_a^b F(x)\mathrm{d}x$, $F(x)\mathrm{d}x$, 功的微元.

2. (1) C;   (2) D;   (3) C ;   (4) B.

3. (1) 4;   (2) $\ln 2$;   (3) $3e^2$;   (4) $\dfrac{\pi}{8} - \dfrac{1}{4}$;   (5) $\sqrt{2}(\pi + 2)$;

(6) $\left(\dfrac{1}{4} - \dfrac{\sqrt{3}}{9}\right)\pi + \dfrac{1}{2}\ln\dfrac{3}{2}$;   (7) $3\ln 3$;   (8) $\dfrac{\pi^3}{8} - 3\pi + 6$;

(9) 0;   (10) 1;   (11) π ;   (12) π .

4. (1) 1;   (2) 0;   (3) 0;   (4) $\dfrac{1}{2}$.

5. $\ln(1+e)$.

7. $4\pi^2$.

8. $\sqrt{6}+\ln(\sqrt{2}+\sqrt{3})$.

9. $\dfrac{1}{3}(T^3+1-\cos3T)$.

*10. $\dfrac{4}{3}\pi r^4 g$.

*11. $\dfrac{1}{2}\rho gab(2h+b\sin\alpha)$.

*12. 4（百台）.

考研真题五

1. (1) $y=2x$;　　　　　　　(2) -2 ;　　　　　　　(3) 0.

2. (1) D;　　　　　　　(2) A.

3. $\dfrac{\pi^2}{16}+\dfrac{1}{4}$.

参 考 文 献

［1］同济大学数学系. 高等数学上册. 7 版. ［M］. 北京：高等教育出版社，2014.

［2］同济大学数学系. 高等数学下册. 7 版. ［M］. 北京：高等教育出版社，2014.

［3］黄立宏，廖基定. 高等数学上册. 3 版. ［M］. 上海：复旦大学出版社，2013.

［4］黄立宏，高纯一. 高等数学下册. 3 版. ［M］. 上海：复旦大学出版社，2013.

［5］宋礼民，杜洪艳，吴洁. 高等数学（上册）. 2 版. ［M］. 上海：复旦大学出版社，2011.

［6］宋礼民，杜洪艳，吴洁. 高等数学（下册）. 2 版. ［M］. 上海：复旦大学出版社，2011.

［7］盛祥耀. 高等数学（上册）. 4 版. ［M］. 北京：高等教育出版社，2015.

［8］陈文灯，黄先开，朱庆宇. 2019 考研数学复习指南（数学一）（网络增值版）. 北京：中国财政经济出版社，2017.

［9］陈琳珏，姜春燕，李晓霞，赵鹏起. 高等数学（上册）［M］. 北京：北京工业大学出版社，2010.

［10］朱家生. 数学史 ［M］. 北京：高等教育出版社，2004.

［11］侯风波. 高等数学. 5 版. ［M］. 北京：高等教育出版社，2018.

［12］徐建豪，刘克宁. 经济应用数学 ［M］. 北京：高等教育出版社，2003.

［13］毛京中. 高等数学学习指导 ［M］. 北京：北京理工大学出版社，2004.

［14］周建莹，李正元. 高等数学解题指南 ［M］. 北京：北京大学出版社，2002.

［15］上海财经大学应用数学系. 高等数学. 2 版. ［M］. 上海：上海财经大学出版社，2008.

［16］赵树嫄. 微积分. 4 版. ［M］. 北京：中国人民大学出版社，2016.

［17］南京理工大学应用数学系. 高等数学上册. 2 版. ［M］. 北京：高等教育出版社，2008.

［18］金宗谱. 高等数学 ［M］. 北京：北京邮电大学出版社，2008.

［19］潘凯. 高等数学与实验 ［M］. 合肥：中国科学技术大学出版社，2010.

［21］王玉花，赵坤，赵裕亮，孙立伟. 高等数学（上册）［M］. 北京：高等教育出版社，2013.

［22］张志涌. 精通 MATLAB6.5 版 ［M］. 北京：北京航空航天大学出版社，2003.